勐海古茶树

勐海古茶树

何青元 李友勇
陈林波 蒋会兵
主编

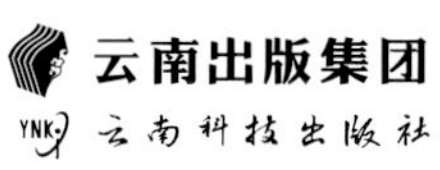

·昆明·

图书在版编目（CIP）数据

勐海古茶树 / 何青元等主编 . -- 昆明 : 云南科技出版社 , 2023.1（2023.8 重印）
ISBN 978-7-5587-4451-8

Ⅰ . ①勐… Ⅱ . ①何… Ⅲ . ①茶树—植物资源—资源保护—研究—勐海县 Ⅳ . ① S571.1

中国版本图书馆 CIP 数据核字 (2022) 第 149998 号

勐海古茶树
MENGHAI GU CHASHU
何青元　李友勇　陈林波　蒋会兵　主编

出 版 人：温　翔
责任编辑：吴　涯　杨　楠
助理编辑：郭妍杉　张翟贤
封面设计：长策文化
责任校对：张舒园
责任印制：蒋丽芬

书　　号：ISBN 978-7-5587-4451-8
印　　刷：云南雅丰三和印务有限公司
开　　本：787mm × 1092mm　1/16
印　　张：18.125
字　　数：420 千字
版　　次：2023 年 1 月第 1 版
印　　次：2023 年 8 月第 2 次印刷
定　　价：185.00 元

出版发行：云南出版集团　云南科技出版社
地　　址：昆明市环城西路 609 号
电　　话：0871-64190978

编委会

《勐海古茶树》

主 编

编 委

（排名不分先后）

前言 Preface

目前，国际上将生物遗传资源占有情况作为衡量一个国家综合国力的重要指标。古茶树作为重要的作物遗传资源，是人类赖以生存与发展的重要物质基础，是生物多样性的重要组成部分，是调整茶产业结构、改善茶叶产品质量、保障茶叶生态安全的重要资源。

云南是现今世界上生物多样性最丰富的地区，被世界公认为是全球景观类型、生态系统类型和生物物种最丰富、特有物种最集中的地区，是中国和全球生物多样性的富集区和物种基因库。云南高度异质的生态环境和众多民族文化保留了丰富的茶树种质资源，被认为是世界茶树原产地和茶树栽培驯化的起源地；云南大量的古茶树、大面积的古茶园为世界所独有，成为世界茶树种质资源基因库。云南省栽培型古茶树和野生型古茶树分布于11个州（市）61个县，总面积62246.67hm^2。其中，集中连片且树龄在100年（含）以上栽培型古茶树（园）面积45106.67hm^2，共计2062.68万株。

勐海县种茶、制茶和茶叶贸易历史悠久，对其利用历史可追溯到唐代。勐海县有现存面积最大古茶园，有“中国普洱茶第一县”之称。对古茶树资源考察是在中华人民共和国成立后才进行。1951年，于勐海县南糯山半坡寨发现树龄800余年栽培型大茶树“南糯山茶树王”；1960年，于勐海县巴达大黑山发现树龄1700余年野生型大茶树“巴达茶树王”。这些古茶树使世人对茶树起源问题有了新的认识，并推动了勐海县乃至云南省普洱茶产业、旅游业的迅速发展，虽然这两株古茶树分别于1995年和2012年先后死亡，但都已被《中国茶经·茶史篇》记载，其历史价值将得到永远的认可。勐海县茶树资源丰富，主要包括大理茶（*Camellia taliensis*）、茶（*Camellia sinensis*）、普洱茶（*Camellia assamica*）和苦茶（*Camellia assamica* var. *kucha*）等4种（变种），古茶树（园）总面积13753.33hm^2，其中野生茶居群面积8380.00hm^2，集中连片且树龄在100年（含）以上栽培型古茶树（园）面积5373.33hm^2，共计720余万株。

古茶树为山茶科山茶属茶组植物，是研究茶树原产地和起源中心的重要依据之一；是进行茶树品种改良，研制茶叶新产品的重要遗传资源。勐海县是中国较早发现古茶树资源分布地之一，通过历次勐海县古茶树资源状况调查，全面系统地摸清勐海县古茶树资源地理分布、生境状况、物种类型、居群数量、生物多样性、利用价值、濒危状况等，建立古茶树资源档案和信息数据库；掌握古茶树资源的消长情况，建立古茶树资源物种原生境保护区动态监测预警信息系统，实施动态监督管理；通过全面系统地调查，摸清勐海县古茶树资源种类、数量、面积、分布现状、生境及生态类型，建立资源档案；找到历史悠久、最具代表性的古茶树，对其生长状况、植物学特征做详细观察记录，并有针对性地进行保护；掌握古茶树资源的动态消长情况，为勐海县古茶树资源有效保护、管理及合理利用提供完整、准确的基础资料和决策依据。茶树资源调查是一项阶段性与持续性相结合的工作，为进一步掌握勐海县古茶树资源家底、古茶树保护情况，2004年至2019年，勐海县人民政府多次组织实施勐海县古茶树资源科学考察工作，2021年出版了《勐海县古茶树资源科学考察报告》一书，进一步明确了古茶树种类、地理分布、生态类型及保护利用状况，在此基础上出版本书，为申报农业植物资源原生境保护及世界自然遗产提供依据，也为广大茶叶爱好者、科研、教学和茶叶生产者提供参考。

本书的完成得到了云南省农业科学院茶叶研究所、勐海县人民政府、勐海县农业农村局、勐海县茶业管理局、勐海县林业和草原局等部门及勐海县各乡（镇）领导、专家、科技工作者、茶农和广大茶友们的支持和厚爱，在此一并致谢！

编 者

2022年6月1日

目录 Contents

第一章 勐海县概述

勐海县地处祖国西南边陲，位于云南省西南部、西双版纳傣族自治州西部，地处 99°56′ ~ 100°41′E，21°28′ ~ 22°28′N，东接景洪市，东北邻思茅区，西北靠澜沧县，西和南与缅甸接壤，国境线长 146.556km。东西横距 77km，南北纵距 115km，国土面积 536800.00hm^2，其中山区面积占 93.45%，坝区面积占 6.55%，最高海拔 2429m，最低海拔 535m。属热带、亚热带西南季风气候，境内拥有丰富的森林资源、水利资源和热带、亚热带动植物资源，具有十分重要的战略地位和优越的自然条件。主产粮食、茶叶、甘蔗、橡胶和樟脑等，被誉为“滇南粮仓”“鱼米之乡”“普洱茶故乡”。境内有傣族、哈尼族、拉祜族、布朗族、汉族、彝族、回族、瑶族、佤族、白族、苗族、壮族和景颇族等 13 个民族，其中傣族、哈尼族、拉祜族、布朗族、彝族、回族、佤族和景颇族等 8 个民族为世居少数民族；傣族、哈尼族、拉祜族和布朗族等 4 个少数民族为主体民族，属少数民族聚居的边境地区。各民族文化积淀深厚，民族风情绚丽多彩，地方特色十分浓郁。区位优越突出，是面向东南亚的重要门户之一，从打洛口岸出境跨缅甸可达泰国，是中国从陆路达泰国的最近通道。

一、地理环境

（一）地貌

勐海县地处横断山系纵谷区南段，怒江山脉向南延伸的余脉部。境内地势四周高峻，中部平缓，山峰、丘陵与平坝相互交错。地势东北高、西南低，最高点在县境东部勐宋乡的滑竹梁子主峰，海拔2429m，属西双版纳州内第一高峰。最低点为县境西南部的南桔河与南览河交汇处，海拔535m。有大小盆地（坝子）15个，3333.33hm^{2}以上的有勐遮坝、勐混坝、勐海坝、勐阿坝，其中勐遮坝15333.33hm^2，是西双版纳州最大的坝子。

（二）气候

勐海县属热带、亚热带西南季风气候，具有“冬无严寒，夏无酷暑，年多雾日，雨量充沛，干湿季分明，垂直气候明显”的特点。在海拔750～1500m中海拔地区年平均气温18.3～18.9℃，最冷月1月平均气温12～12.9℃，最热月6月平均气温22.5～22.8℃，≥10℃的年度积温在6000℃以上。最低气温0～2℃（维持大叶种茶树生命的下限温度是-3℃）。冬季，境内海拔1000～1500m的山区还存在逆温。因此，勐海县的热量资源丰富，茶树在春、夏季生长所需的热量不仅得到充分的满足，而且能安全越冬。再者，县内的日温差较大，在3月日平均温差高达19.2℃，白天温度高，光合作用强，茶树合成的营养物质多，夜间温度低，茶树消耗的有机质少。因此，勐海县境内所产的茶叶有机物含量高，品质优良。

境内降雨充沛，年平均降雨量在1300mm以上。从降雨的时间分布看，5～10月的降雨量占全年降雨量的85.81%，雨热同期，降雨的有效性高，有利于茶树的生长发育对水分的需要。同时，空气湿度也较大，常年保持在80%以上，加上雾多，年雾日107.5～160.2d，不但减少了茶树蒸腾作用对水分的消耗，每天还以0.2～0.4mm的雾露水增加地表水，提高空气的湿度，对茶树起到了滋润作用。

境内光照量多质好，光能充足。年日照时数在1782～2323h，日照率在40%～53%。年太阳辐射量较大，年总辐射量为5054.8～5737.5MJ/m^2。从光辐射的季节分布上看：春多于夏，夏多于秋，秋多于冬，这既有利于茶树的越冬和养分的积累，也有利于夏、秋季茶树的生长发育和品质的提高；从光辐射的成分上看：全年直射量为62551cal/cm^2，年散射量为64810cal/cm^2，年散射量多于年直射量，在5～11月中各月的散射量均较直射量多，这一光成分的变化特点正好与雨热期的变化特点相一致，这为喜漫射光的茶树等耐阴植物提供了优越的气候生态环境，进而造就了优良的茶叶品质。

勐海县气候区：

（1）北热带：为海拔低于750m的地区，即打洛镇打洛村和勐板村、布朗山乡南桔河两岸河谷地区及勐往乡勐往河和澜沧江两岸河谷地区。

（2）南亚热带暖夏暖冬区：为海拔750～1000m的地区，即勐满镇坝区和勐往乡坝区及布朗山乡南桔河两岸。

（3）南亚热带暖夏凉冬区：为海拔1000～1200m的地区，即勐海镇、勐遮镇和勐混镇坝区及勐往乡糯东村和勐阿镇纳京村、纳丙村。

（4）南亚热带凉夏暖冬区：为海拔1200～1500m的地区，即勐阿镇贺建村，勐往乡坝散村，勐宋乡曼迈村、曼方村、曼金村，格朗和乡帕真村（黑龙潭村民小组）、南糯山村，西定乡曼马村、南弄村、曼佤村、曼皮村、曼迈村、章朗村，勐遮镇曼令村、南楞村，勐混镇曼冈村、勐混村（拉巴厅上寨村民小组、拉巴厅中寨村民小组和拉巴厅下寨村民小组）。

（5）中亚热带区：为海拔1500～2000m的地区，即西定乡、格朗和乡和勐宋乡等3个乡的大部分地区及勐满镇的东南至东北的地区。

（三）土壤

勐海县境内土壤分7个土类、18个亚类、52个土属、85个土种，各类土壤随海拔高低垂直分布；土壤主要有砖红壤、砖红壤性红壤、红壤和黄壤等类型，其中砖红壤主要分布于海拔800m以下的地区，面积13333.33hm^2；砖红壤性红壤主要分布于海拔800～1500m的地区，面积30800.00hm^2，县内绝大部分茶园分布于这一区域；红壤与黄壤互相交错分布于海拔1500m以上的地区，面积133333.33hm^2；水稻土主要分布于海拔600～1500m的坝区，面积31800.00hm^2。就整体而言：土壤的风化程度较高，土层深厚，一般深达1m左右；pH值4.5～6.0；有机质含量丰富，含量>5%的地区约占总面积的17%，含量3.0%～3.5%的地区约占总面积的54%，含量1.0%～2.9%的地区约占总面积26%；速效磷含量20～40mg/L的地区约占总面积的13%，3.0～3.9mg/L的地区约占总面积的62%；速效钾含量>200mg/L的地区约占总面积的60%，100～200mg/L的地区约占总面积的36%。因此，勐海县境内的土壤极宜茶树生长，具有良好的发展茶叶生产的土壤条件。

（四）水文

勐海县境内河网密布，水资源丰富，主要来自地表径流和地下径流，河水多为降水补给性河流。境内地表水年均径流深540.7mm，年均径流总量为29.46亿m^3；地下水主要分布在地表层、根系层和基岩裂隙层，主要来源于雨季部分雨水下渗补给，地下水年平均径流深340mm，年平均径流总量为15.59亿m^3，为地表水的52.9%；另有境外客水4.99亿m^3。水资源总量为50.04亿m^3。境内流程2.5km以上的常年河流159条，总流长1868km，多为幼年期河流，属澜沧江水系，总集水面积557000.00hm^2，其中境内面积占98.9%。流域总面积493700.00hm^2。主要河流有澜沧江、流沙河、南果河、勐往河和南览河等。

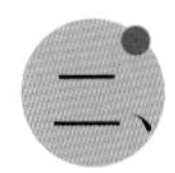

二、自然资源

（一）动植物

勐海县境内生物资源丰富，有植物1865种，其中国家重点保护野生植物20种。有陆生野生动物361种，其中国家重点保护野生动物28种。珍稀哺乳动物有象、野牛、虎、长臂猿、猴和熊等9目27科67种；鸟类有绿孔雀、犀鸟、喜鹊、乌鸦、画眉、百灵鸟、白鹇、原鸡和相思鸟等16目44科249种；爬行动物有巨蜥、穿山甲和蟒蛇等3目11科45种；昆虫有蜂、蝶和蝉等12目92科1136种。有蔬菜30多种；水果20多种；花卉近100种；中药材有大黄藤、黄姜和鱼腥草等1000多种；可食野菜50多种。经济价值较高的樟脑、咖啡和香料等产业得到培植开发。

（二）矿产

全县有18种矿产资源，其发现和探明大小矿山及矿点88个，采矿权48个，其中中种矿山4个，小种矿山44个；探矿权40个。矿种主要有独居石、磷钇、锆英石、钛、铁、金、锰、铁、铅、锌、锡、铜、煤、花岗石、石灰石、砂岩。已勘查矿种资源有12种，在全县11个乡（镇）范围内均有分布。已探明资源储量：金12.126吨，锆铁矿石4310.2万吨，锰矿石478.0934万吨，铅锌矿石18.99万吨，褐煤储量154.5万吨，稀土矿8.47765万吨，铝石矿10.5767万吨。独居石储量高居云南省榜首，占全省储量的93.7%；锆英石储量位居云南省第二，占全省储量的35.8%。全县有温泉和热泉点等17个，是云南地热资源集中区之一。

三、茶树资源

勐海县茶树资源丰富，包括大理茶（*Camellia taliensis*）、茶（*Camellia sinensis*）、普洱茶（*Camellia assamica*）和苦茶（*Camellia assamica* var. *kucha*）等4种（变种），茶园总面积68780.00hm^2，其中野生茶树居群面积8380.00hm^2，古茶园面积5373.33hm^2，现代茶园面积55026.67hm^2；茶叶年度总产量3.53万t。野生型茶树种质资源均为大理茶（*Camellia taliensis*），分布于勐海县西定乡曼佤村贺松村民小组巴达大黑山、格朗和乡帕真村雷达山和勐宋乡蚌龙村滑竹梁子，海拔1870～2400m的原始森林中；古茶树（园）分布于勐海县勐海镇、勐混镇和布朗山乡等11乡（镇）37个村132个村民小组海拔1000～2200m的山区、半山区，古茶树大多为普洱茶（*Camellia assamica*）；苦茶（*Camellia assamica* var. *kucha*）也有较大的分布面积，如老班章古茶园、老曼峨古茶园和吉良古茶园。

第二章 勐海县野生茶树居群

勐海县野生茶树居群分布于勐海县西定乡曼佤村贺松村民小组巴达大黑山、勐宋乡蚌龙村滑竹梁子和格朗和乡帕真村雷达山，生长于森林覆盖率85%以上、海拔1870~2400m的原始森林中，面积8380.00hm^2，密度75株/hm^2。境内植被类型为热带山地雨林、热带山地常绿阔叶林和季风常绿阔叶林，野生种子植物有150科710属1503种，其中含20种及以上的优势科23科366属840种；蕨类植物有33科55属118种。境内地貌为山地地貌、河谷地貌、沟谷地貌、构造地貌和重力地貌等，土壤有红壤、黄壤和黄棕壤。

第一节　西定乡野生茶树居群

西定乡野生茶树居群分布于勐海县西定乡曼佤村贺松村民小组巴达大黑山，海拔1870～2150m，面积5067.00hm^2，密度100株/hm^2。境内植被类型为热带山地雨林、热带山地常绿阔叶林和亚热带季风常绿阔叶林带，境内伴生有中华桫椤（*Alsophila costularis*）、泽泻蕨（*Hemionitis arifolia*）、铁芒萁（*Dicranopteris linearis*）、红椿（*Toona ciliata* var. *pubescens*）、大叶木兰（*Magnolia rostrata*）、合果木（*Michelia baillonii*）、西南木荷（*Schima wallichii*）、大叶木莲（*Manglietia megaphylla*）、芳樟（*Cinnamomum camphora* var. *linaloolifera*）和西南桦木（*Betula alnoides*）等。境内地貌为山地地貌、河谷地貌、沟谷地貌、构造地貌和重力地貌等，土壤有红壤、黄壤和黄棕壤。

图 2-1　巴达野生茶树居群
|李友勇，2008

一、管护

西定乡野生茶树居群分布于勐海县西定乡曼佤村贺松村民小组巴达大黑山，野生型茶树均为自然生长，未受人为栽培措施的影响。

二、长势

西定乡野生茶树居群7株最具代表性的野生型古茶树总体长势较好，长势好数（3株）占调查总数（7株）的42.86%；长势较好数（3株）占调查总数（7株）的42.86%；死亡数（1株）占调查总数（7株）的14.21%（表2-1-1）。

表 2-1-1　西定乡代表性野生型古茶树长势

长势	好	较好	较差	差	濒临死亡	死亡
数量（株）	3	3	—	—	—	1
长势比例（%）	42.86	42.86	—	—	—	14.29

三、树体

西定乡野生型古茶树基部干径最小为0.32m、最大为0.7m、变幅为0.38m、均值为0.47m、标准差为0.13m、变异系数为27.66%；树高最低为5.60m、最高为18.50m、变幅为12.90m、均值为13.12m、标准差为4.90m、变异系数为37.35%；第一分枝高最低为0.30m、最高为15.20m、变幅为14.9m、均值为4.48m、标准差为5.55m、变异系数为123.88%；树幅为2.20m×3.00m～6.50m×7.00m、变幅为4.00m×4.30m、均值为3.88×3.98m、标准差为1.50m×1.62m、变异系数为37.69%×41.75%。

第二节　勐宋乡野生茶树居群

勐宋乡野生茶树居群分布于被人誉为“西双版纳屋脊”“西双版纳之巅”的西双版纳第一高峰——滑竹梁子，地跨勐海县勐宋乡蚌冈村、蚌龙村和曼吕村，海拔1900～2400m，面积3133.00hm^2，密度75株/hm^2。境内植被类型为热带山地雨林、热带山地常绿阔叶林和亚热带季风常绿阔叶林带，境内伴生植物有苏铁蕨（*Brainea insignis*）、草珊瑚（*Sarcandra glabra*）、猴子木（*Camellia yunnanensis*）、马尾杉（*Phlegmariurus phlegmaria*）、长蕊木兰（*Alcimandra cathcartii*）、黑黄檀（*Dalbergia cultrata*）、千果榄仁（*Terminalia myriocarpa*）、红椿（*Toona ciliata*）、滇南风吹楠（*Horsfieldia tetratepala*)、厚朴 (*Magnolia officinalis*)、江南桤木 (*Alnus trabeculosa*)、山乌桕（*Sapium discolor*）、剑叶龙血树（*Dracaena cochinchinensis*）和岗柃（*Eurya groffii*）等。境内地貌为山地地貌、河谷地貌、沟谷地貌、构造地貌和重力地貌等，土壤有红壤、黄壤和黄棕壤。

图 2-2　滑竹梁子野生茶树居群
|蒋会兵，2014

一、管护

勐宋乡野生茶树居群分布于勐海县勐宋乡蚌冈村、蚌龙村和曼吕村，野生型茶树均为自然生长，未受人为栽培措施的影响。

二、长势

勐宋乡野生茶树居群 12 株最具代表性的野生型古茶树总体长势较好，长势好数（9 株）占调查总数（12 株）的 75.00%；长势较好数（2 株）占调查总数（12 株）的 16.67%；长势较差数（1 株）占调查总数（12 株）的 8.33%（表 2-2-1）。

表 2-2-1　勐宋乡代表性野生型古茶树长势

长势	好	较好	较差	差	濒临死亡	死亡
数量（株）	9	2	1	—	—	—
长势比例（%）	75.00	16.67	8.33	—	—	—

三、树体

勐宋乡野生型古茶树基部干径最小为0.16m、最大为0.80m、变幅为0.64m、均值为0.52m、标准差为0.15m、变异系数为28.85%；树高最低为4.30m、最高为11.30m、变幅为7.00m、均值为6.76m、标准差为2.38m、变异系数为35.21%；第一分枝高最低为0.20m、最高为2.86m、变幅为2.66m、均值为0.66m、标准差为0.73m、变异系数为110.61%；树幅为1.30m×1.40m～5.80m×5.80m、变幅为4.40m×4.50m、均值为3.23m×3.50m、标准差为1.42m×1.47m、变异系数为42.00%×43.96%。

第三节　格朗和乡野生茶树居群

格朗和乡野生茶树居群分布于西双版纳州级自然保护区勐海县格朗和乡帕真村雷达山，海拔2075～2200m，面积180.00hm^2，密度125株/hm^2。境内植被类型为热带山地雨林、热带山地常绿阔叶林和季风常绿阔叶林带，境内伴生植物有桫椤（*Alsophila spinulosa*）、

图 2-3　雷达山野生茶树居群
| 蒋会兵，2014

巢蕨（*Neottopteris nidus*）、金毛狗（*Cibotium barometz*）、云南拟单性木兰（*Parakmeria yunnanensis*）、八蕊单室茱萸（*Mastixia euonymoides*）、野柿（*Diospyros kaki* var. *silvestris*）、湄公栲（*Castanopsis mekongensis*）、楝（*Melia azedararch*）、茶梨（*Anneslea fragrans*）和薄叶卷柏（*Selaginella delicatula*）等。境内地貌为山地地貌、沟谷地貌、构造地貌和重力地貌等，土壤有红壤、黄壤和黄棕壤。

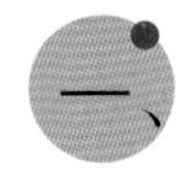

一、管护

格朗和乡野生茶树居群分布于西双版纳州级自然保护区勐海县格朗和乡帕真村雷达山，野生型茶树均为自然生长，未受人为栽培措施的影响。

二、长势

格朗和乡野生茶树居群 11 株最具代表性的野生型古茶树总体长势较好，长势好数（8 株）占调查总数（11 株）的 72.73%；长势较好数（1 株）占调查总数（11 株）的 9.09%；长势较差数（1 株）占调查总数（11 株）的 9.09%，濒临死亡数（1 株）占调查总数（11 株）的 9.09%（表 2-3-1）。

表 2-3-1　格朗和乡代表性野生型古茶树长势

长势	好	较好	较差	差	濒临死亡	死亡
数量（株）	8	1	1	—	1	—
长势比例 (%)	72.73	9.09	9.09	—	9.09	—

三、树体

格朗和乡野生型古茶树基部干径最小为 0.14m、最大为 0.91m、变幅为 0.77m、均值为 0.62m、标准差为 0.24m、变异系数为 38.71%；树高最低为 3.60m、最高为 23.00m、变幅为 19.40m、均值为 15.63m、标准差为 6.69m、变异系数为 42.80%；第一分枝高最低为 0.37m、最高为 1.78m、变幅为 1.41m、均值为 0.82m、标准差为 0.48m、变异系数为 58.54%；树幅为 2.80m × 3.00m ~ 10.10m × 10.20m、变幅为 7.10 ~ 7.40m、均值为 4.31m × 4.60m、标准差为 2.00m × 2.11m、变异系数为 45.87% × 46.4%。

第三章 勐海县古茶园

勐海县是世界茶树原产地和起源中心之一，是驰名中外的“普洱茶”原产地，植茶的自然环境和气候条件得天独厚，各族人民种茶、制茶、饮茶、贸茶的历史悠久。境内迄今生长着800年的南糯山栽培型古茶树，古茶园面积分布广、古茶树生长茂盛，是茶叶发展历史的活见证。

勐海县勐海镇、勐混镇和布朗山乡等11个乡（镇）37个村132个村民小组均有古茶树分布，大部分分布于自然生态环境良好、生物多样性丰富、海拔1000～2200m的山区、半山区，面积5370.09hm^2，密度1935株/hm^2，共10405848株。其中，基部干径＜15cm共6426652株，占总株数的61.76%；基部干径15～20cm共1641002株，占总株数的15.77%；基部干径20～30cm共1744020株，占总株数的16.76%；基部干径30～40cm共424559株，占总株数的4.08%；基部干径40～50cm共120708株，占总株数的1.16%；基部干径≥50cm共48907株，占总株数的0.47%。古茶园年度干毛茶总产量为3583467kg（基部干径指基部直径；15～20cm指大于等于15cm而小于20m、20～30cm指大于等于20cm而小于30cm、30～40cm指大于等于30cm而小于40m、40～50cm指大于等于40cm而小于50cm；茶园中的茶树部分为古茶树，下同）。

第一节　勐海镇古茶园

勐海镇位于勐海县中部，地处100°18′～100°32′E，21°52′～22°9′N，东依勐宋乡，东南与格朗和乡相连，西南与勐混镇相邻，西与勐遮镇、勐满镇交界，北与勐阿镇相接，是全县政治、经济、文化中心，面积36538.00hm²，勐海坝子面积5200.00hm²，是全县的稻谷主产区之一。下辖景龙、曼贺、曼袄、曼尾、曼短、曼真、曼稿和勐翁等8个村和象山、沿河和佛双等3社区93个村民小组和26个社区居民小组，有傣族、哈尼族、布朗族、拉祜族、汉族和佤族等9个民族。

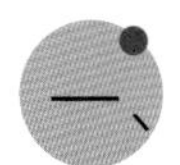

一、古茶园概况

（一）概况

勐海镇古茶园主要分布于勐海镇勐翁村（曼滚上寨、曼滚下寨、曼派、曼嘿、曼兴、曼别）、曼稿村（长田坝），面积56.42hm²，密度1035株/hm²，共57983株。其中，基部干径＜15cm共41525株，占总株数的70.77%；基部干径15～20cm共12639株，占总株数的21.54%；基部干径≥20cm共4512株，占总株数的7.69%。古茶园年度干毛茶总产量为38164kg。生境为季节性雨林、伴常绿季雨林、山林、暖热性针叶林、竹林、禾本科草类灌丛植被类型，古茶园中间作有香樟、云南杉和澳洲坚果等，伴

图3-1-1　曼稿国家自然保护区高杆大茶树
|李友勇，2019

生植物主要有苏铁、桫椤、红椿、大叶木兰、火麻树和榕树等。遮阴树为 120 ~ 150 株 /hm^2，树高均在 10m 以上，树幅 8m 以上。

（二）代表性古茶园

曼滚古茶园

曼滚古茶园分布于勐海镇勐翁村曼滚下寨和曼滚上寨村民小组，面积19.65hm^2，密度1035株/hm^2，共20335株。其中，基部干径＜15cm共14391株，占总株数的70.77%；基部干径15 ~ 20cm共4380株，占总株数的21.54%；基部干径≥20cm共1564株，占总株数的7.69%。古茶园年度干毛茶总产量为13226kg。

图 3-1-2　曼滚古茶园
|李友勇，2019

二、茶树资源多样性分析

（一）管护

1. 耕作

通过对勐海镇勐翁村曼滚下寨村民小组和曼稿村长田坝村民小组代表性古茶园耕作调查的结果显示，所有古茶园均不施肥、不打农药，夏、秋季采用修草机剪除地表杂草并及时还田，冬季很少耕作。

2. 养护

勐海镇茶农根据其管辖古茶园茶树长势情况及其间种树种状况，适时修剪茶树枯枝和弱枝及间种树种的多余枝条。勐海镇2个代表性古茶园样方（25m×25m/样方）内正常生长数（60株）占调查总数（147株）的40.82%；复壮数（28株）占调查总数（147株）的19.05%，台刈后新发2~5分枝的有25株、6~10分枝的有2株、其他的有1株（未记录分枝）；更新数（1株）占调查总数（147株）的0.68%，高度1.0m以下的有1株；修剪距地表1.5m处上方所有枝梢株数（58株）占调查总数（147株）的39.46%。

（二）长势

勐海镇2个代表性古茶园样方所有茶树资源总体长势良好，长势好和较好数（103株）占调查总数（147株）的70.07%；死亡和濒临死亡数（6株）占调查总数（147株）的4.08%（表3-1-1）。

表 3-1-1　勐海镇代表性古茶园茶树长势

长势	好	较好	较差	差	濒临死亡	死亡
数量（株）	56	47	22	16	3	3
长势比例（%）	38.10	31.97	14.97	10.88	2.04	2.04

（三）树体

勐海镇2个代表性古茶园样方茶树基部干径最小为2.87cm、最大为26.11cm、变幅为23.24cm、均值为11.77cm、标准差为5.49cm、变异系数为46.64%；树高最低为1.10m、最高为6.80m、变幅为5.70m、均值为3.73m、标准差为

1.02m、变异系数为27.35%；第一分枝高最低为0cm、最高为200.00cm、变幅为200.00cm、均值为41.61cm、标准差为39.46cm、变异系数为94.83%；树幅为1.00m×1.10m～6.00m×6.40m、变幅为5.00m×5.30m、均值为3.11m×3.57m、标准差为1.12m×1.14m、变异系数为31.93%×36.01%。

（四）产量

勐海镇2个代表性古茶园样方茶树采摘面积最小为0.87m^2/株、最大为29.69m^2/株、变幅为28.82m^2/株、均值为9.62m^2/株、标准差为6.00m^2/株、变异系数为62.37%；一芽三叶最少为127.16个/株、最多为4362.26个/株、变幅为4235.10个/株、均值为1413.75个/株、标准差为881.81个/株、变异系数为62.37%；年度干毛茶产量最低为59.41g/株、最高为2038.27g/株、变幅为1978.86g/株、均值为660.58g/株、标准差为412.02g/株、变异系数为62.37%。

第二节　勐混镇古茶园

勐混镇位于勐海县中部，东北邻勐海镇，东连格朗和乡，南邻布朗山乡，西南接打洛镇，西、北连勐遮镇，距县城 17km，面积 32900.00hm^2。勐混镇属亚热带季风气候，年平均降雨量 1300 ～ 1500mm，坝区年均气温 18 ～ 19℃；土壤为砖红壤性红壤和红壤。下辖勐混、曼国、曼蚌、曼赛、曼扫、贺开和曼冈等 7 个村 81 个村民小组，有傣族、哈尼族和拉祜族等民族。

一、古茶园概况

（一）概况

勐混镇古茶园主要分布于勐混镇贺开村（曼弄老寨、曼弄新寨、曼迈、曼囡、邦盆老寨、邦盆新寨、广冈）、曼蚌村（广别老寨、广别新寨），面积1143.33hm^2，密度2085株/hm^2，共2391853株。其中，基部干径＜15cm共1202624株，占总株数的50.28%；基部干径15～20cm共484828株，占总株数的20.27%；基部干径20～30cm共571653株，占总株数的23.90%；基部干径30～40cm共109786株，占总株数的4.59%；基部干径40～50cm共22962株，占总株数的0.96%。古茶园年度干毛茶总产量为940925kg。生境为季节性雨林、伴常绿季雨林、山林、暖热性针叶林、竹林、禾本科草类灌丛植被类型，古茶园伴生植物乔木层有红木荷、普文楠、鹧鸪花、红梗润楠、湄公栲、深绿山龙眼、云南移、楝树、八角枫、乌墨、茶梨、印缅黄杞等，灌木层有野牡丹、毛杜茎山和地桃花等，草本层植物有紫茎泽兰、马唐、荩草、鸭跖草、疏穗莎草、毛轴蕨菜、狭叶凤尾蕨和粗齿三叉蕨等。遮阴树为120~150株/hm^2，树高3~25m，树幅3m以上。

图 3-2-1　邦盆古茶园

|李友勇，2019

图 3-2-2　曼弄老寨古茶园

|李友勇，2021

（二）代表性古茶园

1. 曼迈古茶园

曼迈古茶园位于勐混镇贺开村曼迈村民小组，面积333.33hm^2，密度1695株/hm^2，共565333株。其中，基部干径＜15cm共223985株，占总株数的39.62%；基部干径15～20cm共143990株，占总株数的25.47%；基部干径20～30cm共159989株，占总株数的28.30%；基部干径30～40cm共31998株，占总株数的5.66%；基部干径≥40cm共5371株，占总株数的0.95%。古茶园年度干毛茶总产量为268065kg。

图 3-2-3 曼迈古茶园
|李友勇，2019

2. 广别老寨古茶园

广别老寨古茶园位于勐混镇曼蚌村广别老寨村民小组，面积60.00hm^2，密度1920株/hm^2，共115200株。其中，基部干径＜15cm共61436株，占总株数的53.33%；基部干径15～20cm共19204株，占总株数的16.67%；基部干径20～30cm共25920株，占总株数的22.50%；基部干径30～40cm共6716株，占总株数的5.83%；基部干径≥40cm共1924株，占总株数的1.67%。古茶园年度干毛茶总产量为42433kg。

图 3-2-4　广别老寨古茶园
|李友勇，2019

二、茶树资源多样性分析

（一）管护

1. 耕作

通过对勐混镇贺开村和曼蚌村4个村民小组代表性古茶园耕作调查的结果显示，所有古茶园均不施肥、不打农药，夏、秋季采用修草机剪除地表杂草并及时还田，冬季很少耕作。

2. 养护

勐混镇茶农根据其管辖古茶园茶树长势情况及其间种树种状况，适时修剪茶树枯枝和弱枝及间种树种的多余枝条。勐混镇4个代表性古茶园样方（25m×25m/样方）内正常生长数（353株）占调查总数（523株）的67.49%；复壮数（165株）占调查总数（523株）的31.55%，台刈后新发2~5分枝的有145株、6~10分枝的有14株、10分枝以上的有2株、其他的有4株（未记录分枝）；更新数（5株）占调查总数（523株）的0.96%，高度1.0m以下的有3株，高度1.0m以上（含1.0m）的有2株。

（二）长势

勐混镇4个代表性古茶园样方所有茶树资源总体长势良好，长势好和较好数（364株）占调查总数（523株）的69.60%；死亡和濒临死亡数（24株）占调查总数（523株）的4.58%（表3-2-1）。

表 3-2-1 勐混镇代表性古茶园茶树长势

长势	好	较好	较差	差	濒临死亡	死亡
数量(株)	200	164	78	57	12	12
长势比例(%)	38.24	31.36	14.92	10.90	2.29	2.29

（三）树体

勐混镇4个代表性古茶园样方茶树基部干径最小为1.59cm、最大为44.90cm、变幅为43.31cm、均值为15.59cm、标准差为8.46cm、变异系数为54.27%；树高最低为0.60m、最高为8.90m、变幅为8.30m、均值为3.30m、标准差为1.38m、变异系数为41.82%；第一分枝高最低为0cm、最高为250.00cm、变幅为250.00cm、均值为31.56cm、标准差为40.53cm、变异系数为128.42%；树幅为0.20m×0.30m ~ 8.40m×8.50m、变幅为8.1m×8.3m、均值为2.4m×2.42m、标准差为1.35m×1.37m、变异系数为55.79%×56.85%。

（四）产量

勐混镇4个代表性古茶园样方茶树采摘面积最小为0.07m^2/株、最大为56.05m^2/株、变幅为55.98m^2/株、均值为5.95m^2/株、标准差为6.30m^2/株、变异系数为105.88%；一芽三叶最少为10.38个/株、最多为8235.22个/株、变幅为8224.84个/株、均值为873.53个/株、标准差为926.00个/株、变异系数为106.01%；年度干毛茶产量最低为3.76g/株、最高为4193.79g/株、变幅为4190.03g/株、均值为394.14g/株、标准差为438.45g/株、变异系数为111.24%。

第三节　布朗山乡古茶园

布朗山乡位于勐海县南部，东与景洪市勐龙镇交界，南和西与缅甸接壤，国境线长70.1km，西北连打洛镇，东北连勐混镇，全乡东西横距38km、南北纵距28km，距县城91km，面积 101600.00hm^2，占勐海县的1/5；森林覆盖率为67%。境内山峦起伏，沟谷纵横，最高海拔2082m、最低535m，形成东北高，西南低的地势。下辖勐昂、章家、新竜、曼囡、结良、曼果和班章等7个村63个村民小组，有布朗族、哈尼族和拉祜族等民族。

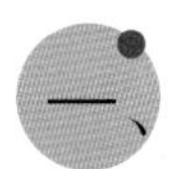

一、古茶园概况

（一）概况

布朗山乡古茶园主要分布于布朗山乡班章村（老班章、新班章、老曼峨、坝卡龙、坝卡囡）、勐昂村（帕点、勐昂、勐囡、曼诺、新南冬）、新竜村（曼捌老寨、曼捌新寨、戈新竜、曼新竜上寨、曼新竜下寨、曼纳）、曼囡村（曼囡老寨、曼木、道坎）、结良村（吉良、帕亮、曼迈、曼龙）、曼果村（啊梭），面积1296.40hm^2，密度1920株/hm^2，共2494655株。其中，基部干径<15cm共1524733株，占总株数的61.12%；基部干径15~20cm共411867株，占总株

图 3-3-1　新班章古茶园
|李友勇，2011

数的16.51%；基部干径20～30cm共420100株，占总株数的16.84%；基部干径30～40cm共95296株，占总株数的3.82%；基部干径40～50cm共29437株，占总株数的1.18%；基部干径≥50cm共13222株，占总株数的0.53%。古茶园年度干毛茶总产量为900470kg。生境为热带季节雨林、热带山地雨林和热带山地常绿阔叶林，古茶园中间作有香樟、云南移、桤木、红毛树和其他树种，遮阴树为75～105株/hm^2，树高均在6m以上，树幅5m以上。

图 3-3-2 老班章古茶园
曾铁桥，2014

图 3-3-3 新南冬古茶园

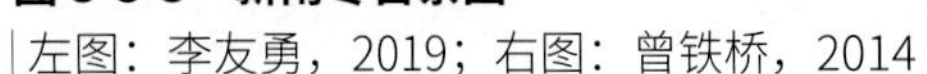

左图：李友勇，2019；右图：曾铁桥，2014

（二）代表性古茶园

1. 老班章古茶园

老班章古茶园位于布朗山乡班章村老班章村民小组，面积469.40hm^2，密度1230株/hm^2，共578547株。其中，基部干径＜15cm共255428株，占总株数的44.15%；基部干径15～20cm共75153株，占总株数的12.99%；基部干径20～30cm共165291株，占总株数的28.57%；基部干径30～40cm共60111株，占总株数的10.39%；基部干径40～50cm共15042株，占总株数的2.60%；基部干径≥50cm共7521株，占总株数的1.30%。古茶园年度干毛茶总产量为497195kg。

2. 新南冬古茶园

新南冬古茶园位于布朗山乡勐昂村新南冬村民小组，面积10.07hm^2，密度1290株/hm^2，共13049株。其中，基部干径＜15cm共7146株，占总株数的54.76%；基部干径15～20cm共1865株，占总株数的 14.29%；基部干径 20 ～ 30cm 共 3728 株，占总株数的 28.57%；基部干径≥ 30cm 共 310 株，占总株数的 2.38%。古茶园年度干毛茶总产量为 8181kg。

3. 曼新竜上寨古茶园

曼新竜上寨古茶园位于布朗山乡新竜村曼新竜上寨村民小组，面积 18.67hm^2，密度 1605 株 /hm^2，共 30165 株。其中，基部干径＜ 15cm 共 12545 株，占总株数的 41.59%；基部干径 15 ～ 20cm 共 5973 株，占总株数的 19.80%；基部干径 20 ～ 30cm 共 7466 株，占总株数的 24.75%；基部干径 30 ～ 40cm 共 1792 株，占总株数的 5.94%；基部干径 40 ～ 50cm 共 1792 株，占总株数的 5.94%；基部干径≥ 50cm 共 597 株，占总株数的 1.98%。古茶园年度干毛茶总产量为 6471kg。

图 3-3-4　曼新竜上寨古茶园

| 左图：曾铁桥，2014；右图：李友勇，2019

4. 吉良古茶园

吉良古茶园位于布朗山乡结良村吉良村民小组，面积40.33hm^2，密度

图 3-3-5　吉良古茶园

| 李友勇，2019

1365株/hm^2，共55498株。其中，基部干径＜15cm共32266株，占总株数的58.14%；基部干径15～20cm共13553株，占总株数的24.42%；基部干径20～30cm共7747株，占总株数的13.96%；基部干径30～40cm共644株，占总株数的1.16%；基部干径40～50cm共644株，占总株数的1.16%；基部干径≥50cm共644株，占总株数的1.16%。古茶园年度干毛茶总产量为29277kg。

5. 曼囡古茶园

曼囡古茶园位于布朗山乡曼囡村曼囡老寨村民小组，面积22.40hm^2，密度3300株/hm^2，共73920株。其中，基部干径＜15cm共50776株，占总株数的67.68%；基部干径15～20cm共8213株，占总株数的11.11%；基部干径20～30cm共8213株，占总株数的11.11%；基部干径30～40cm共5226株，占总株数的7.07%；基部干径40～50cm共1493株，占总株数的2.02%；基部干径≥50cm共746株，占总株数的1.01%。古茶园年度干毛茶总产量为16931kg。

图 3-3-6　囡老寨古茶园
|李友勇，2019

6. 啊梭古茶园

啊梭古茶园位于布朗山乡曼果村啊梭村民小组，面积11.80hm^2，密度2655株/hm^2，共26550株。其中，基部干径＜15cm共22716株，占总株数的85.56%；基部干径15～20cm共2655株，占总株数的10.00%；基部干径≥20cm共1179株，占总株数的4.44%。古茶园年度干毛茶总产量为4542kg。

图 3-3-7　啊梭古茶园
|李友勇，2019

二、茶树资源多样性分析

（一）管护

1. 古茶园耕作

通过对布朗山乡结良、曼囡、新竜、勐昂、班章和曼果等6个村14个村民小组代表性古茶园耕作调查的结果显示，所有古茶园均不施肥、不打农药，夏、秋季采用修草机剪除地表杂草并及时还田，冬季除老班章村民小组的部分古茶园有少量耕作外均很少耕作。

2. 茶树养护

布朗山乡茶农根据其管辖古茶园茶树长势情况及其间种树种状况，适时修剪茶树枯枝和弱枝及间种树种的多余枝条。布朗山乡 14 个代表性古茶园样方（25m × 25m/ 样方）内正常生长数（1017 株）占调查总数（1520 株）的 66.91%；复壮数（415 株）占调查总数（1520 株）的 27.30%，台刈后新发 2 ~ 5 分枝的有 259 株、6 ~ 10 分枝的有 35 株、10 分枝以上的有 5 株、其他的有 107 株（未记录分枝）；更新数（88 株）占调查总数（1520 株）的 5.79%，高度 1.0m 以下的有 62 株，高度 1.0m 以上（含 1.0m）的有 26 株。

（二）长势

布朗山乡14个代表性古茶园样方所有茶树资源总体长势良好，长势好和较好数（1058株）占调查总数（1520株）的69.61%；死亡和濒临死亡数（70株）占调查总数（1520株）的4.60%（表3-3-1）。

表 3-3-1　布朗山乡代表性古茶园茶树长势

长势	好	较好	较差	差	濒临死亡	死亡
数量（株）	582	476	226	166	35	35
长势比例（%）	38.29	31.32	14.87	10.92	2.30	2.30

（三）树体

布朗山乡14个代表性古茶园样方茶树基部干径最小为1.27cm、最大为74.01cm、变幅为72.74cm、均值为15.33cm、标准差为8.67cm、变异系数为56.56%；树高最低为0.74m、最高为7.63m、变幅为6.89m、均值为3.31m、标准差为1.16m、变异系数为35.05%；第一分枝高最低为0cm、最高为230.00cm、变幅为230.00cm、均值为37.52cm、标准差为40.73cm、变异系数为108.56%；树幅为0.30m×0.43m～7.10m×8.00m、变幅为6.67m×7.70m、均值为2.41m×2.51m、标准差为1.11m×1.15m、变异系数为45.82%×46.06%。

（四）产量

布朗山乡14个代表性古茶园样方茶树采摘面积最小为0.15m^2/株、最大为36.30m^2/株、变幅为36.15m^2/株、均值为5.41m^2/株、标准差为4.75m^2/株、变异系数为87.80%；一芽三叶最少为21.82个/株、最多为5333.1个/株、变幅为5311.28个/株、均值为796.50个/株、标准差为698.87个/株、变异系数为87.74%；年度干毛茶产量最低为9.71g/株、最高为3051.87g/株、变幅为3042.16g/株、均值为388.8g/株、标准差为367.88g/株、变异系数为94.61%。

第四节　打洛镇古茶园

打洛镇位于勐海县西南部，东接布朗山乡，南和西与缅甸接壤，西北与西定乡毗邻，北连勐遮镇，东北接勐混镇，国境线长36.5km，距县城68km，面积40016.00hm^2。镇政府驻地距缅甸掸邦东部第四特区勐拉和景栋分别为3km和80km；距泰国的米赛、清迈和曼谷分别为246km、500km和1250km，是中国通向东南亚国家距离最近的内陆口岸和最便捷的通道。下辖打洛、曼夕、曼山、曼轰和勐板等5个村56个村民小组，有傣族、哈尼族和布朗族等民族。

一、古茶园概况

（一）概况

打洛镇古茶园主要分布于打洛镇曼夕村曼夕上寨村民小组，面积87.33hm^2，密度990株/hm^2，共86634株。其中，基部干径＜15cm共40527株，占总株数的46.78%；基部干径15～20cm共23755株，占总株数的27.42%；基部干径20～30cm共20957株，占总株数的24.19%；基部干径≥30cm共1395株，占总株数的1.61%。古茶园年度干毛茶总产量为29319kg。生境为季节性雨林、伴常绿季雨林、山林、暖热性针叶林、竹林和禾本科草类灌丛等，古茶园中间作有香樟、云南移、桤木、野漆树和其他树种，遮阴树为90～120株/hm^2，树高均在6m以上，树幅5m以上。

图 3-4-1 打洛古茶园

左图：李友勇，2019；右图：曾铁桥，2014

（二）代表性古茶园

曼夕古茶园

曼夕古茶园位于打洛镇曼夕村曼夕上寨村民小组，面积39.60hm^2，密度990株/hm^2，共39283株。其中，基部干径＜15cm共18377株，占总株数的46.78%；基部干径15～20cm共10771株，占总株数的27.42%；基部干径20～30cm共9503株，占总株数的24.19%；基部干径≥30cm共632株，占总株数的1.61%。古茶园年度干毛茶总产量为13294kg。

图 3-4-2　曼夕古茶园
左图：曾铁桥，2014；右图：李友勇，2019

二、茶树资源多样性分析

（一）管护

1. 古茶园耕作

通过对打洛镇曼夕村曼夕老寨村民小组代表性古茶园耕作调查的结果显示，所有古茶园均不施肥、不打农药；夏、秋季采用修草机剪除地表杂草并及时还田，冬季很少耕作。

2. 茶树养护

打洛镇茶农根据其管辖古茶园茶树长势情况及其间种树种状况，适时修剪茶树枯枝和弱枝及间种树种的多余枝条。打洛镇代表性古茶园样方（25m×25m/样方）内正常生长数（60株）占调查总数（62株）的98.39%；复壮数（1株）占调查总数（62株）的1.63%，台刈后新发2~5分枝的有1株。

（二）长势

打洛镇代表性古茶园样方所有茶树资源总体长势良好，长势好和较好数（44株）占调查总数（62株）的70.97%；死亡和濒临死亡数（2株）占调查总数（62株）的3.22%（表3-4-1）。

表 3-4-1　打洛镇代表性古茶园茶树长势

长势	好	较好	较差	差	濒临死亡	死亡
数量（株）	24	20	9	7	1	1
长势比例（%）	38.71	32.26	14.52	11.29	1.61	1.61

（三）树体

打洛镇代表性古茶园样方茶树干径最小为5.41cm、最大为32.99cm、变幅为27.58cm、均值为16.07cm、标准差为5.58cm、变异系数为34.72%；树高最低为1.70m、最高为7.10m、变幅为5.40m、均值为4.81m、标准差为1.36m、变异系数为28.27%；第一分枝高最低为0cm、最高为230.00cm、变幅为230.00cm、均值为108.51cm、标准差为68.58cm、变异系数为63.20%；树幅为0.65m×0.84m ~ 4.90m×5.90m、变幅为4.06m×5.25m、均值为2.77m×2.88m、标准差为0.98m×1.04m、变异系数为35.38%×36.11%。

（四）产量

打洛镇代表性古茶园样方茶树采摘面积最小为0.53m^2/株、最大为21.64m^2/株、变幅为21.11m^2/株、均值为6.94m^2/株、标准差为4.30m^2/株、变异系数为61.96%；一芽三叶最少为77.55个/株、最多为3178.93个/株、变幅为3101.38个/株、均值为1019.98个/株、标准差为632.29个/株、变异系数为61.99%；年度干毛茶产量最低为25.73g/株、最高为1054.77g/株、变幅为1029.04g/株、均值为338.43g/株、标准差为209.79g/株、变异系数为61.99%。

第五节　西定乡古茶园

西定乡位于勐海县西部，东接勐遮镇，南邻打洛镇，北与勐满镇毗邻，西与缅甸隔江相望，国境线长54.5km，距县城46km，面积61549hm^2。下辖西定、暖和、南弄、帕龙、旧过、曼马、曼来、章朗、曼佤、曼皮和曼迈等11个村89个村民小组，有傣族、哈尼族、布朗族、拉祜族和佤族等民族。

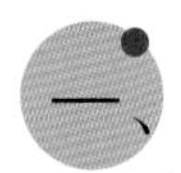

一、古茶园概况

（一）概况

西定乡古茶园主要分布于西定乡曼迈村（曼迈）、章朗村（章朗老寨、章朗新寨、章朗中寨）、西定村（布朗西定），面积194.00hm^2，密度2190株/hm^2，共425248株。其中，基部干径 < 15cm共353849株，占总株数的83.21%；基部干径15～20cm共52773株，占总株数的12.41%；基部干径≥20cm共18626株，占总株数的4.38%。古茶园年度干毛茶总产量共84386kg。生境为季节性雨林、伴常绿季雨林、山林、暖热性针叶林、竹林、禾本科草类灌丛植被类型，古茶园中间作有野漆树、香樟、云南移、榕树和其他树种等，遮阴树为120～180株/hm^2，树高均在12m以上，树幅7m以上。

图 3-5-1　西定古茶园
| 曾铁桥，2014

（二）代表性古茶园

章朗古茶园

章朗古茶园主要分布于西定乡章朗村章朗老寨村民小组，面积44.27hm^2，密度2190株/hm^2，共97032株。其中，基部干径＜15cm共80740株，占总株数的83.21%；基部干径15～20cm共12042株，占总株数的12.41%；基部干径≥20cm共4250株，占总株数的4.38%。古茶园年度干毛茶总产量为19255kg。

图 3-5-2　章朗古茶园
|李友勇，2019

二、茶树资源多样性分析

（一）管护

1. 古茶园耕作

通过对西定乡章朗村章朗老寨村民小组代表性古茶园耕作调查的结果显示，所有古茶园均不施肥、不打农药，夏、秋季采用修草机剪除地表杂草并及时还田，冬季很少耕作。

2. 茶树养护

西定乡茶农根据其管辖古茶园茶树长势情况及其间种树种状况，适时修剪茶树枯枝和弱枝及间种树种的多余枝条。西定乡代表性古茶园样方(25m × 25m/样方) 内正常生长数 (55 株) 占调查总数 (137 株) 的 40.15%；复壮数 (9 株) 占调查总数 (137 株) 的 6.57%，台刈后新发 2 ~ 5 分枝的有 1 株、其他的有 8 株 (未记录分枝)；更新数 (73 株) 占调查总数 (137 株) 的 53.28%，高度 1.0m 以下的有 62 株，高度 1.0 以上 (含 1.0m) 的有 26 株。

(二) 长势

西定乡代表性古茶园样方所有茶树资源总体长势良好，长势好和较好数 (96 株) 占调查总数 (137株) 的70.07%；死亡和濒临死亡数 (6株) 占调查总数 (137株) 的4.38% (表3-5-1)。

表 3-5-1 西定乡代表性古茶园茶树长势

长势	好	较好	较差	差	濒临死亡	死亡
数量 (株)	52	44	20	15	3	3
长势比例 (%)	37.95	32.12	14.6	10.95	2.19	2.19

(三) 树体

西定乡代表性古茶园样方茶树基部干径最小为2.23cm、最大为28.66cm、变幅为26.43cm、均值为12.27cm、标准差为6.31cm、变异系数为51.43%；树高最低为0.90m、最高为9.30m、变幅为8.40m、均值为3.53m、标准差为1.78m、变异系数为50.42%；第一分枝高最低为0cm、最高为220.00cm、变幅为220.00cm、均值为71.70cm、标准差为56.46cm、变异系数为78.74%；树幅为0.85m × 0.9m ~ 5.72m × 9.9m、变幅为4.82m × 9.05m、均值为2.47m × 2.67m、标准差为1.05m × 1.36m、变异系数为42.51% × 50.94%。

(四) 产量

西定乡代表性古茶园样方茶树采摘面积最小为0.60m^2/株、最大为36.83m^2/株、变幅为36.23m^2/株、均值为6.14m^2/株、标准差为5.95m^2/株、变异系数为96.91%；一芽三叶最少为88.30个/株、最多为5411.81个/株、变幅为5323.51个/株、均值为901.84个/株、标准差为873.9个/株、变异系数为96.90%；年度干毛茶产量最低为40.33g/株、最高为2471.85g/株、变幅为2431.52g/株、均值为411.91g/株、标准差为399.15g/株、变异系数为96.90%。

第六节　勐遮镇古茶园

勐遮镇地处勐海县中部，东邻勐海镇，东南连勐混镇，南与打洛镇交界，西南和西与西定乡接壤，北依勐满镇，是云南省较大的坝子之一，距县城22km，面积46200.00hm^2。下辖景真、曼恩、曼根、曼洪、曼令、曼伦、曼勐养、曼弄、曼扫、曼燕、曼央龙、勐遮和南楞等13个村167个村民小组，有傣族、哈尼族、布朗族、拉祜族和佤族等民族。

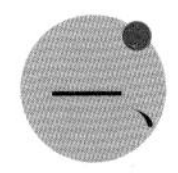

一、古茶园概况

（一）概况

勐遮镇古茶园主要分布于勐遮镇南楞村（南列）、曼令村（曼岭小寨、曼岭大寨、曼回和坝播），面积 162.33hm^2，密度 4035 株 /hm^2，共 657125 株。其中，基部干径＜ 15cm 共 472736 株，占总株数的 71.94%；基部干径 15 ～ 20cm 共 36339 株，占总株数的 5.53%；基部干径 20 ～ 30cm 共 44159 株，占总株数的 6.72%；基部干径 30 ～ 40cm 共 64924 株，占总株数的 9.88%；基部干径 40 ～ 50cm 共 20765 株，占总株数的 3.16%；基部干径≥ 50cm 共 18202 株，占总株数的 2.77%。古茶园年度干毛茶总产量共 133607kg。生境为季节性雨林、伴常绿季雨林、山林、暖热性针叶林、竹林、禾本科草类灌丛植被类型，古茶园中间作有澳洲坚果、香樟、云南移、微毛樱桃、香椿和其他树种等，遮阴树为 120 ～ 150 株 /hm^2，树高均在 8m 以上，树幅 7m 以上。

（二）代表性古茶园

南列古茶园

南列古茶园主要分布于勐遮镇南楞村南列村民小组，面积134.00hm^2，密度4035株/hm^2，共542432株。其中，基部干径＜15cm共390226株，占总株数的71.94%；基部干径15～20cm共29997株，占总株数的5.53%；基部干径20～30cm共36451株，占总株数的6.72%；基部干径30～40cm共53592株，占总株数的9.88%；基部干径40～50cm共17141株，占总株数的3.16%；基部干径≥50cm共15025株，占总株数的2.77%。古茶园年度干毛茶总产量为110288kg。

图 3-6-1　南列古茶园
| 曾铁桥，2014

二、茶树资源多样性分析

（一）管护

1. 古茶园耕作

通过对勐遮镇南楞村南列村民小组代表性古茶园耕作调查的结果显示，所有古茶园均不施肥、不打农药，夏、秋季采用修草机剪除地表杂草并及时还田，冬季很少耕作。

2. 茶树养护

勐遮镇茶农根据其管辖古茶园茶树长势情况及其间种树种状况，适时修剪茶树枯枝和弱枝及间种树种多余的枝条。勐遮镇代表性古茶园样方（25m×25m/样方）内正常生长数（11 株）占调查总数（253 株）的 4.35%；复壮数（74 株）占调查总数（253 株）的 22.53%，台刈后新发 2 ~ 5 分枝的有 19 株、6 ~ 10 分枝的有 17 株、10 分枝以上的有 8 株、其他的有 30 株（未记录分枝）；更新数（168 株）占调查总数（253 株）的 66.40%，高度 1.0m 以下的有 62 株，高度 1.0m 以上（含 1.0m）的有 26 株。

（二）长势

勐遮镇代表性古茶园样方所有茶树资源总体长势良好，长势好和较好数（175株）占调查总数（253株）的69.17%；死亡和濒临死亡数（12株）占调查总数（253株）的4.74%（表3-6-1）。

表 3-6-1　勐遮镇代表性古茶园茶树长势

长势	好	较好	较差	差	濒临死亡	死亡
数量（株）	97	78	38	28	6	6
长势比例（%）	38.34	30.83	15.02	11.07	2.37	2.37

（三）树体

勐遮镇代表性古茶园样方茶树基部干径最小为0.22cm、最大为90.00cm、变幅为89.78cm、均值为26.41cm、标准差为15.84cm、变异系数为59.98%；树高最低为0.20m、最高为6.20m、变幅为6.00m、均值为3.29m、标准差为1.16m、变异系数为35.26%；第一分枝高最低为0cm、最高为255.00cm、变幅为255.00cm、均值为9.56cm、标准差为28.89cm、变异系数为302.20%；树幅为0.50m×0.60m～5.60m×6.70m、变幅为5.00m×6.20m、均值为2.66m×2.83m、标准差为1.12m×1.19m、变异系数为42.05%×42.11%。

（四）产量

勐遮镇代表性古茶园样方茶树采摘面积最小为0.26m^2/株、最大为29.69m^2/株、变幅为29.43m^2/株、均值为6.90m^2/株、标准差为5.07m^2/株、变异系数为73.48%；一芽三叶最少为38.13个/株、最多为4362.26个/株、变幅为4324.13个/株、均值为1013.04个/株、标准差为745.56个/株、变异系数为73.60%；年度干毛茶产量最低为20.82g/株、最高为2381.80g/株、变幅为2360.98g/株、均值为553.12g/株、标准差为407.08g/株、变异系数为73.60%。

第七节　勐满镇古茶园

勐满镇位于勐海县西北部，东接勐阿镇，东南连勐海镇，南邻勐遮镇，西南接西定乡，曼蚌渡口段与缅甸仅一河之隔，西、西北与澜沧县糯福乡、惠民镇毗邻，距县城57km，面积48839.00hm^2，东西最大纵距为37km，南北最大横距为25km，最高点为帕滇梁子，海拔为2192m，最低点为勐满坝子，海拔为838m；属南亚热带雨林气候，非常适宜热带经济作物和热带动植物生长，年平均气温19.9℃，年平均降雨量1357mm。下辖城子、纳包、班倒、星火山、帕迫、南达和关双等7个村80个村民小组，驻有黎明农场星火生产队，有傣族、布朗族、哈尼族和拉祜族等民族。

一、古茶园概况

（一）概况

勐满镇古茶园主要分布于勐满镇关双村（关双）、南达村（南达老寨）、帕迫村（中纳包）、城子村（坝佬傣），面积86.00hm^2，密度1770株/hm^2，共152776株。其中，基部干径< 15cm共113314株，占总株数的74.17%；基部干径15~20cm共19234株，占总株数的12.59%；基部干径20~30cm共14162株，占总株数的9.27%；基部干径30~40cm共4049株，占总株数的2.65%；基部干径≥40cm共2017株，占总株数的1.32%。古茶园年度干毛茶总产量为38943kg。生境为季节性雨林、伴常绿季雨林、山林、暖热性针叶林、竹林、禾本科草类灌丛植被类型，古茶园中间作有野漆树、香樟、云南移、榕树和其他树种等，遮阴树为90~120株/hm^2，树高均在8m以上，树幅5m以上。

（二）代表性古茶园

关双古茶园

关双古茶园主要分布于勐满镇关双村关双村民小组，面积共 54.00hm^2，密度 1995 株 /hm^2，共 108000 株。其中，基部干径< 15cm 共 92448 株，占总株数的 85.60%；基部干径 15 ~ 20cm 共 10368 株，占总株数的 9.60%；基部干径 20 ~ 30cm 共 2592 株，占总株数的 2.40%；基部干径 30 ~ 40cm 共 1728 株，

占总株数的 1.60%；基部干径≥ 40cm 共 864 株，占总株数的 0.80%。古茶园年度干毛茶总产量为 23802kg。

图 3-7-1　关双古茶园
李友勇，2019

二、茶树资源多样性分析

（一）管护

1. 古茶园耕作

通过对勐满镇关双村关双村民小组和城子村坝佬傣村民小组代表性古茶园耕作调查的结果显示，所有古茶园均不施肥、不打农药，夏、秋季采用修草机剪除地表杂草并及时还田，冬季除关双村民小组部分古茶园和坝佬傣村民小组部分古茶园外均很少耕作。

2. 茶树养护

勐满镇茶农根据其管辖古茶园茶树长势情况及其间种树种状况，适时修剪茶树枯枝和弱枝及间种树种的多余枝条。勐满镇2个代表性古茶园样方（25m×25m/样方）内正常生长数（119株）占调查总数（151株）的78.77%；复壮数（23株）占调查总数（151株）的15.23%，台刈后新发2～5分枝的有14株、6～10分枝的有6株、其他的有3株（未记录分枝）；更新数（9株）占调查总数（151株）的5.96%，高度1.0m以下的有9株。

（二）长势

勐满镇2个代表性古茶园样方所有茶树资源总体长势良好，长势好和较好数（106株）占调查总数（151株）的70.20%；死亡和濒临死亡数（6株）占调查总数（151株）的3.98%（表3-7-1）。

表 3-7-1　勐满镇代表性古茶园茶树长势

长势	好	较好	较差	差	濒临死亡	死亡
数量（株）	58	48	23	16	3	3
长势比例(%)	38.41	31.79	15.23	10.59	1.99	1.99

（三）树体

勐满镇2个代表性古茶园样方茶树基部干径最小为3.18cm、最大为40.45cm、变幅为37.27cm、均值为11.94cm、标准差为6.75cm、变异系数为56.53%；树高最低为0.40m、最高为8.90m、变幅为8.50m、均值为2.66m、标准差为1.19m、变异系数为44.74%；第一分枝高最低为0cm、最高为225.00cm、变幅为225.00cm、均值为46.25cm、标准差为49.75cm、变异系数为107.57%；树幅为0.70m×0.70m～4.80m×5.20m、变幅为4.10m×4.50m、均值为2.02m×2.14m、标准差为0.80m×0.83m、变异系数为38.79%×39.60%。

（四）产量

勐满镇2个代表性古茶园样方茶树采摘面积最小为0.41m^2/株、最大为19.63m^2/株、变幅为19.22m^2/株、均值为3.88m^2/株、标准差为3.14m^2/株、变异系数为80.93%；一芽三叶最少为60.62个/株、最多为2883.38个/株、变幅为2822.76个/株、均值为570.40个/株、标准差为460.89个/株、变异系数为80.80%；年度干毛茶产量最低为27.05g/株、最高为1286.71g/株、变幅为1259.66g/株、均值为280.96g/株、标准差为225.86g/株、变异系数为80.39%。

第八节　勐阿镇古茶园

勐阿镇位于勐海县北部，地处100°11′35″～100°34′40″E，22°04′49″～22°18′57″N，东北连勐往乡，东南连勐宋乡，南邻勐海镇，西接勐满镇，北与澜沧县交界，距县城30km，面积53877.00hm²，其中山区33077.00hm²，坝区20800.00hm²。下辖曼迈、嘎赛、南朗河、勐康、纳京、纳丙和贺建等7个村71个村民小组，境内驻有西双版纳英茂糖业有限公司勐阿糖厂和黎明农场勐阿生产队，有傣族、哈尼族和彝族等民族。

一、古茶园概况

（一）概况

勐阿镇古茶园主要分布于勐阿镇贺建村（小贺建、小河边、景播老寨），面积66.87hm²，密度2535株/hm²，共170108株。其中，基部干径＜15cm共64199株，占总株数的37.74%；基部干径15～20cm共36369株，占总株数的21.38%；基部干径20～30cm共54554株，占总株数的32.07%；基部干径30～40m共11771

图 3-8-1　勐阿古茶园
李友勇，2019

株，占总株数的6.92%；基部干径40～50cm共2143株，占总株数的1.26%；基部干径≥50cm共1072株，占总株数的0.63%。古茶园年度干毛茶总产量为50982kg。生境为季节性雨林、伴常绿季雨林、山林、暖热性针叶林、竹林、禾本科草类灌丛植被类型，古茶园中间作有香樟和云南移及其他树种等，遮阴树为105～120株/hm^2，树高均在8m以上，树幅5m以上。

（二）代表性古茶园

1. 景播老寨古茶园

景播老寨古茶园位于勐阿镇贺建村景播老寨村民小组，面积26.87hm^2，密度2535株/hm^2，共68348株。其中，基部干径＜15cm共25794株，占总株数的37.74%；基部干径15～20cm共14613株，占总株数的21.38%；基部干径20～30cm共21919株，占总株数的32.07%；基部干径30～40cm共4730株，占总株数的6.92%；基部干径40～50cm共861株，占总株数的1.26%；基部干径≥50cm共431株，占总株数的0.63%。古茶园年度干毛茶总产量为20484kg。

图 3-8-2　景播老寨古茶园

|李友勇，2019

二、茶树资源多样性分析

（一）管护

1. 古茶园耕作

通过对勐阿镇贺建村景播老寨村民小组代表性古茶园耕作调查的结果显示，所有古茶园均不施肥、不打农药，夏、秋季采用修草机剪除地表杂草并及时还田，冬季很少耕作。

2. 茶树养护

勐阿镇茶农根据其管辖古茶园茶树长势情况及其间种树种状况，适时修剪茶树枯枝和弱枝及间种树种的多余枝条。勐阿镇代表性古茶园样方（25m×25m/样方）内正常生长数（34株）占调查总数（159株）的21.12%；复壮数（120株）占调查总数（159株）的75.74%，台刈后新发2~5分枝的有101株、6~10分枝的有18株、10分枝以上的有1株；更新数（5株）占调查总数（159株）的3.14%，高度1.0m以下的有5株。

（二）长势

勐阿镇代表性古茶园样方所有茶树资源总体长势良好，长势好和较好数（110株）占调查总数（159株）的69.18%；死亡和濒临死亡数（8株）占调查总数（159株）的5.04%（表3-8-1）。

表 3-8-1 勐阿镇代表性古茶园茶树长势

长势	好	较好	较差	差	濒临死亡	死亡
数量（株）	61	49	24	17	4	4
长势比例（%）	38.36	30.82	15.09	10.69	2.52	2.52

（三）树体

勐阿镇代表性古茶园样方茶树基部干径最小为2.87cm、最大为50.96cm、变幅为48.09cm、均值为18.19cm、标准差为9.13cm、变异系数为50.19%；树高最低为0.87m、最高为4.20m、变幅为3.33m、均值为2.73m、标准差为0.60m、变异系数为21.98%；第一分枝高最低为0cm、最高为82.00cm、变幅为82.00cm、均值为6.29cm、标准差为14.01cm、变异系数为222.73%；

树幅为0.50m×0.50m～3.90m×4.40m、变幅为3.40m×3.90m、均值为2.04m×2.16m、标准差为0.68m×0.75m、变异系数为33.33%×34.72%。

（四）产量

勐阿镇代表性古茶园样方茶树采摘面积最小为0.20m^2/株、最大为11.46m^2/株、变幅为11.26m^2/株、均值为3.82m^2/株、标准差为2.24m^2/株、变异系数为58.64%；一芽三叶最少为28.83个/株、最多为1683.02个/株、变幅为1654.19个/株、均值为561.30个/株、标准差为328.96个/株、变异系数为58.61%；年度干毛茶产量最低为15.59g/株、最高为910.09g/株、变幅为894.50g/株、均值为303.52g/株、标准差为177.89g/株、变异系数为58.61%。

第九节　勐往乡古茶园

勐往乡位于勐海县东北部，东邻景洪市，南毗勐阿镇，西和北与澜沧县接壤，东北接思茅区，距县城78km，面积48800.00hm^2，海拔最高为2345m（大黑山）、最低为551m（东南的南果河与澜沧江交汇处），年平均气温20.5℃，年平均降雨量1300～1400mm。下辖勐往、曼允、灰塘、坝散、糯东和南果河等6个村51个村民小组，有傣族、拉祜族、哈尼族、布朗族和彝族等民族。

一、古茶园概况

（一）概况

勐往乡古茶园主要分布于勐往乡勐往村（曼糯大寨、蚌娥田）、南果河村（南果河三队），面积143.33hm^2，密度1215株/hm^2，共174293株。其中，基部干径<15cm共105499株，占总株数的60.53%；基部干径15～20cm共27521株，占总株数的15.79%；基部干径20～30cm共29804株，占总株数的17.10%；基部干径30～40cm共9168株，占总株数的5.26%；基部干径≥40cm共2301株，占总株数的1.32%。古茶园年度干毛茶总产量为58587kg。生境为季节性雨林、伴常绿季雨林、山林、暖热性针叶林、竹林、禾本科草类灌丛植被类型，古茶园中间作有香樟和云南移及其他树种等，遮阴树为105～120株/hm^2，树高均在8m

以上，树幅 5m 以上。

（二）代表性古茶园

曼糯古茶园

曼糯古茶园位于勐往乡勐往村曼糯大寨村民小组，面积共 133.33hm^2，因按藤条茶人工管理模式采摘，故形成了勐海县惟一的藤条状古茶树，密度 1215 株 /hm^2，共 162133 株。其中，基部干径 < 15cm 共 98139 株，占总株数的 60.53%；基部干径 15 ~ 20cm 共 25601 株，占总株数的 15.79%；基部干径 20 ~ 30cm 共 27725 株，占总株数的 17.10%；基部干径 30 ~ 40cm 共 8528 株，占总株数的 5.26%；基部干径 ≥ 40cm 共 2140 株，占总株数的 1.32%。古茶园年度干毛茶总产量为 54500kg。

图 3-9-1 曼糯古茶园
| 李友勇，2019

二、茶树资源多样性分析

（一）管护

1. 古茶园耕作

通过对勐往乡勐往村曼糯大寨村民小组代表性古茶园耕作调查的结果显示，所有古茶园均不施肥、不打农药，夏、秋季采用修草机剪除地表杂草并及时还田，冬季很少耕作。

2. 茶树养护

勐往乡茶农根据其管辖古茶园茶树长势情况及其间种树种状况，适时修剪茶树枯枝和弱枝及间种树种的多余枝条。勐往乡代表性古茶园样方（25m×25m/样方）内正常生长数（47株）占调查总数（76株）的61.84%；复壮数（19株）占调查总数（76株）的25.00%，台刈后新发2～5分枝的有8株、6～10分枝的有4株、其他的有7株（未记录分枝）；更新数（10株）占调查总数（76株）的13.16%，高度1.0m以下的有10株。

（二）长势

勐往乡代表性古茶园样方所有茶树资源总体长势良好，长势好和较好数（53株）占调查总数（76株）的69.74%；死亡和濒临死亡数（4株）占调查总数（76株）的5.26%（表3-9-1）。

表 3-9-1　勐往乡代表性古茶园茶树长势

长势	好	较好	较差	差	濒临死亡	死亡
数量（株）	29	24	11	8	2	2
长势比例（%）	38.16	31.58	14.47	10.53	2.63	2.63

（三）树体

勐往乡代表性古茶园样方茶树基部干径最小为3.82cm、最大为41.72cm、变幅为37.90cm、均值为16.05cm、标准差为8.54cm、变异系数为53.21%；树高最低为1.30m、最高为5.00m、变幅为3.70m、均值为2.97m、标准差为1.02m、变异系数为34.34%；第一分枝高最低为0cm、最高为145.00cm、变幅为145.00cm、均值为28.56cm、标准差为33.77cm、变异系数为118.24%；树幅为

0.10m × 0.50m ~ 5.00m × 5.31m、变幅为4.50m × 5.21m、均值为2.09m × 2.10m、标准差为1.06m × 1.12m、变异系数为50.72% × 53.33%。

（四）产量

勐往乡代表性古茶园样方茶树采摘面积最小为0.18m²/株、最大为16.25m²/株、变幅为16.07m²/株、均值为4.28m²/株、标准差为3.87m²/株、变异系数为90.42%；一芽三叶最少为26.02个/株、最多为2387.73个/株、变幅为2361.71个/株、均值为628.37个/株、标准差为568.32个/株、变异系数为90.44%；年度干毛茶产量最低为16.53g/株、最高为1516.8g/株、变幅为1500.27g/株、均值为399.17g/株、标准差为361.03g/株、变异系数为90.45%。

第十节　勐宋乡古茶园

勐宋乡位于勐海县东部，地处100°24′48″ ~ 100°40′25″ E，21°56′54″ ~ 22°16′59″ N，东与景洪市毗邻，南接格朗和乡，北与勐阿镇相连，西南接勐海镇，东西相距42km，南北相距48km，距县城21km，总面积49300.00hm²。下辖曼迈、糯有、曼吕、蚌冈、大安、蚌龙、曼方、三迈和曼金等9个村115个村民小组，有傣族、哈尼族、拉祜族和布朗族等民族。

一、古茶园概况

（一）概况

勐宋乡古茶园主要分布于勐宋乡大安村（上大安一组、上大安二组、下大安一组、下大安二组、下大安三组、曼西良、曼西龙拉、曼西龙傣）、曼吕村（那卡、汉族大寨、曼吕傣、小田坝、贺南上寨、贺南下寨、贺南老寨、曼吕小新寨、勐龙章）、蚌冈村（哈尼一组、蚌冈拉、蚌冈新寨）、三迈村（南本老寨、南本新寨、上寨、中寨、朝山寨、石头寨、小新寨）、蚌龙村（蚌龙老寨、蚌龙中寨、蚌龙新寨、坝檬、坝檬新寨、保塘旧寨、保塘中寨、保塘汉族寨、蚌囡老寨、南潘河梁子寨、南潘河老寨、南潘河新寨、南潘河汉族寨）、曼金村（曼囡老寨）、糯有村（小糯有上寨），面积953.27hm²，密度2115株/hm²，共2022322株。其中，基部干径＜15cm共1099941株，占总株数的54.39%；基部干径15～20cm共329436株，占总株数的16.29%；基部干径20～30cm共431159株，占总株数的21.32%；基部干径30～40cm共119721株，占总株数的5.92%；基部干径40～50cm共31953株，占总株数的1.58%；基部干径≥50cm共10112株，占总株数的0.50%。古茶园年度干毛茶总产量为708773kg。生境为季节性雨林、伴常绿季雨林、山林、暖热性针叶林、竹林、禾本科草类灌丛植被类型，古茶园伴生植物乔木层有麻楝、山乌桕、勐海石栎、红木荷、细毛润楠、湄公栲、合果木和绒毛新木姜子等、野柿树、云南移、茶梨、红梗润楠、勐海桂樱、西楠桦、重阳木和山胡椒等，灌木层有野牡丹、毛杜茎山和地桃花等，草本层植物有马唐、荩草、毛轴蕨菜、狭叶凤尾蕨等。遮阴树为120~150株/hm^2，树高2~25m，树幅2m以上。

图 3-10-1 坝檬古茶园
|李友勇，2019

（二）代表性古茶园

1. 那卡古茶园

那卡古茶园位于勐宋乡曼吕村那卡村民小组，面积73.33hm^2，密度2715株/hm^2，共199466株。其中，基部干径＜15cm共159573株，占总株数的80.00%；基部干径15～20cm共22292株，占总株数的11.18%；基部干径≥20cm共17601株，占总株数的8.82%。古茶园年度干毛茶总产量为35233kg。

图 3-10-2　那卡古茶园

|李友勇，2019

2. 保塘古茶园

保塘古茶园位于勐宋乡蚌龙村保塘旧寨、保塘中寨和保塘汉族寨等3个村民小组，面积76.67hm^2，密度1515株/hm^2，共116533株。其中，基部干径＜15cm共53978株，占总株数的46.32%；基部干径15～20cm共14718株，占总株数的12.63%；基部干径20～30cm共28213株，占总株数的24.21%；基部干径

图 3-10-3　保塘古茶园

|李友勇，2019

30～40cm共12271株，占总株数的10.53%；基部干径40～50cm共6130株，占总株数的5.26%；基部干径≥50cm共1223株，占总株数的1.05%。古茶园年度干毛茶总产量为51015kg。

3. 南本古茶园

南本古茶园位于勐宋乡三迈村南本老寨村民小组和南本拉村民小组，面积120hm^2，密度1830株/hm^2，共220800株。其中，基部干径＜15cm共115191株，占总株数的52.17%；基部干径15～20cm共53765株，占总株数的24.35%；基部干径20～30cm共48002株，占总株数的21.74%；基部干径≥30cm共3842株，占总株数的1.74%。古茶园年度干毛茶总产量为115061kg。

图 3-10-4　南本古茶园
|李友勇，2019

4. 曼西良古茶园

曼西良古茶园位于勐宋乡大安村曼西良村民小组，面积 111.33hm^2，密度 2325 株 /hm^2，共 260074 株。其中，基部干径＜ 15cm 共 115785 株，占总株数的 44.52%；基部干径 15 ～ 20cm 共 58777 株，占总株数的 22.60%；基部干径 20 ～ 30cm 共 53445 株，占总株数的 20.55%；基部干径 30 ～ 40cm 共 23146 株，占总株数的 8.90%；基部干径 40 ～ 50cm 共 7126 株，占总株数的 2.74%；基部干径≥ 50cm 共 1795 株，占总株数的 0.69%。古茶园年度干毛茶总产量为 131658kg。

图 3-10-5　曼西良古茶园
|李友勇，2019

5. 蚌冈古茶园

蚌冈古茶园位于勐宋乡蚌冈村哈尼一组、蚌冈拉和蚌冈新寨等3个村民小组，面积73.33hm^2，密度2130株/hm^2，共156640株。其中，基部干径＜15cm共71569株，占总株数的45.69%；基部干径15～20cm共19940株，占总株数的12.73%；基部干径20～30cm共42246株，占总株数的26.97%；基部干径30～40cm共15257株，占总株数的9.74%；基部干径40～50cm共5874株，占总株数的3.75%；基部干径≥50cm共1754株，占总株数的1.12%。古茶园年度干毛茶总产量为41058kg。

图 3-10-6　蚌冈古茶园
|李友勇，2019

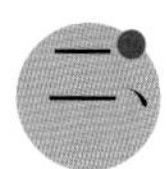二、茶树资源多样性分析

（一）管护

1. 古茶园耕作

通过对勐宋乡曼吕、蚌冈、蚌龙、大安和三迈等5个村9个村民小组代表性古茶园耕作调查的结果显示，所有古茶园均不施肥、不打农药，夏、秋季采用修草机剪除地表杂草并及时还田，冬季很少耕作。

2. 茶树养护

勐宋乡茶农根据其管辖古茶园茶树长势情况及其间种树种状况，适时修剪茶树枯枝和弱枝及间种树种的多余枝条。勐宋乡9个代表性古茶园样方（25m×25m/样方）内正常生长数（707株）占调查总数（1118株）的63.24%；复壮数（300株）占调查总数（1118株）的26.83%，台刈后新发2~5分枝的有246株、6~10分枝的有31株、10分枝以上的有3株、其他的有17株（未记录分枝）；更新数（111株）占调查总数（1118株）的9.93%，高度1.0m以下的有74株，高度1.0m以上（含1.0m）的有37株。

（二）长势

勐宋乡9个代表性古茶园样方所有茶树资源总体长势良好，长势好和较好数（705株）占调查总数（1012株）的69.67%；死亡和濒临死亡数（46株）占调查总数（1012株）的4.54%（表3-10-1）。

表 3-10-1　勐宋乡代表性古茶园茶树长势

长势	好	较好	较差	差	濒临死亡	死亡
数量（株）	388	317	151	110	23	23
长势比例(%)	38.34	31.33	14.92	10.87	2.27	2.27

（三）树体

勐宋乡9个代表性古茶园样方茶树基部干径最小为0.96cm、最大为65.61cm、变幅为64.65cm、均值为17.23cm、标准差为9.52cm、变异系数为55.25%；树高最低为0.30m、最高为9.26m、变幅为8.96m、均值为3.08m、标准差为1.14m、变异系数为37.01%；第一分枝高最低为0cm、最高为220.00cm、变幅为

220.00cm、均值为37.28cm、标准差为42.16cm、变异系数为113.09%；树幅为0.30m×0.35m～6.70m×7.10m、变幅为6.35m×6.80m、均值为2.34m×2.44m、标准差为1.04m×1.09m、变异系数为44.44%×44.67%。

（四）产量

勐宋乡9个代表性古茶园样方茶树采摘面积最小为0.14m^2/株、最大为36.83m^2/株、变幅为36.69m^2/株、均值为5.32m^2/株、标准差为4.45m^2/株、变异系数为83.65%；一芽三叶最少为20.83个/株、最多为5411.81个/株、变幅为5390.98个/株、均值为781.10个/株、标准差为653.93个/株、变异系数为83.72%；年度干毛茶产量最低为9.08g/株、最高为2585.49g/株、变幅为2576.41g/株、均值为395.8g/株、标准差为339.16g/株、变异系数为85.69%。

第十一节　格朗和乡古茶园

格朗和乡位于勐海县东南部，东和东南与景洪市接壤，西和西南与勐混镇相连，西北与勐海镇交界，北与勐宋乡相连，距县城28km，面积32074.00hm^2，海拔1596m，年平均气温17～18℃，年平均降雨量1350～1500mm。下辖苏湖、帕宫、南糯山、帕真和帕沙等5个村74个村民小组，有哈尼族、傣族和拉祜族等民族。

一、古茶园概况

（一）概况

格朗和乡古茶园主要分布于格朗和乡南糯山村（向阳寨、半坡寨、多依寨、姑娘寨、水河寨、石头新寨、石头一队、石头二队、丫口新寨、丫口老寨、永存村、尔滇、竹林、赶达村、通达村、茶园新村、新乐、南达、出戈一队、出戈二队、连山村、富新村、新路村、朝阳村、茶王村、南达村、茶圆新村）、帕沙村（帕沙老寨一组、帕沙老寨二组、帕沙中寨一队、帕沙中寨二队、帕沙新寨、南干、老端）、帕真村（曼迈板、帕真老寨、帕真小寨、水河小寨、雅航、九二村、水河老寨、水河新寨、曼科松）、苏湖村（橄榄寨、金竹寨、鱼塘寨、半坡寨、大寨、小呼拉老寨、小呼拉新寨、南拉老寨、南拉新寨、石头寨、丫口老寨、丫口新寨）和帕宫村（南莫上寨），面积1179.47hm²，密度1890株/hm²，共2231785株。其中，基部干径＜15cm共1609340株，占总株数的72.11%；基部干径15～20cm共324501株，占总株数的14.54%；基部干径20～30cm共251076株，占总株数的11.25%；基部干径30～40cm共33477株，占总株数的1.50%；基部干径40～50cm共10043株，占总株数的0.45%；基部干径≥50cm共3348株，占总株数的0.15%。古茶园年度干毛茶总产量为890731kg。生境为季节性雨林、伴常绿季雨林、山林、暖热性针叶林、竹林、禾本科草类灌丛植被类型，古茶园伴生植物乔木层有麻楝、山乌桕、勐海石栎、红木荷、细毛润楠、合果木和绒毛新木姜子等、野柿树、云南移、涓公栲、茶梨、勐海桂樱、西楠桦、重阳木和山胡椒等，灌木层有野牡丹、毛杜茎山和地桃花等，草本层植物有马唐、荩草、毛轴蕨菜、狭叶凤尾蕨等。遮阴树为120~150株/hm²，树高1~25m，树幅2m以上。

图 3-11-1　橄榄寨古茶园
|李友勇，2019

（二）代表性古茶园

1. 南糯山古茶园

南糯山古茶园位于格朗和乡南糯山村，面积800.00hm^2，密度1365株/hm^2，共1100487株。其中，基部干径＜15cm共749212株，占总株数的68.08%；基部干径15～20cm共132719株，占总株数的12.06%；基部干径20～30cm共148236株，占总株数的13.47%；基部干径30～40cm共39067株，占总株数的3.55%；基部干径40～50cm共23440株，占总株数的2.13%；基部干径≥50cm共7813株，占总株数的0.71%。古茶园年度干毛茶总产量为418516kg。

图 3-11-2　南糯山古茶园
|李友勇，2019

2. 帕沙古茶园

帕沙古茶园位于格朗和乡帕沙村，面积 51.73hm^2，密度 2160 株 /hm^2，共 111744 株。其中，基部干径＜ 15cm 共 57112 株，占总株数的 51.11%；基部干径 15 ～ 20cm 共 29802 株，占总株数的 26.67%；基部干径 20 ～ 30cm 共 23176 株，占总株数的 20.74%；基部干径≥ 30cm 共 1654 株，占总株数的 1.48%。古茶园年度干毛茶总产量为 50663kg。

图 3-11-3　帕沙古茶园
|李友勇，2019

3. 曼迈榜古茶园

曼迈榜古茶园位于格朗和乡帕真村曼迈榜村民小组，面积11.40hm^2，密度1545株/hm^2，共17692株。其中，基部干径＜15cm共13133株，占总株数的74.23%；基部干径15～20cm共2917株，占总株数的16.49%；基部干径≥20cm共1642株，占总株数的9.28%。古茶园年度干毛茶总产量为4575kg。

图 3-11-4　曼迈榜古茶园
|李友勇，2019

二、茶树资源多样性分析

（一）管护

1. 古茶园耕作

通过对格朗和乡帕沙、帕真、南糯山和帕宫等4个村6个村民小组代表性古茶园耕作调查的结果显示，所有古茶园均不施肥、不打农药，夏、秋季采用修草机剪除地表杂草并及时还田，冬季除半坡老寨村民小组的部分古茶园外均很少耕作。

2. 茶树养护

格朗和乡茶农根据其管辖古茶园茶树长势情况及其间种树种状况，适时修剪茶树枯枝和弱枝及间种树种的多余枝条。格朗和乡6个代表性古茶园样方（25m×25m/样方）内正常生长数（478株）占调查总数（667株）的71.67%；复壮数（104株）占调查总数（667株）的15.59%，台刈后新发2~5分枝的有86株、6~10分枝的有2株、10分枝以上的有1株、其他的有15株（未记录分枝）；更新数（85株）占调查总数（667株）的12.74%，高度1.0m以下的有40株，高度1.0m以上（含1.0m）的有45株。

（二）长势

格朗和乡6个代表性古茶园样方所有茶树资源总体长势良好，长势好和较好数（476株）占调查总数（686株）的69.39%；死亡和濒临死亡数（32株）占调查总数（686株）的4.66%（表3-11-1）。

表 3-11-1 格朗和乡代表性古茶园茶树长势

长势	好	较好	较差	差	濒临死亡	死亡
数量（株）	262	214	103	75	16	16
长势比例（%）	38.19	31.2	15.02	10.93	2.33	2.33

（三）树体

格朗和乡6个代表性古茶园样方茶树基部干径最小为2.23cm、最大为54.14cm、变幅为51.91cm、均值为13.36cm、标准差为6.89cm、变异系数为51.57%；树高最低为0.80m、最高为11.02m、变幅为10.22m、均值为3.10m、标准差为1.16m、变异系数为37.42%；第一分枝高最低为0cm、最高为458.00cm、变幅为458.00cm、均值为50.34cm、标准差为46.57cm、变异系数为92.51%；树幅为0.30m×0.30m～6.70m×7.00m、变幅为6.40m×6.70m、均值为2.55m×2.59m、标准差为1.20m×.22m、变异系数为46.33%×47.84%。

（四）产量

格朗和乡6个代表性古茶园样方茶树采摘面积最小为0.10m^2/株、最大为36.83m^2/株、变幅为36.73m^2/株、均值为6.26m^2/株、标准差为5.62m^2/株、变异系数为89.78%；一芽三叶最少为14.13个/株、最多为5,411.81个/株、变幅为5397.68个/株、均值为919.99个/株、标准差为826.14个/株、变异系数为89.80%；年度干毛茶产量最低为6.30g/株、最高为2898.03g/株、变幅为2891.73g/株、均值为472.84g/株、标准差为422.53g/株、变异系数为89.36%。

第四章 勐海县古茶树种质资源遗传多样性

植物遗传多样性一般是指种（Species）间或种内不同群体间或同一群体内的不同植株间的遗传变异。勐海县地处茶树的原产地和起源中心，复杂的自然条件，频繁的人为引种，不同的栽培措施，长期的自然杂交，促使茶树在不断地发生变异，进一步丰富了遗传多样性。

第一节　区域分布多样性

一、海拔

从勐海县 11 个乡（镇）36 个村 64 个样点的古茶树立地海拔看，最低点位于海拔 948m 的勐海县勐遮镇南楞村南列村民小组，最高点位于海拔 2391m 的勐海县勐宋乡蚌龙村滑竹梁子，两者垂直高差 1443m；统计数据表明，在这一范围内的任一高度都有古茶树生长，说明古茶树不像有些植物受海拔高度的制约具有明显的环状分布带。当然由于受到取样的局限，并不排除在这一高度范围之外还有茶树生长（表 4-1-1）。

表 4-1-1　茶组海拔分布

种（变种）	单位	< 1000m	1000 ~ 1400m	1401 ~ 1600m	1601 ~ 1800m	1801 ~ 2000m	2001 ~ 2200m	2201 ~ 2300m	> 2300m	合计
茶	株	—	—	—	—	1	—	—	—	1
	%	—	—	—	—	0.3	—	—		0.3
大理茶	株	—	—	1	—	5	14	5	4	29
	%	—	—	0.3	—	1.48	4.13	1.48	1.18	8.57
苦茶	株	—	31	7	1	—	—	—	—	39
	%	—	9.14	2.06	0.29	—	—	—	—	11.49
普洱茶	株	3	56	51	107	47	6	—	—	270
	%	0.89	16.52	15.04	31.56	13.86	1.77	—	—	79.64
合计	株	3	87	59	108	53	20	5	4	339
	%	0.89	25.66	17.4	31.85	15.64	5.9	1.48	1.18	100

由表4-1-1可知，茶（*Camellia sinensis*）多是小乔木或灌木型的中小叶种茶树，一般混杂于普洱茶（*Camellia assamica*）群体种间。全县调查的339株古茶树中仅发现1株，位于勐海县勐宋乡蚌冈村哈尼一组，海拔1953m，占调查总数（339株）的0.30%。

大理茶（*Camellia taliensis*）低于1600m的占调查总量（339株）的0.30%，位于海拔1586m的勐海县格朗和乡南糯山村石头一队村民小组；高于2300m的占调查总量（339株）的1.18%，最高点位于海拔2391m的勐海县勐宋乡蚌龙村滑竹梁子；但相对集中于海拔2001～2200m，占调查总量（339株）的4.13%。表明大理茶（*Camellia taliensis*）从北热带半常绿季雨林到高山常绿阔叶林和针阔混交林这一植物地带中都能生存，但它的最适自然分布区域为海拔2100m左右。

苦茶（*Camellia assamica* var. *kucha*）是普洱茶原种的变种之一，一般混杂于普洱茶（*Camellia assamica*）群体种间。低于海拔1000m的区域尚未发现；分布于海拔1000～1700m的占调查总量（339株）的11.49%，但相对集中在1100～1600m的区域，占调查总量（339株）的9.44%；最低点位于海拔为1025m的勐海县布朗山乡曼囡村曼囡老寨村民小组；最高点位于海拔1605m的勐海县布朗山乡新竜村曼新竜上寨村民小组。

普洱茶（*Camellia assamica*）低于海拔1000m的占调查总量（339株）的0.89%，最低点位于海拔948m的勐海县勐遮镇南楞村南列村民小组；高于海拔1800m的占调查总量（339株）的15.63%，最高点位于海拔2166m的勐海县勐宋乡蚌龙村蚌龙老寨村民小组；但相对集中于海拔1500～1900m，占调查总量（339株）的52.80%，表明普洱茶（*Camellia assamica*）是适宜于中高海拔生长的种，这与人们的引种和长期栽培有关，但这并不说明普洱茶的生理适应范围。

二、经纬度

（一）经度

从勐海县11个乡（镇）36个村64个样点茶树分布的东西向看，最东端是勐海县格朗和乡帕真村雷达山MH2014-MH154雷达山野生大茶树（大理茶 *Camellia taliensis*；100°38′29″E，21°51′49″N，2095m）；最西端是勐海县西定乡曼迈村曼迈村民小组MH2014-396曼迈大茶树（普洱茶 *Camellia assamica*；99°59′35″E，21°49′21″N，986m）；最东端与最西端的跨度为00°38′54″。但茶树集中分布于100°15′01″E以东的区域，共278株，占调查总量（339株）的82.00%，且尤以普洱茶（*Camellia assamica*）为主，共230株，占调查总量（339株）的67.84%；大理茶（*Camellia taliensis*）集中分布于100°30′01″E以东，共23株，占调查总量（339株）的6.798%；苦茶集中分布于100°10′01″～100°30′00″E的区域，共39株，占调查总量（339株）的11.51%（表4-1-2）。

表 4-1-2 茶组经度分布

种（变种）	单位	100°00′00″以西	100°00′01″～100°15′00″	100°15′01″～100°30′00″	100°30′01″以东	合计
茶	株	—	—	—	1	1
	%	—	—	—	0.3	0.3
大理茶	株	—	6	—	23	29
	%	0	1.77	0	6.78	8.55
苦茶	株	—	15	24	—	39
	%	0	4.43	7.08	0	11.51
普洱茶	株	2	38	97	133	270
	%	0.59	11.21	28.61	39.23	79.64
合计	株	2	59	121	157	339
	%	0.59	17.41	35.69	46.31	100

（二）纬度

从勐海县11个乡（镇）36个村64个样点的茶树分布南北向看，最南端是勐海县打洛镇曼夕村曼夕老寨村民小组MH2014-224曼夕大树茶（普洱茶*Camellia assamica*；100°03′04″E，21°16′42″N，1570m）；最北端是勐海县勐往乡勐往村曼糯大寨村民小组MH2014-003曼糯大茶树（普洱茶*Camellia assamica*；100°25′28″E，22°24′38″N，1189m）；最南端与最北端的跨度为00°47′56″。但茶树集中分布于21°30′00″～22°15′00″N的区域，共323株，占调查总量（339株）的95.28%，且尤以普洱茶（*Camellia assamica*）为主，共254株，占调查总量（339株）的74.93%。大理茶（*Camellia taliensis*）集中分布于21°45′01″～22°15′00″N的区域，共29株，占调查总量（339株）的8.55%（表4-1-3）。

表 4-1-3 茶组纬度分布

种（变种）	单位	21°30′00″N以南	21°30′00″～21°45′00″N	21°45′01″～22°00′00″N	22°00′01″～22°15′00″N	22°00′01″～22°15′00″N	合计
茶	株	—	—	—	1	—	1
	%	—	—	—	0.3	—	0.3
大理茶	株	—	—	17	12	—	29
	%	—	—	5.01	3.54	—	8.55
苦茶	株	—	36	3	—	—	39
	%	—	10.62	0.88	—	—	11.5
普洱茶	株	1	46	136	72	15	270
	%	0.3	13.57	40.12	21.24	4.42	79.65
合计	株	1	82	156	85	15	339
	%	0.3	24.19	46.01	25.08	4.42	100

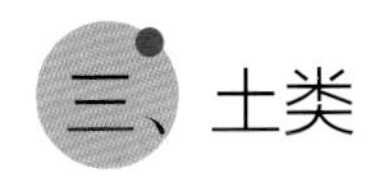

三、土类

从勐海县11个乡（镇）36个村64个样点的茶树分布土样看，64个样点339株典型古茶树生长发育所需的土壤大部分为砖红壤，共247株，占调查总量（339株）的72.86%；其次是红壤，共79株，占调查总量（339株）的23.30%（表4-1-4）。

表 4-1-4　茶组土壤分布

种（变种）	单位	砖红壤	红壤	黄壤	黄棕壤	合计
茶	株	1	—	—	—	1
	%	0.3	—	—	—	0.30
大理茶	株	1	15	1	12	29
	%	0.29	4.42	0.3	3.54	8.55
苦茶	株	39	—	—	—	39
	%	11.5	—	—	—	11.5
普洱茶	株	206	64	—	—	270
	%	60.77	18.88	—	—	79.65
合计	株	247	79	1	12	339
	%	72.86	23.30	0.30	3.54	100

四、植被

从勐海县11个乡（镇）36个村64个样点的茶树分布区域植被看，64个样点339株典型古茶树生长环境植被均为热带或亚热带常绿阔叶林区。其中，272株典型古茶树分布于南亚热带常绿阔叶林区·农作区，占调查总量（339株）的80.84%；其次是南亚热带常绿阔叶林区·森林区，共有29株，占调查总量（339株）的8.55%（表4-1-5）。

表 4-1-5 茶组植被分布

种（变种）	单位	热带季雨林、雨林·农作区	南亚热带常绿阔叶林区·森林区	南亚热带常绿阔叶林区·农作区	中亚热带常绿阔叶林区·农作区	合计
茶	株	—	—	1	—	1
	%	—	—	0.3	—	0.30
大理茶	株	—	29	—	—	29
	%	—	8.55	—	—	8.55
苦茶	株	12		27	—	39
	%	3.54	—	7.96	—	11.50
普洱茶	株	3	—	244	23	270
	%	0.89	—	71.98	6.78	79.65
合计	株	15	29	272	23	339
	%	4.43	8.55	80.24	6.78	100.00

第二节 古茶树表型多样性

一、树体

在勐海县11个乡（镇）36个村64个样点339株古茶树的树高、树幅、最低分枝高和基部干径等4项指标的极小值、极大值、变幅、均值、标准差和变异系数均存在较大差异，其主要表现为：野生型古茶树的标准差和变异系数均大于栽培型古茶树（表4-2-1）。

表 4-2-1 古茶树高幅度及干径差异性

项目		样本数（株）	极小值	极大值	变幅	均值	标准差	变异系数（%）
树高（m）	野生型	28	3.6	23	19.4	11.32	6.35	56.1
	栽培型	310	3.0	24.4	21.4	6.04	2.17	35.93
树幅（m）	野生型	25	1.45	10.15	8.7	3.95	1.75	44.3
	栽培型	309	2.0	10.58	8.58	5.42	1.37	25.28
最低分枝高（m）	野生型	26	0.2	15.2	15	1.6	3.01	188.13
	栽培型	296	0.04	8.4	8.36	0.77	0.8	103.9
基部干径（cm）	野生型	28	0.14	0.91	0.77	0.54	0.19	35.19
	栽培型	310	0.13	0.97	0.84	0.4	0.12	30.00

（一）树高

28株野生型古茶树树高均值为11.32m，310株栽培型古茶树均值为6.04m；就其范围而言，28株野生型古茶树主要分布范围为8.00 ~ 17.00m，共12株，占野生型古茶树样本总数（28株）的42.86%，占古茶树样本总数（338株）的3.55%；栽培型古茶树主要分布范围为4.00 ~ 7.00m，共207株，占栽培型古茶树样本总数（310株）的66.77%，占古茶树样本总数（338株）的61.24%。

古茶树最矮的是MH2014-169曼弄新寨大茶树（普洱茶*Camellia assamica*），为3.0m，位于勐海县勐混镇贺开村曼弄新寨村民小组；最高的是曼稿国家自然保护区高杆大茶树（普洱茶*Camellia assamica*），为24.4m，位于勐海县勐海镇勐翁村曼滚下寨村民小组（两者高差达21.40m）。野生型古茶树最矮的是MH2014-054拔玛野生大茶树（大理茶*Camellia taliensis*），为3.60m，位于勐海县格朗和乡南糯山村石头二队村民小组；最高的是MH2014-154雷达山野生大茶树（大理茶*Camellia taliensis*），为23.00m，位于勐海县格朗和乡帕真村雷达山（两者高差达19.40m）。

（二）树幅

25株野生型古茶树树幅均值为3.95m，310株栽培型古茶树均值为5.42m；就其范围而言，25株野生型古茶树主要分布范围为2.00～5.00m，共18株，占野生型古茶树样本总数（25株）的72.00%，占古茶树样本总数（334株）的3.59%；栽培型古茶树主要分布范围为4.00～6.00m，共233株，占栽培型古茶树样本总数（309株）的75.40%，占古茶树样本总数（334株）的69.76%。

树幅最小的是MH2014-099滑竹梁子野生大茶树（大理茶*Camellia taliensis*），为1.45m（1.40m×1.50m），位于勐海县勐宋乡蚌龙村滑竹梁子；最大的是曼稿国家自然保护区高杆大茶树（普洱茶*Camellia assamica*），为9.8m（10.00m×9.6m），位于勐海县勐海镇勐翁村曼滚下寨村民小组。野生型最大的是MH2014-145雷达山野生大茶树（大理茶*Camellia taliensis*），为10.15m（10.20m×10.10m）；栽培型最小的是MH2014-069南莫上寨大茶树（普洱茶*Camellia assamica*），为2.00m（2.00m×2.00m），位于勐海县格朗和乡帕宫村南莫上寨村民小组。

（三）最低分枝高

26株野生型古茶树最低分枝高均值为1.60m，296株栽培型古茶树均值为0.77m；就其范围而言，26株野生型古茶树主要分布范围为0.40～1.00m，共14株，占野生型古茶树样本总数（26株）的53.85%，占古茶树样本总数（322株）的4.35%；栽培型古茶树主要分布范围为0.20～1.00m，共187株，占栽培型古茶树样本总数（296株）的63.18%，占古茶树样本总数（322株）的58.07%。

最低分枝高最矮的是MH2014-324新班章大茶树（普洱茶*Camellia assamica*），为0.04m，位于勐海县布朗山乡班章村新班章村民小组；最高的是MH2014-220巴达野生大茶树（大理茶*Camellia taliensis*），为15.2m，位于勐海县西定乡曼佤村贺松村民小组巴达大黑山。野生型最矮的是MH2014-099滑竹梁子野生大茶树、MH2014-103滑竹梁子野生大茶树、MH2014-107滑竹梁子野生大茶树（大理茶*Camellia taliensis*），为0.20m，均位于勐海县勐宋乡蚌龙村滑竹梁子；栽培型最高的是MH2014-053拔玛大茶树（普洱茶*Camellia assamica*），为8.40m，位于勐海县格朗和乡南糯山村石头二队村民小组。

（四）基部干径

28株野生型古茶树基部干径均值为0.54m，310株栽培型古茶树均值为0.40m；就其范围而言，28株野生型古茶树主要分布范围为0.40～0.60m，共16株，占野生型古茶树样本总数（28株）的57.14%，占古茶树样本总数（328株）的4.73%；栽培型古茶树主要分布范围为0.30～0.50m，共218株，占栽培型古茶树样本总数（310株）的70.32%，占古茶树样本总数（338株）的64.50%。

基部干径最小的是MH2014-335老班章大茶树（普洱茶*Camellia assamica*），为0.13m，位于勐海县布朗山乡班章村老班章村民小组；最大的是MH2014-324新班章大茶树（普洱茶*Camellia assamica*），为0.97m，位于勐海县布朗山乡班章村新班章村民小组。野生型古茶树最小的是MH2014-054拔玛野生大茶树（大理茶*Camellia taliensis*），为0.14m，位于勐海县格朗和乡南糯山村石头二队村民小组；最大的是MH2014-151雷达山野生大茶树（大理茶*Camellia taliensis*），为0.91m，位于勐海县格朗和乡帕真雷达山。

二、芽叶

（一）芽叶色泽

从29株野生型古茶树和310株栽培型古茶树的秋梢芽叶色泽看，其种类较多。野生型古茶树以绿为主，共28株，占野生型古茶树总量（29株）的96.55%，占古茶树样本总数（339株）的8.26%；栽培型古茶树以黄绿和绿为主，共200株，占栽培型古茶树总量（310株）的64.52%，占古茶树样本总数（339株）的59.00%（表4-2-2）。

表 4-2-2　芽叶色泽

类型	单位	样本数	黄绿	绿	紫绿
野生型	株	29	—	28	1
栽培型	株	310	200	86	24

（二）芽叶茸毛

从29株野生型古茶树和310株栽培型古茶树的秋梢芽叶茸毛密度来看，芽叶以多茸毛为主，共246株，占古茶树样本总数（339株）的72.57%。其中，野生型古茶树芽叶均为无茸毛，共29株，占古茶树样本总数（339株）的8.55%；栽培型古茶树芽叶以多茸毛为主，共246株，占栽培型古茶树总量（310株）的79.35%，占古茶树样本总数（339株）的72.57%（表4-2-3）。

表 4-2-3　芽叶茸毛

类型	单位	样本数	无	少	中	多	特多
野生型	株	29	29	—	—	—	—
栽培型	株	310	1	6	55	246	2

三、叶片

（一）叶片大小

古茶树叶片长度均存在一定的差异性，主要表现在：野生型古茶树在叶长、叶宽、叶面积和叶脉等4项指标的均值、标准差和变异系数方面均小于栽培型古茶树（表4-2-4）。

表 4-2-4　古茶树叶片描述性统计

项目		样本数（株）	极小值	极大值	变幅	均值	标准差	变异系数（%）
叶长（cm）	野生型	29	10.3	16.7	6.4	13.4	1.3	9.7
	栽培型	304	6.8	27.7	20.9	13.9	2.3	16.55
叶宽（cm）	野生型	29	4.5	7.2	2.7	5.3	0.5	9.43
	栽培型	304	3.2	8.6	5.4	5.5	0.9	16.36
叶面积（cm^2）	野生型	29	34.7	83.3	48.6	49.3	9	18.26
	栽培型	304	18.1	161.9	143.8	54.5	17.2	31.56
叶脉数（对）	野生型	28	8	12	4	9.3	1	10.75
	栽培型	303	7	18	11	10.7	1.8	16.82

叶片最短的是蚌冈老寨3号大茶树（茶*Camellia sinensis*），为6.8cm，位于勐海县勐宋乡蚌冈村哈尼一组；最长的是曼稿国家自然保护区高杆大茶树（普洱茶*Camellia assamica*），为27.7cm，位于勐海县勐海镇勐翁村曼滚下寨村民

小组。野生型古茶树最短的是MH2014-221巴达野生大茶树（大理茶*Camellia taliensis*），为10.3cm，位于勐海县西定乡曼佤村贺松村民小组巴达大黑山；最长的是MH2014-219巴达野生大茶树（大理茶*Camellia taliensis*），为16.7cm，位于勐海县西定乡曼佤村贺松村民小组巴达大黑山。

叶片最狭的是MH2014-392曼迈大茶树，为3.2cm，位于勐海县西定乡曼迈村曼迈村民小组；最宽的是曼稿国家自然保护区高杆大茶树（普洱茶*Camellia assamica*），为8.6cm，位于勐海县勐海镇勐翁村曼滚下寨村民小组。野生型古茶树叶片最狭的是MH2014-104滑竹梁子野生型大茶树，为4.5cm，位于勐海县勐宋乡蚌龙村滑竹梁子；最宽的是MH2014-219巴达野生大茶树（大理茶*Camellia taliensis*），为7.2cm，位于勐海县西定乡曼佤村贺松村民小组巴达大黑山。

叶脉数最少的是蚌冈老寨3号大茶树（茶*Camellia sinensis*），为7对，位于勐海县勐宋乡蚌冈村哈尼一组；最多的是MH2014-336老班章大茶树（普洱茶*Camellia assamica*），为18对，位于勐海县布朗山乡班章村老班章村民小组。野生型古茶树叶脉数最少的是MH2014-220巴达野生大茶树（大理茶*Camellia taliensis*），为8对，位于勐海县西定乡曼佤村贺松村民小组巴达大黑山；最多的是MH2014-200巴达野生大茶树（大理茶*Camellia taliensis*），为12对，位于勐海县西定乡曼佤村贺松村民小组巴达大黑山（表4-2-5）。

表 4-2-5　叶片大小

类型	单位	样品数	小叶	中叶	大叶	特大叶
野生型	株	29	—	2	25	2
栽培型	株	304	2	41	161	100

（二）叶形

古茶树叶形绝大部分为椭圆形或长椭圆形，共298株，占古茶树样本总数的87.91%。其中，野生型古茶树共13株，占野生型古茶树样本总数（29株）的87.91%；栽培型古茶树共285株，占栽培型古茶树样本总数（310株）的91.94%（表4-2-6）。

表 4-2-6　叶形

类型	单位	样品数	卵圆形	椭圆形	长椭圆形	披针形
野生型	株	29	16	—	13	—
栽培型	株	310	2	144	141	23

（三）叶背茸毛

古茶树叶背茸毛存在较大差异，野生型古茶树以无毛为主，共28株，占野生型古茶树样本总数（29株）的96.55%，占古茶树样本总数（339株）的8.26%。栽培型古茶树以少毛和多毛为主，共308株，占栽培型古茶树样本总数（310株）的99.35%，占古茶树样本总数（339株）的90.86%（表4-2-7）。

表 4-2-7 叶背茸毛

类型	单位	样品数	无	少	多
野生型	株	29	28	1	—
栽培型	株	310	2	107	201

（四）叶色

古茶树叶片色泽大多为绿色或深绿色，共 307 株，占古茶树样本总数（339 株）的 90.56%。其中，野生型古茶树共 29 株，占野生型古茶树样本总数（29 株）100.00%，占古茶树样本总数（339 株）的 8.55%；栽培型古茶树共 278 株，占栽培型古茶树样本总数（310 株）86.68%，占古茶树样本总数（339 株）的 82.01%（表4-2-8）。

表 4-2-8 叶色

类型	单位	样品数	浅绿	黄绿	绿	深绿
野生型	株	29	—	—	2	27
栽培型	株	310	25	7	216	62

（五）叶面

古茶树叶面存在较大差异，野生型古茶树以平为主，共29株，占野生型古茶树样本总数（29株）的100.00%，占古茶树样本总数（338株）的8.55%。栽培型古茶树以微隆起和隆起为主，共238株，占栽培型古茶树样本总数（309株）的77.02%，占古茶树样本总数（338株）的70.41%（表4-2-9）。

表 4-2-9 叶面

类型	单位	样品数	平	微隆起	隆起	强隆起
野生型	株	29	29	—	—	—
栽培型	株	309	62	142	96	9

四、花

（一）质量性状

1. 花萼

古茶树花瓣萼片多以无茸毛为主，共 311 株，占古茶树样本总数（325 株）95.69%。其中，野生型古茶树全无茸毛，栽培型古茶树无茸毛的共 289 株，占栽培型样本总数（303 株）的 95.38%，占古茶树样本总数（325 株）的 88.92%（表 4-2-10）。

表 4-2-10　萼片茸毛

类型	单位	样品数	无	有
野生型	株	22	22	—
栽培型	株	303	289	14

2. 花瓣

古茶树花瓣色泽绝大多数为白色，共 312 株，占古茶树样本总数（325 株）的 96.00%。其中，22 株野生型古茶树全为白色；栽培型古茶树为白色的共计 290 株，占栽培型古茶树样本总数（303 株）的 95.71%，占古茶树样本总数（325 株）的 89.23%（表 4-2-12）。

表 4-2-12　花瓣色泽

类型	单位	样品数	白	微绿
野生型	株	22	22	—
栽培型	株	303	290	13

古茶树花瓣质地差异较为明显。其中，野生型古茶树样本数（22株）质地均厚，占古茶树样本总数（324株）的6.79%。栽培型古茶树多为薄和中，共273株，占栽培型古茶树样本总数（302株）的90.40%，占古茶树样本总数（324株）的80.46%（表4-2-13）。

表 4-2-13　花瓣质地

类型	单位	样品数	薄	中	厚
野生型	株	22	—	—	22
栽培型	株	302	147	126	29

3. 花柱

古茶树花柱裂位差异不明显，大多为浅裂，共232株，占古茶树样本总数

（324株）的71.60%。其中，野生型古茶树为12株，占野生型古茶树样本总数（22株）的54.55%；栽培型古茶树为220株，占栽培型古茶树样本总数（302株）的72.85%，占古茶树样本总数（324株）的67.90%（表4-2-14）。

表 4-2-14　花柱裂位

类型	单位	样品数	浅	中	深
野生型	株	22	12	10	—
栽培型	株	302	220	76	6

花柱开裂数是茶树分类上的重要依据之一。野生型古茶树和栽培型古茶树存在明显的差异，野生型多为5裂及以上，共20株，占野生型古茶树样本总数（22株）的90.91%，占古茶树样本总数（325株）的6.15%；栽培型古茶树多为3裂，共306株，占栽培型古茶树样本数（313株）的97.76%，占古茶树样本总数（325株）的94.15%（表4-2-15）。

表 4-2-15　花柱裂数

类型	单位	样品数	2 裂	2 ~ 3 裂	3 裂	3 ~ 4 裂	4 裂	5 裂	6 裂
野生型	株	22	—	—	—	—	2	19	1
栽培型	株	313	3	1	306	2	—	1	—

4. 子房

子房茸毛是茶树分类的重要依据之一。古茶树子房大多数为有毛，共327株，占古茶树样本总数（335株）的97.61%。其中，野生型古茶树样本均有毛（22株）；栽培型古茶树有毛的共305株，占栽培型古茶树样本数（313株）的94.77%，占古茶树样本总数（325株）的93.85%（表4-2-16）。

表 4-2-16　子房茸毛

类型	单位	样品数	无	有
野生型	株	22	—	22
栽培型	株	313	8	305

（二）数量性状

勐海县古茶树花冠直径、萼片数、花瓣数、花瓣长和花柱长遗传多样性均较明显，其变异系数大小依次为萼片数＜花瓣数＜花柱长＜花冠直径＜花瓣长（表4-2-17）。

表 4-2-17 茶树花器官差异性

项目		样本数（株）	极小值	极大值	变幅	均值	标准差	变异系数(%)
花冠直径（cm）	野生型	22	5.5	7.7	2.2	6.9	0.7	10.14
	栽培型	282	1.3	7.7	6.4	3.4	0.7	20.59
萼片数（枚）	野生型	22	5	6	1	5.1	0.35	6.86
	栽培型	291	4	6	2	5	0.19	3.8
花瓣数（枚）	野生型	22	9	11	2	10.5	0.6	5.71
	栽培型	287	4	11	7	6.1	0.55	9.02
花瓣长（cm）	野生型	22	2.3	4	1.7	2.8	0.5	17.86
	栽培型	283	1	4	3	1.8	0.4	22.22
花柱长（cm）	野生型	22	1	1.5	0.5	1.5	0.15	10
	栽培型	276	0.6	1.6	1	1	0.16	16

1. 花冠

22株野生型古茶树花冠直径均值为6.9cm，282株栽培型茶树花冠直径均值为3.4cm，表明两者之间具有较大的差异性。就花冠大小范围而言，野生型古茶树主要分布范围为6.0～8.0cm，共18株，占野生型古茶树样本总数（22株）的81.82%，占古茶树样本总数（304株）的5.92%；栽培型古茶树主要范围为3.0～4.0cm，共191株，占栽培型古茶树样本总数（282株）的67.73%，占古茶树样本总数（304株）的62.83%。304株古茶树花冠大小最具特异性的植株如下：

野生型古茶树花冠直径最小的是MH2014-100滑竹梁子野生大茶树（大理茶*Camellia taliensis*），为5.5cm，位于勐海县勐宋乡蚌龙村滑竹梁子；最大的是MH2014-111滑竹梁子野生大茶树（大理茶*Camellia taliensis*）和MH2014-154雷达山野生大茶树（大理茶*Camellia taliensis*），为7.7cm，分别位于勐海县勐宋乡蚌龙村滑竹梁子和勐海县格朗和乡帕真村雷达山。栽培型古茶树最小的是MH2014-213曼岭大寨大树茶（普洱茶*Camellia assamica*），为1.3cm，位于勐海县勐遮镇曼令村曼岭大寨村民小组；最大的是MH2014-112滑竹梁子大茶树（普洱茶*Camellia assamica*），为7.7cm，位于勐海县勐宋乡蚌龙村滑竹梁子。

2. 萼片

古茶树萼片数大多为5枚，共302株，占古茶树样本总数（313株）96.49%。其中野生型古茶树共21株，占野生型古茶树样本总数（22株）95.45%，占古茶树样本总数（313株）6.71%；栽培型古茶树共280株，占栽培型古茶树样本总数（291株）96.22%，占古茶树样本总数（313株）89.46%。313株古茶树萼片数最具特异性的植株如下：

野生型古茶树萼片均为5枚，共22株，如MH2014-099滑竹梁子野生大茶树（大理茶*Camellia taliensis*）、MH2014-100滑竹梁子野生大茶树（大理茶*Camellia taliensis*）和MH2014-101滑竹梁子野生大茶树（大理茶*Camellia taliensis*）等12株位于勐海县勐宋乡蚌龙村滑竹梁子，MH2014-145雷达山野生大茶树（大理茶*Camellia taliensis*）、MH2014-146雷达山野生大茶树（大理茶*Camellia taliensis*）和MH2014-147雷达山野生大茶树（大理茶*Camellia taliensis*）等10株位于勐海县格朗和乡帕真村雷达山。栽培型古茶树最少的是2014-MH207章朗大茶树（普洱茶*Camellia assamica*）、2014-MH232吉良大茶树（苦茶*Camellia assamica* var. *kucha*）和2014-MH343老班章大茶树（普洱茶*Camellia assamica*），为4枚，分别位于勐海县西定乡章朗村章朗中寨村民小组、勐海县布朗山乡结良村吉良村民小组和勐海县布朗山乡班章村老班章村民小组；最多的是2014-MH074半坡寨大茶树（普洱茶*Camellia assamica*）、2014-MH212布朗西定大树茶（普洱茶*Camellia assamica*）和2014-MH236吉良苦茶（苦茶*Camellia assamica* var. *kucha*）等8株，为6枚，其中1株位于勐海县布朗山乡班章村新班章村民小组、3株位于勐海县布朗山乡结良村吉良村民小组、1株位于勐海县布朗山乡新竜村曼捌村民小组、1株位于勐海县西定乡曼迈村曼迈村民小组、1株位于勐海县西定乡西定村布朗西定村民小组、1株位于勐海县格朗和乡苏湖村半坡寨村民小组。

3. 花瓣数

23株野生型古茶树花瓣数均值为11枚，栽培型古茶树花瓣数均值为6枚，表明两者之间存在明显的差异性。就古茶树花瓣数范围而言，野生型古茶树为10～11枚，共21株，占野生型古茶树样本总数（22株）95.45%，占古茶树样本总数（309株）6.80%；栽培型古树茶大多为6枚，共221株，占栽培型古茶树样本总数（287株）77.00%，占古茶树样本总数（309株）71.52%。

野生型大茶树最少的是MH2014-151野生大茶树（大理茶*Camellia taliensis*），为9枚，共1株，位于勐海县格朗和乡帕真村雷达山；最多的是2014-MH110滑竹梁子野生大茶树（大理茶*Camellia taliensis*）、MH2014-111滑竹梁子野生大茶树（大理茶*Camellia taliensis*）和2014-MH145雷达山野生大茶树（大理茶*Camellia taliensis*）等12株，为11枚，除2014-MH110滑竹梁子野生大茶树（大理茶*Camellia taliensis*）和MH2014-111滑竹梁子野生大茶树（大理茶*Camellia taliensis*）位于勐海县勐宋乡蚌龙村滑竹梁子外，其余均位于勐海县格朗和乡帕真村雷达山。栽培型古茶树最少的是MH2014-343老班章大树茶（普洱茶*Camellia assamica*），为4枚，位于勐海县布朗山乡班章村老班章村民小组；最多的是MH2014-112滑竹梁子大茶树（普洱茶*Camellia assamica*），为11枚，位于勐海县勐宋乡蚌龙村滑竹梁子。

4. 花瓣长

22株野生型古茶树花瓣长均值为2.8cm，282株栽培型古茶树花瓣长均值为1.8cm，表明两者之间具有较大的差异性。就花瓣长范围而言，野生型古茶树主要范围为2.0～3.0cm，共19株，占野生型古茶树样本总数（22株）的86.36%，占古茶树样本总数（305株）的6.23%；栽培型古茶树主要分布范围为1.4～2.4cm，共256株，占栽培型古茶树样本总数（283株）的90.46%，占古茶树样本总数（305株）的83.93%。305株古茶树花瓣长最具特异性的植株如下：

野生型古茶树最短的是MH2014–100滑竹梁子野生大茶树，为2.3cm，位于勐海县勐宋乡蚌龙村滑竹梁子；最长的是MH2014–110滑竹梁子野生大茶树（大理茶*Camellia taliensis*）和MH2014–111滑竹梁子野生大茶树（大理茶*Camellia taliensis*），为4.0cm，均位于勐海县勐宋乡蚌龙村滑竹梁子。栽培型古茶树最短的是蚌冈老寨3号大茶树（茶*Camellia sinensis*）和MH2014–212布朗西定大茶树（普洱茶*Camellia assamica*），为1.0cm，分别位于勐海县勐宋乡蚌冈村哈尼一组和勐海县西定乡西定村布朗西定村民小组；最长的是MH2014–112滑竹梁子大茶树（普洱茶*Camellia assamica*），为4.0cm，位于勐海县勐宋乡蚌龙村滑竹梁子。

5. 花柱长

22 株野生型古茶树花柱长均值为 1.5cm，276 株栽培型古茶树花柱长均值为 1.0cm，表明两者之间具有较大的差异性。就花柱长范围而言，野生型古茶树集中为 1.5cm，共 20 株，占野生型古茶树样本总数（22 株）的 90.91%，占古茶树样本总数（298 株）的 6.71%；栽培型古茶树主要范围为 0.9 ～ 1.2cm，共 244 株，占栽培型古茶树样本总数（276 株）的 88.41%，占古茶树样本总数（298 株）的 81.88%。298 株古茶树花柱长最具特异性的植株如下：

野生型古茶树最短的是MH2014–149雷达山野生大茶树（大理茶*Camellia taliensis*），为1.0 cm，位于勐海县格朗和乡帕真村雷达山；最长的是MH2014–099滑竹梁子野生大茶树（大理茶*Camellia taliensis*）、MH2014–100滑竹梁子野生大茶树（大理茶*Camellia taliensis*）和MH2014–145雷达山野生大茶树（大理茶*Camellia taliensis*）等22株，为1.5cm，其中MH2014–099滑竹梁子野生大茶树（大理茶*Camellia taliensis*）至MH2014–111滑竹梁子野生大茶树（大理茶*Camellia taliensis*）等12株位于勐宋乡蚌龙村滑竹梁子，MH2014–145雷达山野生大茶树（大理茶*Camellia taliensis*）至MH2014–154雷达山野生大茶树（大理茶*Camellia taliensis*）等10株位于勐海县格朗和乡帕真村雷达山。栽培型古茶树最短的是MH2014–341老班章大茶树（普洱茶*Camellia assamica*），为0.6cm，位于勐海县布朗山乡班章村老班章村民小组；最长的是MH2014–245曼木大茶树（苦茶*Camellia assamica* var. *kucha*）、MH2014-340老班章大茶树（普洱茶*Camellia assamica*）和MH2014-306老班章大茶树（苦茶*Camellia assamica* var. *kucha*），为1.6cm，分别位于勐海县布朗山乡曼囡村曼木村民小组和勐海县布朗山乡班章村老曼峨村民小组。

五、果实

古茶树果实大小、鲜果皮厚、种径均存在一定的差异性，其变异系数大小依次为种径<果径<鲜果皮厚（表4-2-18）。

表 4-2-18　古茶树果实差异性

项目		样本数（株）	极小值	极大值	变幅	均值	标准差	变异系数（%）
果径（cm）	野生型	22	2.6	3.1	0.5	2.9	0.2	6.9
	栽培型	193	1.5	3.9	2.4	2.6	0.4	15.38
鲜果皮厚（mm）	野生型	22	2.6	4.4	1.8	3.4	0.69	20.29
	栽培型	188	0.9	3.3	2.4	1.6	0.5	31.25
种径（cm）	野生型	22	1.4	1.7	0.3	1.6	0.12	7.5
	栽培型	189	1	2	1	1.5	0.15	10

（一）果径

22株野生型古茶树果径均值为2.9cm，193株栽培型古茶树果径均值为2.6cm，表明两者之间的差异不明显。就果径范围而言，野生型古茶树主要范围为2.7～3.0cm，共19株，占野生型古茶树样本总数（22株）的86.36%，占古茶树样本总数（215株）的8.84%；栽培型古茶树主要范围为2.3～3.2cm，共163株，占栽培型古茶树样本总数（193株）的84.46%，占古茶树样本总数（215株）的75.81%。215株古茶树果径最具特异性的植株如下：

野生型古茶树果径最小的是MH2014-099滑竹梁子野生大茶树（大理茶*Camellia taliensis*）和MH2014-100滑竹梁子野生大茶树（大理茶*Camellia taliensis*），为2.6cm，均位于勐海县勐宋乡蚌龙村滑竹梁子；最大的是MH2014-154雷达山野生大茶树（大理茶*Camellia taliensis*），为3.1cm，位于勐海县格朗和乡帕真村雷达山。栽培型古茶树最小的是MH2014-316坝卡囡大茶树（普洱茶*Camellia assamica*），为1.5cm，位于勐海县布朗山乡班章村坝卡囡村民小组；最大的是

MH2014-006曼糯大茶树（普洱茶*Camellia assamica*），为3.9cm，位于勐海县勐往乡勐往村曼糯大寨村民小组。

（二）果皮

22株野生型古茶树鲜果皮厚均值为3.4mm，188株栽培型古茶树鲜果皮厚均值为1.6mm。就鲜果皮厚范围而言，野生型古茶树主要范围为2.8～4.1mm，共19株，占野生型古茶树样本总数（22株）的86.36%，占古茶树样本总数（210株）的9.05%；栽培型古茶树主要范围为1.1～2.4mm，共176株，占栽培型古茶树样本总数（188株）的93.62%，占古茶树样本总数（210株）的83.81%。210株古茶树鲜果皮最具特异性的植株如下：

野生型古茶树最薄的是MH2014-111滑竹梁子野生大茶树（大理茶*Camellia taliensis*），为2.6mm，位于勐海县勐宋乡蚌龙村滑竹梁子；最厚的是MH2014-154雷达山野生大茶树（大理茶*Camellia taliensis*），为4.4mm，位于勐海县格朗和乡帕真村雷达山。栽培型最薄的是MH2014-039半坡老寨大茶树（普洱茶*Camellia assamica*）和MH2014-332新班章大茶树（普洱茶*Camellia assamica*），为0.9mm，分别位于勐海县格朗和乡南糯山村半坡寨村民小组和勐海县布朗山乡班章村新班章村民小组；最厚的是MH2014-018勐阿大茶树（普洱茶*Camellia assamica*），为3.3mm，位于勐海县勐阿镇。

（三）种径

22株野生型古茶树种径均值为1.6cm，189株栽培型古茶树种径均值为1.5cm。就种径范围而言，野生型古茶树主要范围为1.7cm，共10株，占野生型古茶树样本总数（22株）的45.45%，占古茶树样本总数（211株）的4.74%；栽培型古茶树主要范围为1.3～1.6mm，共164株，占栽培型古茶树样本总数（189株）的86.77%，占样本总数（211株）的77.73%。211株古茶树种径最具特异性的植株如下：

野生型古茶树最小的是MH2014-099滑竹梁子野生大茶树（大理茶*Camellia taliensis*）和MH2014-100滑竹梁子野生大茶树（大理茶*Camellia taliensis*），为1.5cm，均位于勐海县勐宋乡蚌龙村滑竹梁子；最大的是2014-MH111滑竹梁子野生大茶树（大理茶*Camellia taliensis*）、2014-MH145雷达山野生大茶树（大理茶*Camellia taliensis*）、2014-MH146雷达山野生大茶树（大理茶*Camellia taliensis*）等11株，为1.7cm，除MH2014-111滑竹梁子野生大茶树（大理茶*Camellia taliensis*）位于勐海县勐宋乡蚌龙村滑竹梁子外，其余均位于勐海县格朗和乡帕真村雷达山。栽培型最小的是MH2014-346南罕大寨大茶树（普洱茶*Camellia assamica*），为1.0cm，位于勐海县勐满镇纳包村南罕大寨村民小组；最大的是MH2014-024竹林大茶树（普洱茶*Camellia assamica*），为2.0cm，位于勐海县格朗和乡南糯山村竹林村民小组。

第三节　古树茶主要品质化学成分多样性

勐海县野生型古茶树初春一芽二叶初展蒸青样主要品质化学成分水浸出物、茶多酚、氨基酸和咖啡碱含量均较栽培型古茶树低，而对应的变异系数均较栽培型古茶树大。在酚氨比大小方面，野生型古茶树较栽培种大，其对应的较栽培型古茶树大（表3-3-1）。

表3-3-1　茶叶主要品质化学成分

生化成分	类型	样品数（份）	极小值（%）	极大值（%）	变幅（%）	均值（%）	标准差（%）	变异系数（%）
水浸出物	野生型	12	48.83	60.22	11.39	52.51	3.38	6.44
	栽培型	174	43.11	60.08	16.97	53.5	3.00	5.61
茶多酚	野生型	12	27.79	48.59	20.80	34.05	6.65	19.53
	栽培型	174	23.88	48.96	25.08	36.77	4.62	12.56
氨基酸	野生型	12	1.36	4.31	2.95	2.57	1.00	38.91
	栽培型	174	1.64	5.78	4.14	3.11	0.75	24.12
咖啡碱	野生型	12	1.25	3.88	2.63	2.54	0.90	35.43
	栽培型	174	1.52	5.54	4.02	3.72	0.61	16.40
酚氨比	野生型	12	7.47	27.56	20.09	15.28	6.34	41.49
	栽培型	174	5.21	22.79	17.58	12.53	3.47	27.69

一、水浸出物

12株野生型古茶树蒸青样水浸出物含量均值为52.51%，174株栽培型古茶树蒸青样均值为53.50%。就水浸出物含量区间而言，野生型古茶树主要范围为50.00%~55.00%，共9株，占野生型古茶树样本总数（12株）的75.00%，占古茶树样本总数（186株）的4.84%；栽培型古茶树主要范围为52.00%~56.00%，共93株，占栽培型古茶树样本总数（174株）的53.45%，占古茶树样本总数（186株）

的50.00%（表3-3-1）。186株古茶树水浸出物最具差异性的植株如下：

野生型古茶树水浸出物含量最低的是MH2014-111滑竹梁子野生大茶树（大理茶*Camellia taliensis*），为48.83%，位于勐海县勐宋乡蚌龙村滑竹梁子；最高的是滑竹梁子2号野生大茶树（大理茶*Camellia taliensis*），为60.22%，位于勐海县勐宋乡蚌龙村滑竹梁子。栽培型古茶树最低的是MH2014-037半坡寨大茶树（普洱茶*Camellia assamica*），为43.11%，位于勐海县格朗和乡南糯山村半坡寨村民小组；最高的是MH2014-225曼夕老寨大树茶（普洱茶*Camellia assamica*），为60.08%，位于勐海县打洛镇曼夕村曼夕老寨村民小组。

二、茶多酚

12株野生型古茶树蒸青样茶多酚含量均值为34.05%，174株栽培型古茶树蒸青样均值为36.77%。就茶多酚含量区间而言，野生型古茶树主要范围为28.00%~32.00%，共6株，占野生型古茶树样本总数（12株）的50.00%，占古茶树样本总数（186株）的3.23%；栽培型古茶树主要范围为34.00%~39.00%，共86株，占栽培型古茶树样本总数（174株）的49.43%，占古茶树样本总数（186株）的46.24%（表3-3-1）。186株古茶树最具差异性的植株如下：

野生型古茶树茶多酚含量最低的是 MH2014-148 雷达山野生大茶树（大理茶 *Camellia taliensis*），为 27.79%，位于勐海县格朗和乡帕真村雷达山；最高的是滑竹梁子 2 号野生大茶树（大理茶 *Camellia taliensis*），为 48.59%，位于勐海县勐宋乡蚌龙村滑竹梁子。栽培型古茶树最低的是 MH2014-343 老班章大茶树（普洱茶 *Camellia assamica*），为 23.88%，位于勐海县布朗山乡班章村老班章村民小组；最高的是 MH2014-212 布朗西定大茶树（普洱茶 *Camellia assamica*），为 48.96%，位于勐海县西定乡西定村布朗西定村民小组。

三、氨基酸

12株野生型古茶树蒸青样氨基酸含量均值为2.57%，174株栽培型古茶树蒸青样均值为3.11%。就氨基酸含量区间而言，野生型古茶树主要范围为1.30%~3.00%，共8株，占野生型古茶树样本总数（12株）的66.67%，占古茶树样本总数（186株）的4.30%；栽培型古茶树主要范围为2.00%~4.00%，共145株，占栽培型古茶树样本总数（174株）的83.33%，占古茶树样本总数（186株）的77.96%（表3-3-1）。186株古茶树最具差异性的植株如下：

野生型古茶树氨基酸含量最低的是滑竹梁子野生红芽茶（大理茶*Camellia taliensis*），为1.36%，位于勐海县勐宋乡蚌龙村滑竹梁子；最高的是MH2014-101滑竹梁子野生大茶树（大理茶*Camellia taliensis*），为4.31%，位于勐海县勐宋乡蚌龙村滑竹梁子。栽培型古茶树最低的是H2014-078帕沙新寨大茶树（普洱茶*Camellia assamica*），为1.64%，位于勐海县格朗和乡帕沙村帕沙新寨村民小组；最高的是MH2014-020城子大茶树（普洱茶*Camellia assamica*），为5.78%，位于勐海县勐阿镇嘎赛村城子村民小组。

四、咖啡碱

12株野生型古茶树蒸青样咖啡碱含量均值为2.54%，174株栽培型古茶树蒸青样均值为3.72%。就咖啡碱区间而言，野生型古茶树主要范围为2.00%～4.00%，共7株，占野生型古茶树样本总数（12株）的58.33%，占古茶树样本总数（186株）的3.76%；栽培型古茶树主要范围为3.00%～4.50%，共140株，占栽培型古茶树样本总数（174株）的80.46%，占古茶树样本总数（186株）的75.27%（表3-3-1）。186株古茶树咖啡碱最具差异性的植株如下：

野生型古茶树咖啡碱含量最低的是MH2014-102滑竹梁子野生大茶树（大理茶*Camellia taliensis*），为1.25%，位于勐海县勐宋乡蚌龙村滑竹梁子；最高的是MH2014-306巴达野生大茶树（大理茶*Camellia taliensis*），为3.88%，位于勐海县西定乡曼佤村贺松村民小组巴达大黑山。栽培型古茶树最低的是广别老寨大茶树（普洱茶*Camellia assamica*），为1.52%，位于勐海县勐混镇曼蚌村广别老寨村民小组；最高的是MH2014-306老曼峨苦茶（苦茶*Camellia assamica* var. *kucha*），为5.54%，位于勐海县布朗山乡班章村老曼峨村民小组。

五、酚氨比

12株野生型古茶树蒸青样酚氨比均值为15.28，174株栽培型古茶树蒸青样均值为12.53。就酚氨比区间而言，野生型古茶树主要范围为10.00～21.00，共7株，占野生型古茶树样本总数（12株）的58.33%，占古茶树样本总数（186株）的3.76%；栽培型古茶树主要范围为8.00～15.00，共124株，占栽培型古茶树样本总数（174株）的71.26%，占古茶树样本总数（186株）的66.67%（表3-3-1）。186株古茶树酚氨比最具差异性的植株如下：

野生型古茶树酚氨比最小的是MH2014-111滑竹梁子野生大茶树（大理茶

Camellia taliensis），为7.47，位于勐海县勐宋乡蚌龙村滑竹梁子；最大的是滑竹梁子野生红芽茶（大理茶*Camellia taliensis*），为27.56，位于勐海县勐宋乡蚌龙村滑竹梁子。栽培型古茶树最小的是MH2014-162曼弄老寨大茶树（普洱茶*Camellia assamica*），为5.21，位于勐海县勐混镇贺开村曼弄老寨村民小组；最大的是MH2014-308老曼峨苦茶（苦茶*Camellia assamica* var. *kucha*），为22.79，位于勐海县布朗山乡班章村老曼峨村民小组。

第五章 勐海县野生型古茶树

野生型茶树亦称原始型茶树。在系统发育过程中具有原始的特征特性：乔木、小乔木树型，嫩枝少毛或无毛；越冬芽鳞片3～5个；叶大、长10～25cm、角质层厚，叶背主脉无毛或稀毛，侧脉8～12对，脉络不明显，叶面平或微隆起，叶缘有稀钝齿；花冠直径4～8cm，花瓣8～15枚、白色、质厚如绢、无毛，雄蕊70～250枚，子房有毛或无毛，柱头以4～5裂为多，心皮3～5室全育；果呈球、肾、柿形等，果径2～5cm，果皮厚0.2～1.2cm、木质化、硬韧，果轴粗大呈四棱形，种隔明显；种子较大，种径1.5～2.6cm，球形或锥形，种脊有棱，种皮较粗糙、黑色、无毛，种脐大；芽叶中氨基酸、茶多酚、儿茶素、咖啡碱等俱全，茶氨酸和酯型儿茶素含量偏低，苯丙氨酸偏高；萜烯指数多在0.7～1.0；成品茶多数香气低沉，滋味淡薄，缺乏鲜爽感；花粉粒大，为近球形或扁球形，极面观3裂，赤极比大于0.8，外壁纹饰为细网状，萌发孔呈狭缝状或带状沟，花粉Ca含量在15％以上；叶片栅栏细胞1～2层，硬化（石）细胞多、多为树根形或星形等；染色体核型为对称性较高的2A型（原始类型）。长期生长在特定的相对稳定的生态条件下，且多与木兰科、壳斗科、樟科、桑科、桦木科、山茶科等常绿宽叶林混生。由于保守性强，人工繁殖、迁徙成功率较低。但较少罹生病虫害。植物学分类多属于大厂茶（*Camellia tachangensis*)、大理茶（*Camella taliensis*）、厚轴茶（*Camellia crassicolumna*）和老黑茶（*Camellia atrothea*）等，代表的古茶树有师宗大茶树、巴达大茶树、法古山箐茶、屏边老黑茶等。

第一节　西定乡

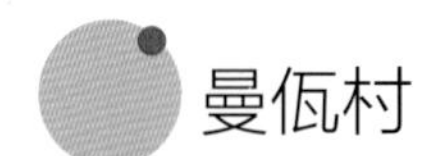

曼佤村

图 5-1-1　MH2014-200 巴达野生大茶树
| 曾铁桥，2014

大黑山

（1）MH2014-200巴达野生大茶树（大理茶*Camellia taliensis*）

位于勐海县西定乡曼佤村贺松村民小组巴达大黑山，海拔1967m；生育地土壤为黄棕壤；野生型；小乔木，树姿直立，树高5.60m，树幅3.60m×3.20m，基部干径0.32m，最低分枝高0.37m，分枝密。嫩枝无毛。芽叶绿色、无毛。大叶，叶长13.50～18.80cm，叶宽4.80～6.80cm，叶面积48.70～76.30cm^2，叶长椭圆形，叶色深绿，叶身内折，叶面平，叶尖渐尖，叶脉11～14对，叶齿少齿形，叶缘微波，叶背无毛，叶基楔形，叶质硬。

（2）MH2014-202巴达野生大茶树（大理茶 *Camellia taliensis*）

图 5-1-2　MH2014-202 巴达野生大茶树
｜曾铁桥，2014

位于勐海县西定乡曼佤村贺松村民小组巴达大黑山，海拔2017m；生育地土壤为黄棕壤；野生型；小乔木，树姿直立，树高13.20m，树幅5.00m×3.50m，基部干径0.57m，最低分枝高0.80m，分枝稀。嫩枝无毛。芽叶绿色、无毛。大叶，叶长11.10～13.80cm，叶宽5.00～6.30cm，叶面积38.90～59.10cm^2，叶椭圆形，叶色深绿，叶身内折，叶面平，叶尖渐尖，叶脉7～12对，叶齿少齿形，叶缘微波，叶背无毛，叶基楔形，叶质中。水浸出物54.89%、茶多酚42.58%、氨基酸3.35%、咖啡碱3.88%、酚氨比12.69。

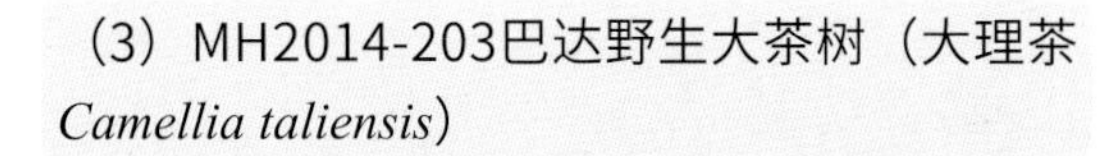

（3）MH2014-203巴达野生大茶树（大理茶 *Camellia taliensis*）

图 5-1-3　MH2014-203 巴达野生大茶树
｜曾铁桥，2014

位于勐海县西定乡曼佤村贺松村民小组巴达大黑山，海拔1963m；生育地土壤为黄棕壤；野生型；小乔木，树姿直立，树高16.20m，树幅6.50m×7.00m，基部干径0.40m，最低分枝高2.87m，分枝稀。嫩枝无毛。芽叶绿色、无毛。特大叶，叶长11.20～16.30cm，叶宽5.40～6.90cm，叶面积42.30～78.70cm^2，叶椭圆形，叶色绿，叶身平，叶面平，叶尖渐尖，叶脉9～12对，叶齿少齿形，叶缘平，叶背无毛，叶基楔形，叶质中。

图 5-1-4 MH2014-219 巴达野生大茶树
|曾铁桥，2014

（4）MH2014-219巴达野生大茶树（大理茶 *Camellia taliensis*）

位于勐海县西定乡曼佤村贺松村民小组巴达大黑山，海拔1884m；生育地土壤为黄棕壤；野生型；乔木，树姿直立，树高16.10m，树幅2.20m × 3.50m，基部干径0.32m，最低分枝高5.40m，分枝稀。嫩枝无毛。芽叶绿色、无毛。特大叶，叶长16.2 ~ 17.1cm，叶宽6.9 ~ 7.4cm，叶面积78.2 ~ 88.6cm^2，叶椭圆形，叶色深绿，叶身平，叶面平，叶尖渐尖，叶脉8 ~ 9对，叶齿少齿形，叶缘波，叶背无毛，叶基楔形，叶质硬。

图 5-1-5 MH2014-220 巴达野生大茶树
|曾铁桥，2014

（5）MH2014-220巴达野生大茶树（大理茶 *Camellia taliensis*）

位于勐海县西定乡曼佤村贺松村民小组巴达大黑山，海拔 1870m；生育地土壤为黄棕壤；野生型；乔木，树姿直立，树高 18.50m，树幅 2.50m × 3.00m，基部干径 0.40m，最低分枝高 0.15m，分枝稀。嫩枝无毛。芽叶绿色、无毛。大叶，叶长 8.6 ~ 16.6cm，叶宽 3.4 ~ 6.8cm，叶面积 23.3 ~ 79.0cm^2，叶椭圆形，叶色深绿，叶身平，叶面平，叶尖渐尖，叶脉 7 ~ 10 对，叶齿少齿形，叶缘平，叶背无毛，叶基楔形，叶质硬。

（6）MH2014-221巴达野生大茶树（大理茶*Camellia taliensis*）

位于勐海县西定乡曼佤村贺松村民小组巴达大黑山，海拔1878m；生育地土壤为黄棕壤；野生型；乔木，树姿直立，树高9.10m，树幅3.50m×3.70m，基部干径0.41m，最低分枝高2.30m，分枝稀。嫩枝无毛。芽叶绿色、无毛。中叶，叶长9.3～11.6cm，叶宽3.9～5.5cm，叶面积25.4～44.7cm^2，叶椭圆形，叶色深绿，叶身平，叶面平，叶尖渐尖，叶脉7～9对，叶齿少齿形，叶缘平，叶背无毛，叶基楔形，叶质中。

图5-1-6　MH2014-221巴达野生大茶树
|曾铁桥，2014

第二节　勐宋乡

蚌龙村

滑竹梁子

（1）MH2014-099滑竹梁子野生大茶树（大理茶*Camellia taliensis*）

位于勐海县勐宋乡蚌龙村滑竹梁子，海拔2335m；生育地土壤为黄棕壤；野生型；乔木，树姿直立，树高6.70m，树幅1.40m×1.50m，基部干径0.49m，最低分枝高0.20m，分枝稀。嫩枝无毛。芽叶绿色、无毛。大叶，叶长12.5～16.1cm，叶宽4.4～6.3cm，叶面积43.9～67.6cm^2，叶长椭圆形，叶色深绿，叶身平，叶面平，叶尖渐尖，叶脉8～11对，叶齿少齿形，叶缘平，叶背无毛，叶基楔形，叶质硬。萼片无毛、绿、5枚。花冠直径4.7～6.2cm，花瓣8～12枚、白、质地厚，

图 5-2-1　MH2014-099 滑竹梁子野生大茶树
| 蒋会兵，2014

图 5-2-2　MH2014-100 滑竹梁子野生大茶树
| 蒋会兵，2014

花瓣长宽均值2.2～2.6cm，子房有毛，花柱先端5裂、裂位浅，花柱长1.6cm，雌蕊低于雄蕊。果梅花形，果径2.7cm，鲜果皮厚2.0～3.0mm，种球形，种径1.5～1.6cm，种皮棕褐色。

（2）MH2014-100滑竹梁子野生大茶树（大理茶*Camellia taliensis*）

位于勐海县勐宋乡蚌龙村滑竹梁子，海拔2314m；生育地土壤为黄棕壤；野生型；乔木，树姿直立，树高8.90m，基部干径0.56m，最低分枝高0.75m，分枝稀。嫩枝无毛。芽叶绿色、无毛。大叶，叶长12.4～16.2cm，叶宽4.2～6.0cm，叶面积45.6～62.2cm^2，叶长椭圆形，叶色深绿，叶身平，叶面平，叶尖渐尖，叶脉8～10对，叶齿少齿形，叶缘平，叶背无毛，叶基楔形，叶质硬。萼片无毛、绿、5枚。花冠直径4.9～6.3cm，花瓣9～12枚、白、质地厚，花瓣长宽均值2.1～2.5cm，子房有毛，花柱先端5裂、裂位浅，花柱长1.6cm，雌蕊低于雄蕊。果梅花形，果径2.7cm，鲜果皮厚2.0～3.0mm，种球形，种径1.5～1.6cm，种皮棕褐色。

（3）MH2014-101滑竹梁子野生大茶树（大理茶*Camellia taliensis*）

位于勐海县勐宋乡蚌龙村滑竹梁子，海拔2363m；生育地土壤为黄棕壤；野生型；乔木，树姿直立，树高11.30m，树幅2.40m×3.60m，基部干径0.80m，最低分枝高0.88m，分枝稀。嫩枝无毛。芽叶绿色、无毛。大叶，叶长11.4～15.3cm，叶宽4.1～6.0cm，叶面积35.8～48.2cm^2，叶长椭圆形，叶色深绿，叶身平，叶面平，叶尖渐尖，叶脉8 ~ 10对，叶齿少齿形，叶缘平，叶背无毛，叶基楔形，叶质柔软。萼片无毛、绿、5枚。花冠直径6.1 ~ 8.1cm，花瓣8 ~ 12枚、白、质地厚，花瓣长宽均值2.1 ~ 2.9cm，子房有毛，花柱先端5裂、裂位中，花柱长1.5cm，雌蕊等高于雄蕊。果梅花形，果径2.7cm，鲜果皮厚2.0 ~ 3.0mm，种球形，种径1.5 ~ 1.8cm，种皮棕褐色。水浸出物54.93%、茶多酚34.33%、氨基酸4.31%、咖啡碱1.77%、酚氨比7.97。

图 5-2-3　MH2014-101 滑竹梁子野生大茶树
| 蒋会兵，2014

（4）MH2014-102滑竹梁子野生大茶树（大理茶*Camellia taliensis*）

位于勐海县勐宋乡蚌龙村滑竹梁子，海拔2391m；生育地土壤为红壤；野生型；乔木，树姿直立，树高10.05m，树幅4.60m × 5.80m，基部干径0.65m，最低分枝高2.86m，分枝稀。嫩枝无毛。芽叶绿色、无毛。大叶，叶长11.8 ~ 16.2cm，叶宽4.4 ~ 5.2cm，叶面积40.5 ~ 52.9cm^2，叶长椭圆形，叶色深绿，叶身平，叶面平，叶尖渐尖，叶脉7 ~ 9对，叶齿少齿形，叶缘平，叶背无毛，叶基楔形，叶质柔软。萼片无毛、绿、5枚。花冠直径4.8 ~ 8.1cm，花瓣8 ~ 12枚、白、质地厚，花瓣长宽均值2.1 ~ 2.8cm，子房有毛，花柱先端5裂、裂位中，花柱长1.5cm，雌蕊等高于雄蕊。果梅花形，果径2.7cm，鲜果皮厚2.0 ~ 3.0mm，种球形，种径1.5 ~ 1.8cm，种皮棕褐色。水浸出物51.38%、茶多酚28.96%、氨基酸3.34%、咖啡碱1.25%、酚氨比8.67。

图 5-2-4　MH2014-102 滑竹梁子野生大茶树
| 蒋会兵，2014

图 5-2-5　MH2014-103 滑竹梁子野生大茶树
|蒋会兵，2014

图 5-2-6　MH2014-104 滑竹梁子野生大茶树
|蒋会兵，2014

（5）MH2014-103滑竹梁子野生大茶树（大理茶*Camellia taliensis*）

位于勐海县勐宋乡蚌龙村滑竹梁子，海拔2257m；生育地土壤为黄壤；野生型；乔木，树姿直立，树高4.30m，树幅4.40m×3.80m，基部干径0.51m，最低分枝高0.20m，分枝稀。嫩枝无毛。芽叶绿色、无毛。大叶，叶长11.8~16.2cm，叶宽4.4~5.2cm，叶面积40.5~52.9cm^2，叶长椭圆形，叶色深绿，叶身平，叶面平，叶尖渐尖，叶脉7~9对，叶齿少齿形，叶缘平，叶背无毛，叶基楔形，叶质柔软。萼片无毛、绿、5枚。花冠直径4.8~8.1cm，花瓣8~12枚、白、质地厚，花瓣长宽均值2.1~2.8cm，子房有毛，花柱先端5裂、裂位中，花柱长1.5cm，雌蕊等高于雄蕊。果梅花形，果径2.7cm，鲜果皮厚2.0~3.0mm，种球形，种径1.5~1.8cm，种皮棕褐色。水浸出物54.50%、茶多酚30.78%、氨基酸1.51%、咖啡碱1.83%、酚氨比20.38。

（6）MH2014-104滑竹梁子野生大茶树（大理茶*Camellia taliensis*）

位于勐海县勐宋乡蚌龙村滑竹梁子，海拔2264m；生育地土壤为黄棕壤；野生型；乔木，树姿直立，树高4.60m，树幅2.60m×3.00m，基部干径0.48m，最低分枝高0.80m，分枝稀。嫩枝无毛。芽叶绿色、无毛。大叶，叶长12.6~16.8cm，叶宽3.8~5.2cm，叶面积36.4~53.9cm^2，叶长椭圆形，叶色深绿，叶身平，叶面平，叶尖渐尖，叶脉8~10对，叶齿少齿形，叶缘平，叶背无毛，叶基楔形，叶质硬。萼片无毛、绿、5枚。花冠直径5.5~8.1cm，花瓣9~13枚、白、质地厚，花瓣长宽均值2.2~2.6cm，子房有毛，花柱先端5裂、裂位中，花柱长1.5cm，雌蕊等高于雄蕊。果梅花形，果径2.7cm，鲜果皮厚2.0~3.0mm，种球形，种径1.3~1.8cm，种皮棕褐色。

（7）MH2014-105滑竹梁子野生大茶树（大理茶*Camellia taliensis*）

位于勐海县勐宋乡蚌龙村滑竹梁子，海拔2234m；生育地土壤为黄棕壤；野生型；乔木，树姿直立，树高4.30m，树幅1.70m×1.50m，基部干径0.53m，最低分枝高0.40m，分枝稀。嫩枝无毛。芽叶绿色、无毛。大叶，叶长11.4~14.7cm，叶宽4.1~5.4cm，叶面积33.5~53.5cm^2，叶长椭圆形，叶色深绿，叶身平，叶面平，叶尖渐尖，叶脉8~10对，叶齿少齿形，叶缘平，叶背无毛，叶基楔形，叶质硬。萼片无毛、绿、5枚。花冠直径5.0~7.9cm，花瓣8~13枚、白、质地厚，花瓣长宽均值2.2~2.6cm，子房有毛，花柱先端4裂、裂位中，花柱长1.5cm，雌蕊等高于雄蕊。果梅花形，果径3.2cm，鲜果皮厚2.0~3.0mm，种球形，种径1.3~1.5cm，种皮棕褐色。

图 5-2-7 MH2014-105 滑竹梁子野生大茶树
|蒋会兵，2014

（8）MH2014-106滑竹梁子野生大茶树（大理茶*Camellia taliensis*）

位于勐海县勐宋乡蚌龙村滑竹梁子，海拔2218m；生育地土壤为黄棕壤；野生型；乔木，树姿直立，树高5.15m，树幅4.20m×1.30m，基部干径0.57m，最低分枝高0.40m，分枝稀。嫩枝有毛。芽叶绿色、无毛。大叶，叶长11.4~14.7cm，叶宽4.1~5.4cm，叶面积33.5~53.5cm^2，叶长椭圆形，叶色深绿，叶身平，叶面平，叶尖渐尖，叶脉8~11对，叶齿少齿形，叶缘平，叶背无毛，叶基楔形，叶质硬。萼片无毛、绿、5枚。花冠直径6.3~7.6cm，花瓣8~13枚、白、质地厚，花瓣长宽均值2.2~2.6cm，子房有毛，花柱先端4裂、裂位中，花柱长1.5cm，雌蕊等高于雄蕊。果梅花形，果径3.2cm，鲜果皮厚2.0~3.0mm，种球形，种径1.6~1.9cm，种皮棕褐色。

图 5-2-8 MH2014-106 滑竹梁子野生大茶树
|蒋会兵，2014

图 5-2-9　MH2014-107 滑竹梁子野生大茶树
|蒋会兵，2014

图 5-2-10　MH2014-109 滑竹梁子野生大茶树
|蒋会兵，2014

（9）MH2014-107滑竹梁子野生大茶树（大理茶*Camellia taliensis*）

位于勐海县勐宋乡蚌龙村滑竹梁子，海拔2217m；生育地土壤为红壤；野生型；乔木，树姿直立，树高4.90m，树幅3.20m×4.10m，基部干径0.54m，最低分枝高0.20m，分枝稀。嫩枝有毛。芽叶绿色、无毛。大叶，叶长12.5~16.4cm，叶宽4.7~6.6cm，叶面积42.8~70.2cm^2，叶长椭圆形，叶色深绿，叶身平，叶面平，叶尖渐尖，叶脉7~10对，叶齿少齿形，叶缘平，叶背无毛，叶基楔形，叶质硬。萼片无毛、绿、5枚。花冠直径4.8~6.6cm，花瓣8~12枚、白、质地厚，花瓣长宽均值2.2~2.6cm，子房有毛，花柱先端5裂、裂位中，花柱长1.2cm，雌蕊等高于雄蕊。果梅花形，果径3.2cm，鲜果皮厚2.0~3.0mm，种球形，种径1.6~1.9cm，种皮棕褐色。

（10）MH2014-109滑竹梁子野生大茶树（大理茶*Camellia taliensis*）

位于勐海县勐宋乡蚌龙村滑竹梁子，海拔2149m；生育地土壤为红壤；野生型；乔木，树姿直立，树高 8.10m，树幅 5.80m×4.70m，基部干径 0.49m，最低分枝高 0.50m，分枝稀。嫩枝无毛。芽叶绿色、无毛。大叶，叶长11.3 ~ 13.7cm，叶宽 5.1 ~ 6.9cm，叶面积42.7 ~ 66.2cm^2，叶长椭圆形，叶色深绿，叶身平，叶面平，叶尖渐尖，叶脉 7 ~ 10 对，叶齿少齿形,叶缘平,叶背无毛,叶基楔形,叶质硬。萼片无毛、绿、5 枚。花冠直径 5.0 ~ 6.4cm，花瓣 7 ~ 12 枚、白、质地厚，花瓣长宽均值2.0 ~ 2.7cm，子房有毛，花柱先端 5 裂、裂位中，花柱长 1.2cm，雌蕊等高于雄蕊。果梅花形，果径 3cm，鲜果皮厚 2.0 ~ 3.0mm，种球形，种径 1.6 ~ 1.9cm，种皮棕褐色。

（11）MH2014-110滑竹梁子野生大茶树（大理茶 *Camellia taliensis*）

位于勐海县勐宋乡蚌龙村滑竹梁子，海拔2031m；生育地土壤为红壤；野生型；乔木，树姿直立，树高7.20m，树幅2.80m × 2.70m，基部干径0.16m，最低分枝高0.30m，分枝稀。嫩枝无毛。芽叶绿色、无毛。大叶，叶长11.2 ~ 15.4cm，叶宽4.7 ~ 6.7cm，叶面积43.9 ~ 67.9cm^2，叶长椭圆形，叶色深绿，叶身平，叶面平，叶尖渐尖，叶脉7 ~ 9对，叶齿少齿形，叶缘平，叶背无毛，叶基楔形，叶质硬。萼片无毛、绿、5枚。花冠直径7.1 ~ 8.0cm，花瓣9 ~ 12枚、白、质地厚，花瓣长宽均值3.7 ~ 4.4cm，子房有毛，花柱先端5裂、裂位中，花柱长1.2cm，雌蕊等高于雄蕊。果四方形、梅花形，果径2.6cm，鲜果皮厚2.0 ~ 3.0mm，种球形，种径1.6 ~ 1.9cm，种皮棕褐色。

图 5-2-11　MH2014-110 滑竹梁子野生大茶树
| 蒋会兵，2014

（12）MH2014-111滑竹梁子野生大茶树（大理茶 *Camellia taliensis*）

位于勐海县勐宋乡蚌龙村滑竹梁子，海拔2031m；生育地土壤为红壤；野生型；小乔木，树姿半开张，树高5.60m，树幅5.40m × 3.50m，基部干径0.45m，最低分枝高0.45m，分枝稀。嫩枝有毛。芽叶绿色、无毛。大叶，叶长11.6 ~ 15.0cm，叶宽4.7 ~ 6.5cm，叶面积45.1 ~ 66.2cm^2，叶长椭圆形，叶色深绿，叶身平，叶面平，叶尖渐尖，叶脉7 ~ 9对，叶齿少齿形，叶缘平，叶背无毛，叶基楔形，叶质硬。萼片无毛、绿、5枚。花冠直径7.0 ~ 8.0cm，花瓣9 ~ 12枚、白、质地厚，花瓣长宽均值3.7 ~ 4.4cm，子房有毛，花柱先端5裂、裂位中，花柱长1.2cm，雌蕊等高于雄蕊。果四方形、梅花形，果径2.6cm，鲜果皮厚2.0 ~ 3.0mm，种球形，种径1.5 ~ 1.8cm，种皮棕褐色。水浸出物48.83%、茶多酚28.32%、氨基酸3.79%、咖啡碱2.73%、酚氨比7.47。

图 5-2-12　MH2014-111 滑竹梁子野生大茶树
| 蒋会兵，2014

第三节　格朗和乡

一、南糯山村

石头二队村民小组

MH2014-054拔玛野生大茶树（大理茶*Camellia taliensis*）

位于勐海县格朗和乡南糯山村石头二队村民小组，海拔1586m；生育地土壤为赤红壤；野生型；小乔木，树姿半开张，树高3.60m，树幅2.30m×1.90m，基部干径0.14m，最低分枝高0.56m，分枝中。嫩枝无毛。芽叶绿色、无毛。大叶，叶长11.6~14.4cm，叶宽4.7~5.6cm，叶面积38.2~55.4cm²，叶长椭圆形，叶色绿，叶身平，叶面平，叶尖渐尖，叶脉10~13对，叶齿锯齿形，叶缘平，叶背少毛，叶基楔形，叶质柔软。

图5-3-1　MH2014-054拔玛野生大茶树
蒋会兵，2014

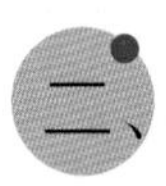

二、帕真村

雷达山

（1）MH2014-145雷达山野生大茶树（大理茶*Camellia taliensis*）

位于勐海县格朗和乡帕真村雷达山，海拔2087m；生育地土壤为红壤；野生型；乔木，树姿直立，树高19.60m，树幅10.20m×10.10m，基部干径0.85m，最低分枝高1.51m，分枝稀。嫩枝无毛。芽叶绿色、无毛。大叶，叶长

11.7～14.6cm，叶宽4.1～6.2cm，叶面积35.8～62.5cm^2，叶长椭圆形，叶色深绿，叶身平，叶面平，叶尖渐尖，叶脉8～10对，叶齿少齿形，叶缘平，叶背无毛，叶基楔形，叶质硬。萼片无毛、绿、5枚。花冠直径6.6～7.9cm，花瓣9～12枚、白、质地厚，花瓣长宽均值2.3～3.7cm，子房有毛，花柱先端5裂、裂位浅，花柱长1.5cm，雌蕊等高于雄蕊。果四方形、梅花形，果径2.7cm，鲜果皮厚3.8～4.5mm，种球形，种径1.5～2.0cm，种皮棕色。水浸出物50.42%、茶多酚29.11%、氨基酸1.47%、咖啡碱2.25%、酚氨比19.75。

图 5-3-2　MH2014-145 雷达山野生大茶树
|蒋会兵，2014

（2）MH2014-146雷达山野生大茶树（大理茶*Camellia taliensis*）

位于勐海县格朗和乡帕真村雷达山，海拔2077m；生育地土壤为红壤；野生型；乔木，树姿直立，树高22.00m，树幅5.50m×4.00m，基部干径0.57m，最低分枝高1.78m，分枝稀。嫩枝无毛。芽叶绿色、无毛。大叶，叶长11.7～14.7cm，叶宽4.3～6.2cm，叶面积35.8～62.5cm^2，叶长椭圆形，叶色深绿，叶身平，叶面平，叶尖渐尖，叶脉8～10对，叶齿少齿形，叶缘平，叶背无毛，叶基楔形，叶质硬。萼片无毛、绿、5枚。花冠直径6.6～7.9cm，花瓣9～12枚、白、质地厚，花瓣长宽均值2.3～3.7cm，子房有毛，花柱先端5裂、裂位浅，花柱长1.5cm，雌蕊等高于雄蕊。果四方形、梅花形，果径2.7cm，鲜果皮厚3.8～4.5mm，种球形，种径1.5～2.0cm，种皮棕色。水浸出物50.06%、茶多酚31.81%、氨基酸1.54%、咖啡碱2.93%、酚氨比20.65。

图 5-3-3　MH2014-146 雷达山野生大茶树
|蒋会兵，2014

图 5-3-4　MH2014-147 雷达山野生大茶树
|蒋会兵，2014

（3）MH2014-147雷达山野生大茶树（大理茶 *Camellia taliensis*）

位于勐海县格朗和乡帕真村雷达山，海拔2077m；生育地土壤为红壤；野生型；乔木，树姿直立，树高8.70m，树幅3.20m×3.00m，基部干径0.45m，最低分枝高1.10m，分枝稀。嫩枝无毛。芽叶绿色、无毛。大叶，叶长11.5～14.5cm，叶宽4.3～6.2cm，叶面积35.8～62.9cm^2，叶长椭圆形，叶色深绿，叶身平，叶面平，叶尖渐尖，叶脉8～10对，叶齿少齿形，叶缘平，叶背无毛，叶基楔形，叶质硬。萼片无毛、绿、5枚。花冠直径6.6～7.9cm，花瓣9～12枚、白、质地厚，花瓣长宽均值2.3～3.7cm，子房有毛，花柱先端5裂、裂位浅，花柱长1.5cm，雌蕊等高于雄蕊。果四方形、梅花形，果径2.7cm，鲜果皮厚3.8～4.5mm，种球形，种径1.5～2.0cm，种皮棕色。

图 5-3-5　MH2014-148 雷达山野生大茶树
|蒋会兵，2014

（4）MH2014-148雷达山野生大茶树（大理茶 *Camellia taliensis*）

位于勐海县格朗和乡帕真村雷达山，海拔2116m；生育地土壤为红壤；野生型；乔木，树姿直立，树高21.00m，树幅3.80m×4.00m，基部干径0.45m，最低分枝高0.80m，分枝稀。嫩枝无毛。芽叶绿色、无毛。大叶，叶长10.6～14.5cm，叶宽4.3～6.2cm，叶面积34.9～62.9cm^2，叶长椭圆形，叶色深绿，叶身平，叶面平，叶尖渐尖，叶脉8～12对，叶齿少齿形，叶缘平，叶背无毛，叶基楔形，叶质硬。萼片无毛、绿、5枚。花冠直径6.8～7.9cm，花瓣9～12枚、白、质地厚，花瓣长宽均值2.3～3.7cm，子房有毛，花柱先端5裂、裂位浅，花柱长1.5cm，雌蕊等高于雄蕊。果四方形、梅花形，果径2.7cm，鲜果皮厚3.8～4.5mm，种球形，种径1.5～2.0cm，种皮棕色。水浸出物50.39%、茶多酚27.79%、氨基酸2.92%、咖啡碱3.11%、酚氨比9.52。

（5）MH2014-149雷达山野生大茶树（大理茶 *Camellia taliensis*）

位于勐海县格朗和乡帕真村雷达山，海拔2116m；生育地土壤为红壤；野生型；乔木，树姿直立，树高8.40m，树幅3.6m×4.8m，基部干径0.66m，最低分枝高0.95m，分枝稀。嫩枝无毛。芽叶绿色、无毛。大叶，叶长10.4~14.5cm，叶宽4.3~6.2cm，叶面积33.7~62.9cm^2，叶长椭圆形，叶色深绿，叶身平，叶面平，叶尖渐尖，叶脉8~13对，叶齿少齿形，叶缘平，叶背无毛，叶基楔形，叶质硬。萼片无毛、绿、5枚。花冠直径6.8~7.9cm，花瓣9~12枚、白、质地厚，花瓣长宽均值2.3~3.7cm，子房有毛，花柱先端5裂、裂位浅，花柱长1.5cm，雌蕊等高于雄蕊。果四方形、梅花形，果径2.7cm，鲜果皮厚3.8~4.5mm，种球形，种径1.5~2.0cm，种皮棕色。水浸出物54.78%、茶多酚39.57%、氨基酸2.63%、咖啡碱3.55%、酚氨比15.05。

图 5-3-6　MH2014-149 雷达山野生大茶树
|蒋会兵，2014

（6）MH2014-150雷达山野生大茶树（大理茶 *Camellia taliensis*）

位于勐海县格朗和乡帕真村雷达山，海拔2104m；生育地土壤为红壤；野生型；乔木，树姿直立，树高14.80m，树幅3.50m×3.20m，基部干径0.76m，最低分枝高0.40m，分枝稀。嫩枝无毛。芽叶绿色、无毛。大叶，叶长10.8~14.5cm，叶宽4.3~6.2cm，叶面积33.7~62.9cm^2，叶长椭圆形，叶色深绿，叶身平，叶面平，叶尖渐尖，叶脉8~13对，叶齿少齿形，叶缘平，叶背无毛，叶基楔形，叶质硬。萼片无毛、绿、5枚。花冠直径6.8~7.9cm，花瓣9~12枚、白、质地厚，花瓣长宽均值2.3~3.7cm，子房有毛，花柱先端5裂、裂位浅，花柱长1.5cm，雌蕊等高于雄蕊。果四方形、梅花形，果径2.7cm，鲜果皮厚3.8~4.5mm，种球形，种径1.5~2.0cm，种皮棕色。

图 5-3-7　MH2014-150 雷达山野生大茶树
|蒋会兵，2014

图 5-3-8　MH2014-151 雷达山野生大茶树
|蒋会兵，2014

图 5-3-9　MH2014-152 雷达山野生大茶树
|蒋会兵，2014

（7）MH2014-151雷达山野生大茶树（大理茶 *Camellia taliensis*）

位于勐海县格朗和乡帕真村雷达山，海拔2104m；生育地土壤为红壤；野生型；乔木，树姿直立，树高23.00m，树幅4.3m×3.4m，基部干径0.91m，最低分枝高0.60m，分枝稀。嫩枝无毛。芽叶绿色、无毛。大叶，叶长10.8～14.5cm，叶宽4.3～6.2cm，叶面积33.7～62.9cm^2，叶长椭圆形，叶色深绿，叶身平，叶面平，叶尖渐尖，叶脉8～13对，叶齿少齿形，叶缘平，叶背无毛，叶基楔形，叶质硬。萼片无毛、绿、5枚。花冠直径6.8～7.9cm，花瓣9～12枚、白、质地厚，花瓣长宽均值2.3～3.7cm，子房有毛，花柱先端5裂、裂位浅，花柱长1.5cm，雌蕊等高于雄蕊。果四方形、梅花形，果径2.7cm，鲜果皮厚3.8～4.5mm，种球形，种径1.5～2.0cm，种皮棕色。

（8）MH2014-152雷达山野生大茶树（大理茶 *Camellia taliensis*）

位于勐海县格朗和乡帕真村雷达山，海拔2104m；生育地土壤为红壤；野生型；乔木，树姿直立，树高23.00m，树幅4.0m×3.5m，基部干径0.38m，最低分枝高0.50m，分枝稀。嫩枝无毛。芽叶绿色、无毛。大叶，叶长11.2～14.5cm，叶宽4.3～6.2cm，叶面积33.7～62.9cm^2，叶长椭圆形，叶色深绿，叶身平，叶面平，叶尖渐尖，叶脉8～13对，叶齿少齿形，叶缘平，叶背无毛，叶基楔形，叶质硬。萼片无毛、绿、5枚。花冠直径6.8～7.9cm，花瓣9～12枚、白、质地厚，花瓣长宽均值2.3～3.7cm，子房有毛，花柱先端5裂、裂位浅，花柱长1.5cm，雌蕊等高于雄蕊。果四方形、梅花形，果径2.7cm，鲜果皮厚3.8～4.5mm，种球形，种径1.5～2.0cm，种皮棕色。

（9）MH2014-153雷达山野生大茶树（大理茶*Camellia taliensis*）

位于勐海县格朗和乡帕真村雷达山，海拔2116m；生育地土壤为红壤；野生型；乔木，树姿直立，树高14.8m，树幅3.50m×3.20m，基部干径0.76m，最低分枝高0.40m，分枝稀。嫩枝无毛。芽叶绿色、无毛。大叶，叶长11.2～14.5cm，叶宽4.3～6.2cm，叶面积33.7～62.9cm²，叶长椭圆形，叶色深绿，叶身平，叶面平，叶尖渐尖，叶脉8～13对，叶齿少齿形，叶缘平，叶背无毛，叶基楔形，叶质硬。萼片无毛、绿、5枚。花冠直径6.8～7.9cm，花瓣9～12枚、白、质地厚，花瓣长宽均值2.3～3.7cm，子房有毛，花柱先端5裂、裂位浅，花柱长1.5cm，雌蕊高于雄蕊。果四方形、梅花形，果径2.7cm，鲜果皮厚3.8～4.5mm，种球形，种径1.5～2.0cm，种皮棕色。

图 5-3-10　MH2014-153 雷达山野生大茶树
蒋会兵，2014

（10）MH2014-154雷达山野生大茶树（大理茶*Camellia taliensis*）

位于勐海县格朗和乡帕真村雷达山，海拔2095m；生育地土壤为红壤；野生型；乔木，树姿直立，树高13.00m，树幅6.2m×4.3m，基部干径0.88m，最低分枝高0.37m，分枝稀。嫩枝无毛。芽叶绿色、无毛。大叶，叶长11.7～15.4cm，叶宽4.5～7.1cm，叶面积36.9～71.1cm²，叶长椭圆形，叶色深绿，叶身平，叶面平，叶尖急尖，叶脉8～13对，叶齿少齿形，叶缘平，叶背无毛，叶基楔形，叶质硬。萼片无毛、绿、5枚。花冠直径7.0～8.4cm，花瓣9～12枚、白、质地厚，花瓣长宽均值2.6～3.7cm，子房有毛，花柱先端5裂、裂位浅，花柱长1.5cm，雌蕊等高于雄蕊。果四方形、梅花形，果径3.4cm，鲜果皮厚4.0～5.0mm，种球形，种径1.5～1.8cm，种皮棕色。

第六章

勐海县栽培型古茶树

栽培型茶树亦称进化型茶树，主要特征特性为：灌木、小乔木树型，树姿开张或半开张，嫩枝有毛或无毛；越冬芽鳞片2～3枚；叶革质或膜质，叶长6～15cm、无毛或稀毛，侧脉6～10对，脉络不明显，叶面平或隆起，叶色多为绿或深绿，少数黄绿色，叶片光泽有或无，叶缘有细锐齿；花1～2朵腋生或顶生，花梗长3～8cm，萼片5～8片、无毛或有毛，花冠直径2～4cm，花瓣5～8枚、白或带绿晕，偶有红晕或黄晕、质薄、无毛，雄蕊100～300枚，子房有毛或无毛，柱头以3裂居多，亦有2或4裂，心皮3～4室全育；果多呈球形、肾形、三角形，果径2～4cm，果皮厚0.1～0.2cm、较韧，果轴较短细，种隔不明显；种子较小，种径在0.8～1.6cm，呈球形或半球形，种脊无棱，种皮较光滑、棕褐或棕色、无毛，种脐小；芽叶中氨基酸、茶多酚、儿茶素、咖啡碱等俱全，茶多酚含量多在15%～25%，氨基酸在2%～6%，茶氨酸和酯型儿茶素含量较高，苯丙氨酸偏低；萜烯指数多在0.7以下；制茶品质多数优良；花粉粒较小，为近球形或球形，极面观3裂，赤极比小于0.8，外壁纹饰为粗（拟）网状，萌发孔为沟状，花粉Ca含量一般小于5%；叶片栅栏细胞多为2～3层，无硬化（石）细胞，偶见短柱形或骨形等；染色体，核型多为对称性较低的2B型（进化类型）。栽培型茶树是在长期的自然选择和人工栽培条件下形成的，变异十分复杂，它们的形态特征、品质、适应性和抗性差别都很大。就主体特征看，在植物学分类上多属于茶（*Camellia sinensis*）、普洱茶（*Camellia assamica* var. *assamica*）和白毛茶（*Camellia sinensis* var. *pubilimba*），代表的栽培品种有鸠坑种、勐库大叶茶和乐昌白毛茶等。

勐海县栽培型古茶树主要为茶（*Camellia sinensis*）、普洱茶（*Camellia assamica*）和苦茶（*Camellia assamica* var. *kucha*），尤以普洱茶（*Camellia assamica*）为多数。

第一节　勐海镇

一、曼稿村

长田坝村民小组

（1）MH2014-057长田坝大茶树（普洱茶*Camellia assamica*）

位于勐海县勐海镇曼稿村长田坝村民小组，海拔1249m；生育地土壤为砖红壤；栽培型；小乔木，树姿开张，树高5.50m，树幅4.70m×4.10m，基部干径0.23m，最低分枝高0.45m，分枝中。嫩枝有毛。芽叶黄绿色、多毛。大叶，叶长12.0~16.4cm，叶宽5.0~6.2cm，叶面积42.0~71.2cm^2，叶长椭圆形，叶色绿，叶身内折，叶面微隆起，叶尖急尖，叶脉9~11对，叶齿重锯齿形，叶缘波，叶背多毛，叶基近圆形，叶质中。萼片无毛、绿色、5枚。花冠直径3.5~4.4cm，花瓣6枚、白色、质地薄，花瓣长宽均值1.9~2.3cm，子房有毛，花柱先端3裂、裂位中，花柱长0.9~1.8cm，雌蕊低于雄蕊。果球形，果径2.4~2.5cm，鲜果皮厚1.0~1.1mm，种球形，种径1.8cm，种皮褐色。

图 6-1-1　MH2014-057 长田坝大茶树
蒋会兵，2014

图 6-1-2　MH2014-058 长田坝大茶树

|蒋会兵，2014

图 6-1-3　MH2014-059 长田坝大茶树

|蒋会兵，2014

（2）MH2014-058长田坝大茶树（普洱茶 *Camellia assamica*）

位于勐海县勐海镇曼稿村长田坝村民小组，海拔1241m；生育地土壤为砖红壤；栽培型；小乔木，树姿开张，树高5.02m，树幅4.30m×4.05m，基部干径0.16m，最低分枝高0.98m，分枝中。嫩枝有毛。芽叶绿色、中毛。中叶，叶长10.6～12.6cm，叶宽3.7～5.0cm，叶面积28.5～43.4cm^2，叶长椭圆形，叶色绿，叶身内折，叶面隆起，叶尖渐尖，叶脉9～12对，叶齿重锯齿形，叶缘波，叶背少毛，叶基近圆形，叶质硬。萼片无毛、绿色、5枚。花冠直径3.4～4.0cm，花瓣6枚、白色、质地薄，花瓣长宽均值1.6～1.8cm，子房有毛，花柱先端3裂、裂位浅，花柱长1.1～1.4cm，雌蕊高于雄蕊。水浸出物51.22%、茶多酚30.52%、氨基酸3.30%、咖啡碱3.42%、酚氨比9.25。

（3）MH2014-059长田坝大茶树（普洱茶 *Camellia assamica*）

位于勐海县勐海镇曼稿村长田坝村民小组，海拔1234m；生育地土壤为砖红壤；栽培型；小乔木，树姿半开张，树高4.60m，树幅4.05m×3.86m，基部干径0.19m，最低分枝高0.28m，分枝中。嫩枝有毛。芽叶黄绿色、中毛。中叶，叶长9.2～14.1cm，叶宽3.5～5.5cm，叶面积25.7～54.3cm^2，叶长椭圆形，叶色绿，叶身平，叶面隆起，叶尖渐尖，叶脉8～11对，叶齿中锯齿形，叶缘波状，叶背少毛，叶基楔形，叶质硬。萼片无毛、绿色、5枚。花冠直径3.3～3.8cm，花瓣5～6枚、白色、质地薄，花瓣长宽均值1.5～2.1cm，子房有毛，花柱先端3裂、裂位浅，花柱长1.0～1.3cm，雌蕊高于雄蕊。果三角形，果径2.0～2.6cm，鲜果皮厚1.0mm，种半球形，种径0.8cm，种皮褐色。

二、勐翁村

1. 曼派村民小组

（1）MH2014-060曼派大茶树（普洱茶*Camellia assamica*）

位于勐海县勐海镇勐翁村曼派村民小组，海拔1214m；生育地土壤为砖红壤；栽培型；小乔木，树姿半开张，树高5.20m，树幅5.05m×4.90m，基部干径0.27m，最低分枝高0.35m，分枝中。嫩枝有毛。芽叶黄绿色、多毛。特大叶，叶长14.5～18.7cm，叶宽5.0～6.5cm，叶面积50.8～85.1cm^2，叶长椭圆形，叶色绿，叶身内折，叶面平，叶尖渐尖，叶脉11～13对，叶齿重锯齿形，叶缘平，叶背多毛，叶基楔形，叶质中。水浸出物51.46%、茶多酚37.61%、氨基酸2.74%、咖啡碱3.69%、酚氨比13.73。

图 6-1-4　MH2014-061 曼派大茶树
蒋会兵，2014

（2）MH2014-061曼派大茶树（普洱茶*Camellia assamica*）

位于勐海县勐海镇勐翁村曼派村民小组，海拔1214m；生育地土壤为砖红壤；栽培型；小乔木，树姿半开张，树高4.70m，树幅4.60m×4.30m，基部干径0.19m，最低分枝高0.60m，分枝中。嫩枝有毛。芽叶黄绿色、多毛。中叶，叶长12.1～14.0cm，叶宽3.9～4.8cm，叶面积33.0～43.1cm^2，叶长椭圆形，叶色绿，叶身内折，叶面微隆起，叶尖渐尖，叶脉9～11对，叶齿锯齿形，叶缘微波，叶背多毛，叶基楔形，叶质中。萼片有毛、绿色、5枚。花冠直径3.9～4.3cm，花瓣6～7枚、白色、质地中，花瓣长宽均值2.0～2.3cm，子房有毛，花柱先端3裂、裂位中，花柱长1.3～1.5cm，雌蕊低于雄蕊。果三角形，果径2.7～3.1cm，鲜果皮厚2.0～3.0mm，种球形，种径1.5～1.9cm，种皮棕褐色。

图 6-1-5　MH2014-060 曼派大茶树
蒋会兵，2014

图 6-1-6　曼稿国家自然保护区高杆大茶树
|李友勇，2019

2. 曼滚下寨村民小组

曼稿国家自然保护区高杆大茶树（普洱茶 *Camellia assamica*）

位于勐海县勐海镇勐翁村曼滚下寨村民小组，海拔1204m；生育地土壤为砖红壤；栽培型；乔木，树姿半开张，树高24.4m，树幅10.0m×9.6m，基部干径0.40cm，最低分枝高6.48m，分枝稀。嫩枝有毛。芽叶绿色、多毛。特大叶，叶长25.7~29.6cm，叶宽7.9~9.3cm，叶面积142.1~181.6cm^2，叶披针形，叶色绿，叶身内折，叶缘波状，叶尖渐尖，11~13对，叶齿重锯齿形，叶缘波，叶背多毛，叶基楔形，叶质中。

三、曼真村

曼打贺村民小组

MH2014-062曼打贺大茶树（普洱茶 *Camellia assamica*）

位于勐海县勐海镇曼真村曼打贺村民小组，海拔1173m；生育地土壤为砖红壤；栽培型；小乔木，树姿直立，树高10.90m，树幅6.30m×7.20m，基部干径0.50m，最低分枝高0.45m，分枝中。嫩枝有毛。芽叶黄绿色、中毛。特大叶，叶长18.1~22.5cm，叶宽7.3~9.9cm，叶面积92.5~154.4cm^2，叶椭圆形，叶色绿，叶身平，叶面微隆起，叶尖渐尖，叶脉9~11对，叶齿锯齿形，叶缘微波，叶背少毛，叶基近圆形，叶质中。果三角形，果径2.0~2.2cm，鲜果皮厚1.0mm，种半球形，种径1.4~1.8cm，种皮褐色。水浸出物52.79%、茶多酚36.34%、氨基酸3.48%、咖啡碱3.27%、酚氨比10.44。

图 6-1-7　MH2014-062 曼打贺大茶树
|蒋会兵，2014

第二节　勐混镇

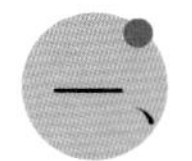

一、贺开村

1. 曼弄老寨村民小组

（1）H2014-156曼弄老寨大茶树（普洱茶 *Camellia assamica*）

位于勐海县勐混镇贺开村曼弄老寨村民小组，海拔1759m；生育地土壤为砖红壤；栽培型；小乔木，树姿开张，树高4.90m，树幅7.45m×7.70m，基部干径0.77m，最低分枝高0.62m，分枝密。嫩枝有毛。芽叶紫绿色、多毛。大叶，叶长10.9～14.2cm，叶宽4.4～5.6cm，叶面积37.8～52.1cm^2，叶椭圆形，叶色浅绿，叶身背卷，叶面隆起，叶尖渐尖，叶脉8～12对，叶齿锯齿形，叶缘波状，叶背多毛，叶基楔形，叶质中。萼片无毛、绿色、5枚。花冠直径3.1～4.4cm，花瓣6～7枚、微绿色、质地中，花瓣长宽均值1.2～1.6cm，子房有毛，花柱先端3裂、裂位浅，花柱长0.8～1.0cm，雌蕊等高于雄蕊。果球形，果径2.4～3.0cm，鲜果皮厚0.9～2.0mm，种半球形，种径1.2～1.7cm，种皮褐色。水浸出物55.45%、茶多酚36.64%、氨基酸2.65%、咖啡碱3.51%、酚氨比13.81。

图 6-2-1　MH2014-156 曼弄老寨大茶树
|蒋会兵，2014

图 6-2-2　MH2014-157 曼弄老寨大茶树
|蒋会兵，2014

图 6-2-3　MH2014-158 曼弄老寨大茶树
|蒋会兵，2014

（2）MH2014-157曼弄老寨大茶树（普洱茶*Camellia assamica*）

位于勐海县勐混镇贺开村曼弄老寨村民小组，海拔1759m；生育地土壤为砖红壤；栽培型；小乔木，树姿开张，树高6.60m，树幅6.90m×6.40m，基部干径0.47m，最低分枝高0.60m，分枝密。嫩枝有毛。芽叶紫绿色、多毛。大叶，叶长10.9~14.2cm，叶宽4.4~5.6cm，叶面积37.8~52.1cm^2，叶椭圆形，叶色浅绿，叶身背卷，叶面隆起，叶尖渐尖，叶脉8~12对，叶齿锯齿形，叶缘波状，叶背多毛，叶基楔形，叶质中。萼片无毛、绿色、5枚。花冠直径3.1~4.4cm，花瓣6~7枚、微绿色、质地中，花瓣长宽均值1.2~1.6cm，子房有毛，花柱先端3裂、裂位浅，花柱长0.8~1.0cm，雌蕊等高于雄蕊。果球形，果径2.4~3.0cm，鲜果皮厚0.9~2.0mm，种半球形，种径1.2~1.7cm，种皮褐色。水浸出物54.99%、茶多酚36.68%、氨基酸2.62%、咖啡碱3.80%、酚氨比13.99。

（3）MH2014-158曼弄老寨大茶树（普洱茶*Camellia assamica*）

位于勐海县勐混镇贺开村曼弄老寨村民小组，海拔1783m；生育地土壤为砖红壤；栽培型；小乔木，树姿开张，树高6.10m，树幅7.65m×6.39m，基部干径0.38m，最低分枝高0.58m，分枝中。嫩枝有毛。芽叶紫绿色、多毛。大叶，叶长10.9~14.2cm，叶宽4.4~6.0cm，叶面积40.4~52.5cm^2，叶椭圆形，叶色浅绿，叶身内折，叶面平，叶尖渐尖，叶脉8~12对，叶齿锯齿形，叶缘微波，叶背多毛，叶基楔形，叶质中。萼片无毛、绿色、5枚。花冠直径3.1~4.4cm，花瓣6枚、微绿色、质地中，花瓣长宽均值1.2~1.6cm，子房有毛，花柱先端3裂、裂位浅，花柱长0.8~1.0cm，雌蕊等高于雄蕊。果球形，果径2.3~3.0cm，鲜果皮厚0.9~2.0mm，种半球形，种径1.2~1.7cm，种皮褐色。水浸出物57.92%、茶多酚45.13%、氨基酸3.34%、咖啡碱3.97%、酚氨比13.49。

（4）MH2014-159曼弄老寨大茶树（普洱茶*Camellia assamica*）

位于勐海县勐混镇贺开村曼弄老寨村民小组，海拔1783m；生育地土壤为砖红壤；栽培型；小乔木，树姿开张，树高5.10m，树幅4.76m×5.25m，基部干径0.37m，最低分枝高1.19m，分枝密。嫩枝有毛。芽叶黄绿色、多毛。大叶，叶长10.9～14.2cm，叶宽4.7～6.0cm，叶面积40.4～53.3cm²，叶椭圆形，叶色绿，叶身平，叶面微隆起，叶尖渐尖，叶脉8～12对，叶齿锯齿形，叶缘微波，叶背多毛，叶基楔形，叶质柔软。萼片无毛、绿色、5枚。花冠直径3.1～4.4cm，花瓣6～7枚、白色、质地薄，花瓣长宽均值1.2～1.6cm，子房有毛，花柱先端3裂、裂位浅，花柱长0.8～1.0cm，雌蕊低于雄蕊。果球形，果径2.3～3.0cm，鲜果皮厚0.9～2.0mm，种半球形，种径1.3～1.7cm，种皮褐色。水浸出物55.38%、茶多酚32.90%、氨基酸4.48%、咖啡碱4.03%、酚氨比7.34。

图6-2-4　MH2014-159曼弄老寨大茶树
|蒋会兵，2014

（5）MH2014-160曼弄老寨大茶树（普洱茶*Camellia assamica*）

位于勐海县勐混镇贺开村曼弄老寨村民小组，海拔1780m；生育地土壤为砖红壤；栽培型；小乔木，树姿开张，树高5.60m，树幅5.10m×5.05m，基部干径0.40m，最低分枝高0.60m，分枝密。嫩枝有毛。芽叶绿色、多毛。大叶，叶长10.9～14.2cm，叶宽4.7～6.0cm，叶面积40.4～53.3cm²，叶长椭圆形，叶色绿，叶身平，叶面隆起，叶尖渐尖，叶脉8～12对，叶齿锯齿形，叶缘微波，叶背多毛，叶基楔形，叶质柔软。萼片无毛、绿色、5枚。花冠直径3.1～4.4cm，花瓣6～7枚、白色、质地薄，花瓣长宽均值1.2～1.6cm，子房有毛，花柱先端3裂、裂位浅，花柱长0.8～1.0cm，雌蕊低于雄蕊。果球形，果径2.3～3.0cm，鲜果皮厚0.9～2.0mm，种半球形，种径1.3～1.7cm，种皮褐色。水浸出物50.93%、茶多酚27.95%、氨基酸3.10%、咖啡碱3.40%、酚氨比9.01。

图6-2-5　MH2014-160曼弄老寨大茶树
|蒋会兵，2014

图 6-2-6　MH2014-161 曼弄老寨大茶树
|蒋会兵，2014

（6）MH2014-161曼弄老寨大茶树（普洱茶*Camellia assamica*）

位于勐海县勐混镇贺开村曼弄老寨村民小组，海拔1780m；生育地土壤为砖红壤；栽培型；小乔木，树姿开张，树高5.80m，树幅7.50m×6.90m，基部干径0.41m，最低分枝高1.10m，分枝密。嫩枝有毛。芽叶绿色、多毛。大叶，叶长10.7～14.2cm，叶宽4.7～6.0cm，叶面积40.1～54.5cm^2，叶长椭圆形，叶色绿，叶身平，叶面隆起，叶尖渐尖，叶脉8～12对，叶齿锯齿形，叶缘微波，叶背多毛，叶基楔形，叶质中。萼片无毛、绿色、5枚。花冠直径3.1～4.4cm，花瓣6枚、白色、质地薄，花瓣长宽均值1.2～1.6cm，子房有毛，花柱先端3裂、裂位浅，花柱长0.8～1.0cm，雌蕊低于雄蕊。果球形，果径2.2～3.0cm，鲜果皮厚0.9～2.0mm，种半球形，种径1.3～1.7cm，种皮褐色。水浸出物50.99%、茶多酚27.26%、氨基酸3.14%、咖啡碱3.53%、酚氨比8.69。

图 6-2-7　MH2014-162 曼弄老寨大茶树
|蒋会兵，2014

（7）MH2014-162曼弄老寨大茶树（普洱茶*Camellia assamica*）

位于勐海县勐混镇贺开村曼弄老寨村民小组，海拔1768m；生育地土壤为砖红壤；栽培型；小乔木，树姿开张，树高5.60m，树幅5.90m×6.20m，基部干径0.42m，最低分枝高0.70m，分枝密。嫩枝有毛。芽叶绿色、多毛。大叶，叶长10.9～14.2cm，叶宽4.5～6.4cm，叶面积40.1～54.2cm^2，叶长椭圆形，叶色绿，叶身平，叶面微隆起，叶尖渐尖，叶脉8～12对，叶齿锯齿形，叶缘微波，叶背多毛，叶基楔形，叶质中。萼片无毛、绿色、5枚。花冠直径3.1～4.4cm，花瓣6枚、白色、质地薄，花瓣长宽均值1.2～1.6cm，子房有毛，花柱先端3裂、裂位浅，花柱长0.8～1.0cm，雌蕊低于雄蕊。果球形，果径2.2～3.0cm，鲜果皮厚0.9～2.0mm，种半球形，种径1.3～1.6cm，种皮褐色。水浸出物51.74%、茶多酚26.21%、氨基酸5.03%、咖啡碱4.34%、酚氨比5.21。

(8) MH2014-163曼弄老寨大茶树（普洱茶*Camellia assamica*）

位于勐海县勐混镇贺开村曼弄老寨村民小组，海拔1768m；生育地土壤为砖红壤；栽培型；小乔木，树姿开张，树高6.90m，树幅6.80m×7.10m，基部干径0.69m，最低分枝高0.45m，分枝密。嫩枝有毛。芽叶绿色、多毛。大叶，叶长10.9～14.2cm，叶宽4.5～6.4cm，叶面积40.1～54.2cm^2，叶长椭圆形，叶色绿，叶身内折，叶面微隆起，叶尖渐尖，叶脉8～12对，叶齿锯齿形，叶缘微波，叶背多毛，叶基楔形，叶质中。萼片无毛、绿色、5枚。花冠直径3.1～4.4cm，花瓣6枚、白色、质地薄，花瓣长宽均值1.2～1.6cm，子房有毛，花柱先端3裂、裂位浅，花柱长0.8～1.0cm，雌蕊低于雄蕊。果球形，果径2.2～3.0cm，鲜果皮厚0.9～2.0mm，种半球形，种径1.3～1.6cm，种皮褐色。水浸出物54.72%、茶多酚38.54%、氨基酸3.02%、咖啡碱4.52%、酚氨比12.75。

图 6-2-8　MH2014-163 曼弄老寨大茶树
蒋会兵，2014

(9) MH2014-164曼弄老寨大茶树（普洱茶*Camellia assamica*）

位于勐海县勐混镇贺开村曼弄老寨村民小组，海拔1711m；生育地土壤为砖红壤；栽培型；小乔木，树姿开张，树高5.60m，树幅6.80m×7.10m，基部干径0.33m，最低分枝高0.58m，分枝密。嫩枝有毛。芽叶绿色、多毛。大叶，叶长10.9～14.4cm，叶宽4.5～6.4cm，叶面积40.1～54.2cm^2，叶椭圆形，叶色绿，叶身内折，叶面隆起，叶尖渐尖，叶脉8～12对，叶齿锯齿形，叶缘微波，叶背多毛，叶基楔形，叶质中。萼片无毛、绿色、5枚。花冠直径3.3～4.4cm，花瓣6枚、白色、质地薄，花瓣长宽均值1.2～1.6cm，子房有毛，花柱先端3裂、裂位浅，花柱长0.8～1.1cm，雌蕊等高于雄蕊。果球形，果径2.3～2.9cm，鲜果皮厚0.9～2.0mm，种半球形，种径1.2～1.7cm，种皮褐色。水浸出物55.00%、茶多酚37.76%、氨基酸2.71%、咖啡碱3.16%、酚氨比13.94。

图 6-2-9　MH2014-164 曼弄老寨大茶树
蒋会兵，2014

图 6-2-10　MH2014-165 曼弄老寨大茶树
|蒋会兵，2014

（10）MH2014-165曼弄老寨大茶树（普洱茶 *Camellia assamica*）

位于勐海县勐混镇贺开村曼弄老寨村民小组，海拔1723m；生育地土壤为砖红壤；栽培型；小乔木，树姿开张，树高6.80m，树幅5.60m×5.30m，基部干径0.31m，最低分枝高1.70m，分枝密。嫩枝有毛。芽叶绿色、多毛。大叶，叶长10.9～14.2cm，叶宽4.5～6.4cm，叶面积39.1～63.2cm^2，叶椭圆形，叶色浅绿，叶身内折，叶面微隆起，叶尖渐尖，叶脉8～12对，叶齿锯齿形，叶缘平，叶背多毛，叶基楔形，叶质中。萼片无毛、绿色、5枚。花冠直径3.5～4.4cm，花瓣6枚、白色、质地薄，花瓣长宽均值1.2～1.6cm，子房有毛，花柱先端3裂、裂位浅，花柱长0.8～1.0cm，雌蕊低于雄蕊。果球形，果径2.3～2.7cm，鲜果皮厚1.0～2.5mm，种半球形，种径1.4～1.6cm，种皮褐色。

图 6-2-11　MH2014-166 曼弄老寨大茶树
|蒋会兵，2014

（11）MH2014-166曼弄老寨大茶树（普洱茶 *Camellia assamica*）

位于勐海县勐混镇贺开村曼弄老寨村民小组，海拔1723m；生育地土壤为砖红壤；栽培型；小乔木，树姿开张，树高5.10m，树幅5.60m×5.20m，基部干径0.43m，最低分枝高0.15m，分枝密。嫩枝有毛。芽叶绿色、多毛。大叶，叶长10.9～14.2cm，叶宽4.5～6.4cm，叶面积39.1～63.2cm^2，叶椭圆形，叶色绿，叶身平，叶面隆起，叶尖渐尖，叶脉8～12对，叶齿锯齿形，叶缘微波，叶背多毛，叶基楔形，叶质中。萼片无毛、绿色、5枚。花冠直径3.5～4.4cm，花瓣6枚、白色、质地薄，花瓣长宽均值1.2～1.6cm，子房有毛，花柱先端3裂、裂位浅，花柱长0.8～1.0cm，雌蕊低于雄蕊。果球形，果径2.3～2.7cm，鲜果皮厚1.0～2.5mm，种半球形，种径1.4～1.6cm，种皮褐色。

（12）MH2014-167曼弄老寨大茶树（普洱茶*Camellia assamica*）

位于勐海县勐混镇贺开村曼弄老寨村民小组，海拔1759m；生育地土壤为砖红壤；栽培型；小乔木，树姿直立，树高5.10m，树幅5.60m×5.20m，基部干径0.37m，最低分枝高1.40m，分枝密。嫩枝有毛。芽叶绿色、多毛。大叶，叶长10.9～14.2cm，叶宽4.5～6.4cm，叶面积39.1～63.2cm^2，叶椭圆形，叶色绿，叶身背卷，叶面隆起，叶尖渐尖，叶脉8～12对，叶齿少齿形，叶缘微波，叶背多毛，叶基楔形，叶质中。萼片无毛、绿色、5枚。花冠直径3.5～3.8cm，花瓣6枚、白色、质地中，花瓣长宽均值1.2～1.6cm，子房有毛，花柱先端3裂、裂位浅，花柱长0.8～1.2cm，雌蕊低于雄蕊。果球形，果径2.3～2.7cm，鲜果皮厚1.0～2.5mm，种半球形，种径1.4～1.6cm，种皮褐色。

图 6-2-12　MH2014-167 曼弄老寨大茶树
|蒋会兵，2014

2. 曼弄新寨村民小组

（1）MH2014-168曼弄新寨大茶树（普洱茶*Camellia assamica*）

位于勐海县勐混镇贺开村曼弄新寨村民小组，海拔1763m；生育地土壤为砖红壤；栽培型；小乔木，树姿开张，树高3.50m，树幅3.50m×4.60m，基部干径0.37m，最低分枝高0.58m，分枝中。嫩枝有毛。芽叶紫绿色、多毛。大叶，叶长10.8～14.2cm，叶宽4.9～6.4cm，叶面积39.1～63.2cm^2，叶长椭圆形，叶色绿，叶身内折，叶面平，叶尖渐尖，叶脉8～12对，叶齿少齿形，叶缘微波，叶背多毛，叶基楔形，叶质中。萼片无毛、绿色、5枚。花冠直径3.5～4.3cm，花瓣6枚、白色、质地中，花瓣长宽均值1.2～1.6cm，子房有毛，花柱先端3裂、裂位浅，花柱长0.8～1.2cm，雌蕊低于雄蕊。果球形，果径2.2～2.7cm，鲜果皮厚1.0～2.5mm，种半球形，种径1.4～1.6cm，种皮棕褐色。水浸出物53.41%、茶多酚34.20%、氨基酸4.86%、咖啡碱3.40%、酚氨比7.04。

图 6-2-13　MH2014-168 曼弄新寨大茶树
|蒋会兵，2014

图 6-2-14　MH2014-169 曼弄新寨大茶树
|蒋会兵，2014

（2）MH2014-169曼弄新寨大茶树（普洱茶*Camellia assamica*）

位于勐海县勐混镇贺开村曼弄新寨村民小组，海拔1763m；生育地土壤为砖红壤；栽培型；小乔木，树姿开张，树高3.00m，树幅2.80m×3.00m，基部干径0.30m，最低分枝高0.80m，分枝中。嫩枝有毛。芽叶紫绿色、多毛。大叶，叶长10.8～14.2cm，叶宽4.9～6.4cm，叶面积39.1～63.2cm^2，叶长椭圆形，叶色绿，叶身内折，叶面平，叶尖渐尖，叶脉8～12对，叶齿少齿形，叶缘微波，叶背多毛，叶基楔形，叶质中。萼片无毛、绿色、5枚。花冠直径3.5～4.3cm，花瓣6枚、白色、质地中，花瓣长宽均值1.2～1.6cm，子房有毛，花柱先端3裂、裂位浅，花柱长0.8～1.2cm，雌蕊低于雄蕊。果球形，果径2.2～2.7cm，鲜果皮厚1.0～2.5mm，种半球形，种径1.4～1.6cm，种皮褐色。水浸出物56.05%、茶多酚38.28%、氨基酸3.31%、咖啡碱4.00%、酚氨比11.57。

图 6-2-15　MH2014-170 曼弄新寨大茶树
|蒋会兵，2014

（3）MH2014-170曼弄新寨大茶树（普洱茶*Camellia assamica*）

位于勐海县勐混镇贺开村曼弄新寨村民小组，海拔1763m；生育地土壤为砖红壤；栽培型；小乔木，树姿开张，树高5.90m，树幅4.30m×3.80m，基部干径0.30m，最低分枝高0.60m，分枝中。嫩枝有毛。芽叶紫绿色、多毛。大叶，叶长10.8～14.2cm，叶宽4.9～6.4cm，叶面积39.1～63.2cm^2，叶长椭圆形，叶色绿，叶身内折，叶面平，叶尖渐尖，叶脉8～12对，叶齿少齿形，叶缘微波，叶背多毛，叶基楔形，叶质中。萼片无毛、绿色、5枚。花冠直径3.5～4.3cm，花瓣6枚、白色、质地中，花瓣长宽均值1.2～1.6cm，子房有毛，花柱先端3裂、裂位浅，花柱长0.8～1.2cm，雌蕊低于雄蕊。果球形，果径2.2～2.7cm，鲜果皮厚1.0～2.5mm，种半球形，种径1.4～1.6cm，种皮褐色。水浸出物55.34%、茶多酚37.93%、氨基酸2.70%、咖啡碱4.26%、酚氨比14.04。

（4）MH2014-171曼弄新寨大茶树（普洱茶*Camellia assamica*）

位于勐海县勐混镇贺开村曼弄新寨村民小组，海拔1756m；生育地土壤为砖红壤；栽培型；小乔木，树姿开张，树高4.60m，树幅5.00m×4.80m，基部干径0.48m，最低分枝高0.40m，分枝中。嫩枝有毛。芽叶紫绿色、多毛。大叶，叶长10.8～14.6cm，叶宽4.6～6.4cm，叶面积37.8～63.2cm^2，叶长椭圆形，叶色绿，叶身内折，叶面平，叶尖渐尖，叶脉8～12对，叶齿少齿形，叶缘微波，叶背多毛，叶基楔形，叶质中。萼片无毛、绿色、5枚。花冠直径3.5～4.3cm，花瓣6枚、白色、质地中，花瓣长宽均值1.2～1.6cm，子房有毛，花柱先端3裂、裂位浅，花柱长0.9～1.2cm，雌蕊低于雄蕊。果球形，果径2.2～2.7cm，鲜果皮厚1.0～2.5mm，种半球形，种径1.4～1.6cm，种皮褐色。水浸出物53.05%、茶多酚33.39%、氨基酸2.83%、咖啡碱4.80%、酚氨比11.81。

图 6-2-16　MH2014-171 曼弄新寨大茶树
|蒋会兵，2014

（5）MH2014-172曼弄新寨大茶树（普洱茶*Camellia assamica*）

位于勐海县勐混镇贺开村曼弄新寨村民小组，海拔1756m；生育地土壤为砖红壤；栽培型；小乔木，树姿开张，树高4.60m，树幅5.00m×4.80m，基部干径0.45m，最低分枝高0.40m，分枝中。嫩枝有毛。芽叶黄绿色、多毛。大叶，叶长9.8～14.6cm，叶宽4.4～6.4cm，叶面积37.0～63.2cm^2，叶椭圆形，叶色绿，叶身内折，叶面平，叶尖渐尖，叶脉8～12对，叶齿少齿形，叶缘微波，叶背多毛，叶基楔形，叶质中。萼片无毛、绿色、5枚。花冠直径3.5～4.3cm，花瓣6枚、白色、质地中，花瓣长宽均值1.2～1.6cm，子房有毛，花柱先端3裂、裂位浅，花柱长0.9～1.2cm，雌蕊低于雄蕊。果球形，果径2.2～2.7cm，鲜果皮厚1.0～2.5mm，种半球形，种径1.4～1.6cm，种皮褐色。水浸出物56.93%、茶多酚37.48%、氨基酸4.99%、咖啡碱3.93%、酚氨比7.51。

图 6-2-17　MH2014-172 曼弄新寨大茶树
|蒋会兵，2014

图 6-2-18　MH2014-173 曼弄新寨大茶树
| 蒋会兵，2014

（6）MH2014-173曼弄新寨大茶树（普洱茶*Camellia assamica*）

位于勐海县勐混镇贺开村曼弄新寨村民小组，海拔 1756m；生育地土壤为砖红壤；栽培型；小乔木，树姿开张，树高 4.80m，树幅 4.20m×4.40m，基部干径 0.41m，最低分枝高 0.30m，分枝中。嫩枝有毛。芽叶黄绿色、多毛。大叶，叶长 9.8 ~ 14.6cm，叶宽 4.4 ~ 6.4cm，叶面积 37.0 ~ 63.2cm^2，叶长椭圆形，叶色绿，叶身内折，叶面隆起，叶尖渐尖，叶脉 8 ~ 12 对，叶齿少齿形，叶缘微波，叶背多毛，叶基楔形，叶质硬。萼片无毛、绿色、5 枚。花冠直径 3.5 ~ 4.3cm，花瓣 6 枚、白色、质地中，花瓣长宽均值 1.2 ~ 1.6cm，子房有毛，花柱先端 3 裂、裂位浅，花柱长 0.9 ~ 1.2cm，雌蕊低于雄蕊。果球形，果径 2.2 ~ 2.7cm，鲜果皮厚 1.0 ~ 2.5mm，种半球形，种径 1.4 ~ 1.6cm，种皮褐色。水浸出物 54.50%、茶多酚 35.34%、氨基酸 3.01%、咖啡碱 4.19%、酚氨比 11.75。

图 6-2-19　MH2014-174 曼弄新寨大茶树
| 蒋会兵，2014

（7）MH2014-174曼弄新寨大茶树（普洱茶*Camellia assamica*）

位于勐海县勐混镇贺开村曼弄新寨村民小组，海拔1756m；生育地土壤为砖红壤；栽培型；小乔木，树姿开张，树高5.10m，树幅4.30m×5.20m，基部干径0.43m，最低分枝高0.35m，分枝中。嫩枝有毛。芽叶黄绿色、特多毛。大叶，叶长9.8 ~ 14.8cm，叶宽4.4 ~ 6.4cm，叶面积36.0 ~ 66.3cm^2，叶长椭圆形，叶色绿，叶身平，叶面微隆起，叶尖渐尖，叶脉8 ~ 12对，叶齿少齿形，叶缘微波，叶背多毛，叶基楔形，叶质中。萼片无毛、绿色、5枚。花冠直径3.6 ~ 4.6cm，花瓣6枚、白色、质地薄，花瓣长宽均值1.2 ~ 1.6cm，子房有毛，花柱先端3裂、裂位浅，花柱长0.9 ~ 1.2cm，雌蕊低于雄蕊。果球形，果径2.2 ~ 2.7cm，鲜果皮厚1.0 ~ 2.5mm，种半球形，种径1.4 ~ 1.6cm，种皮褐色。

(8) MH2014-175曼弄新寨大茶树（普洱茶*Camellia assamica*）

位于勐海县勐混镇贺开村曼弄新寨村民小组，海拔1756m；生育地土壤为砖红壤；栽培型；小乔木，树姿开张，树高4.80m，树幅5.10m×4.30m，基部干径0.41m，最低分枝高0.30m，分枝中。嫩枝有毛。芽叶黄绿色、特多毛。大叶，叶长9.8~14.8cm，叶宽4.7~6.4cm，叶面积38.4~66.3cm^2，叶椭圆形，叶色绿，叶身内折，叶面隆起，叶尖渐尖，叶脉8~12对，叶齿少齿形，叶缘微波，叶背多毛，叶基楔形，叶质柔软。萼片无毛、绿色、5枚。花冠直径3.6~4.6cm，花瓣6枚、白色、质地薄，花瓣长宽均值1.2~1.7cm，子房有毛，花柱先端3裂、裂位浅，花柱长0.9~1.2cm，雌蕊低于雄蕊。果球形，果径2.2~2.7cm，鲜果皮厚1.0~2.5mm，种半球形，种径1.4~1.6cm，种皮褐色。

图 6-2-20　MH2014-175 曼弄新寨大茶树
|蒋会兵，2014

3. 曼迈村民小组

(1) MH2014-176曼迈大茶树（普洱茶*Camellia assamica*）

位于勐海县勐混镇贺开村曼迈村民小组，海拔1755m；生育地土壤为砖红壤；栽培型；小乔木，树姿半开张，树高4.30m，树幅4.60m×4.40m，基部干径0.42m，最低分枝高0.80m，分枝稀。嫩枝有毛。芽叶黄绿色、多毛。大叶，叶长10.3~14.0cm，叶宽4.4~6.4cm，叶面积31.7~57.3cm^2，叶椭圆形，叶色绿，叶身平，叶面微隆起，叶尖渐尖，叶脉8~12对，叶齿锯齿形，叶缘微波，叶背多毛，叶基楔形，叶质中。萼片无毛、绿色、5枚。花冠直径3.6~4.8cm，花瓣6枚、白色、质地薄，花瓣长宽均值1.2~1.7cm，子房有毛，花柱先端3裂、裂位浅，花柱长0.9~1.2cm，雌蕊低于雄蕊。果球形，果径2.2~2.7cm，鲜果皮厚1.0~2.5mm，种半球形，种径1.4~1.6cm，种皮褐色。

图 6-2-21　MH2014-176 曼迈大茶树
|蒋会兵，2014

图 6-2-22　MH2014-177 曼迈大茶树
|蒋会兵，2014

（2）MH2014-177曼迈大茶树（普洱茶*Camellia assamica*）

位于勐海县勐混镇贺开村曼迈村民小组，海拔1755m；生育地土壤为砖红壤；栽培型；小乔木，树姿开张，树高4.30m，树幅5.40m×5.30m，基部干径0.49m，最低分枝高0.20m，分枝稀。嫩枝有毛。芽叶黄绿色、多毛。大叶，叶长10.7～14.0cm，叶宽4.4～6.4cm，叶面积39.7～57.3cm^2，叶椭圆形，叶色绿，叶身平，叶面微隆起，叶尖渐尖，叶脉8～12对，叶齿锯齿形，叶缘微波，叶背多毛，叶基楔形，叶质中。萼片无毛、绿色、5枚。花冠直径3.8～4.5cm，花瓣6枚、白色、质地薄，花瓣长宽均值1.2～1.7cm，子房有毛，花柱先端3裂、裂位浅，花柱长0.9～1.2cm，雌蕊低于雄蕊。果球形，果径2.2～2.7cm，鲜果皮厚1.0～2.5mm，种半球形，种径1.4～1.6cm，种皮褐色。

图 6-2-23　MH2014-178 曼迈大茶树
|蒋会兵，2014

（3）MH2014-178曼迈大茶树（普洱茶*Camellia assamica*）

位于勐海县勐混镇贺开村曼迈村民小组，海拔1732m；生育地土壤为砖红壤；栽培型；小乔木，树姿开张，树高4.20m，树幅4.10m×5.40m，基部干径0.37m，最低分枝高0.50m，分枝稀。嫩枝有毛。芽叶黄绿色、多毛。中叶，叶长9.4～12.3cm，叶宽3.4～4.6cm，叶面积23.3～35.4cm^2，叶椭圆形，叶色绿，叶身内折，叶面平，叶尖渐尖，叶脉8～11对，叶齿锯齿形，叶缘平，叶背多毛，叶基楔形，叶质中。萼片无毛、绿色、5枚。花冠直径3.6～4.8cm，花瓣6枚、白色、质地薄，花瓣长宽均值1.2～1.7cm，子房有毛，花柱先端3裂、裂位浅，花柱长0.9～1.2cm，雌蕊低于雄蕊。果球形，果径2.2～2.7cm，鲜果皮厚1.0～2.5mm，种半球形，种径1.4～1.6cm，种皮褐色。

（4）MH2014-179曼迈大茶树（普洱茶*Camellia assamica*）

位于勐海县勐混镇贺开村曼迈村民小组，海拔1732m；生育地土壤为砖红壤；栽培型；小乔木，树姿开张，树高5.10m，树幅4.80m×4.40m，基部干径0.48m，最低分枝高0.50m，分枝稀。嫩枝有毛。芽叶黄绿色、多毛。中叶，叶长9.4～12.3cm，叶宽3.4～4.6cm，叶面积23.3～35.4cm^2，叶椭圆形，叶色绿，叶身背卷，叶面隆起，叶尖渐尖，叶脉8～11对，叶齿锯齿形，叶缘微波，叶背多毛，叶基楔形，叶质中。萼片无毛、绿色、5枚。花冠直径3.6～4.8cm，花瓣6枚、白色、质地薄，花瓣长宽均值1.2～1.7cm，子房有毛，花柱先端3裂、裂位浅，花柱长0.9～1.2cm，雌蕊低于雄蕊。果球形，果径2.2～2.7cm，鲜果皮厚1.0～2.5mm，种半球形，种径1.4～1.6cm，种皮褐色。

图 6-2-24　MH2014-179 曼迈大茶树
|蒋会兵，2014

（5）MH2014-180曼迈大茶树（普洱茶*Camellia assamica*）

位于勐海县勐混镇贺开村曼迈村民小组，海拔1723m；生育地土壤为砖红壤；栽培型；小乔木，树姿开张，树高6.10m，树幅4.20m×4.00m，基部干径0.46m，最低分枝高1.28m，分枝稀。嫩枝有毛。芽叶绿色、多毛。中叶，叶长9.4～13.2cm，叶宽4.0～5.4cm，叶面积27.8～49.5cm^2，叶椭圆形，叶色浅绿，叶身内折，叶面隆起，叶尖渐尖，叶脉8～11对，叶齿锯齿形，叶缘微波，叶背多毛，叶基楔形，叶质中。萼片无毛、绿色、5枚。花冠直径3.6～4.8cm，花瓣6枚、白色、质地薄，花瓣长宽均值1.2～1.7cm，子房有毛，花柱先端3裂、裂位浅，花柱长0.9～1.2cm，雌蕊低于雄蕊。果球形，果径2.2～2.7cm，鲜果皮厚1.0～2.5mm，种半球形，种径1.4～1.6cm，种皮褐色。

图 6-2-25　MH2014-180 曼迈大茶树
|蒋会兵，2014

图 6-2-26　MH2014-181 曼迈大茶树
| 蒋会兵，2014

（6）MH2014-181曼迈大茶树（普洱茶*Camellia assamica*）

位于勐海县勐混镇贺开村曼迈村民小组，海拔1694m；生育地土壤为砖红壤；栽培型；小乔木，树姿开张，树高4.80m，树幅4.30m×5.00m，基部干径0.35m，最低分枝高1.00m，分枝稀。嫩枝有毛。芽叶绿色、多毛。中叶，叶长9.4~13.2cm，叶宽4.0~5.4cm，叶面积27.8~49.5cm^2，叶椭圆形，叶色浅绿，叶身内折，叶面隆起，叶尖渐尖，叶脉8~11对，叶齿锯齿形，叶缘微波，叶背多毛，叶基楔形，叶质中。萼片无毛、绿色、5枚。花冠直径3.6~4.8cm，花瓣6枚、白色、质地薄，花瓣长宽均值1.2~1.7cm，子房有毛，花柱先端3裂、裂位浅，花柱长0.9~1.2cm，雌蕊低于雄蕊。果球形，果径2.2~2.7cm，鲜果皮厚1.0~2.5mm，种半球形，种径1.4~1.6cm，种皮褐色。

图 6-2-27　MH2014-182 曼迈大茶树
| 蒋会兵，2014

（7）MH2014-182曼迈大茶树（普洱茶*Camellia assamica*）

位于勐海县勐混镇贺开村曼迈村民小组，海拔1694m；生育地土壤为砖红壤；栽培型；小乔木，树姿开张，树高5.50m，树幅5.60m×6.10m，基部干径0.43m，最低分枝高0.80m，分枝稀。嫩枝有毛。芽叶绿色、多毛。大叶，叶长10.0~14.5cm，叶宽4.0~5.8cm，叶面积28.0~58.9cm^2，叶椭圆形，叶色浅绿，叶身内折，叶面隆起，叶尖渐尖，叶脉8~13对，叶齿锯齿形，叶缘微波，叶背多毛，叶基楔形，叶质中。萼片无毛、绿色、5枚。花冠直径3.6~4.1cm，花瓣6枚、白色、质地薄，花瓣长宽均值2.1~2.7cm，子房有毛，花柱先端3裂、裂位浅，花柱长1.1cm，雌蕊低于雄蕊。果球形，果径2.3~2.5cm，鲜果皮厚2.4mm，种半球形，种径1.2cm，种皮褐色。

（8）MH2014-183曼迈大茶树（普洱茶*Camellia assamica*）

位于勐海县勐混镇贺开村曼迈村民小组，海拔1694m；生育地土壤为砖红壤；栽培型；小乔木，树姿开张，树高4.90m，树幅4.60m×4.30m，基部干径0.31m，最低分枝高0.70m，分枝稀。嫩枝有毛。芽叶绿色、多毛。中叶，叶长10.1～13.3cm，叶宽3.5～5.0cm，叶面积26.5～46.6cm^2，叶长椭圆形，叶色浅绿，叶身内折，叶面隆起，叶尖渐尖，叶脉12～对，叶齿锯齿形，叶缘微波，叶背多毛，叶基楔形，叶质中。萼片无毛、绿色、5枚。花冠直径3.5～4.2cm，花瓣6枚、白色、质地薄，花瓣长宽均值2.2～2.6cm，子房有毛，花柱先端3裂、裂位浅，花柱长1.0cm，雌蕊低于雄蕊。果球形，果径2.2～2.7cm，鲜果皮厚2.0mm，种半球形，种径1.2cm，种皮褐色。

图 6-2-28　MH2014-183 曼迈大茶树
|蒋会兵，2014

（9）MH2014-184曼迈大茶树（普洱茶*Camellia assamica*）

位于勐海县勐混镇贺开村曼迈村民小组，海拔1660m；生育地土壤为砖红壤；栽培型；小乔木，树姿半开张，树高6.30m，树幅7.10m×6.80m，基部干径0.40m，最低分枝高1.00m，分枝稀。嫩枝有毛。芽叶绿色、多毛。大叶，叶长11.9～13.7cm，叶宽4.1～4.5cm，叶面积34.2～43.7cm^2，叶长椭圆形，叶色浅绿，叶身内折，叶面隆起，叶尖渐尖，叶脉8～12对，叶齿锯齿形，叶缘微波，叶背多毛，叶基楔形，叶质中。萼片无毛、绿色、5枚。花冠直径3.7～4.0cm，花瓣6枚、白色、质地薄，花瓣长宽均值1.4～2.0cm，子房有毛，花柱先端3裂、裂位浅，花柱长1.1cm，雌蕊低于雄蕊。果球形，果径2.5～3.3cm，鲜果皮厚2.2mm，种半球形，种径1.5cm，种皮褐色。

图 6-2-29　MH2014-184 曼迈大茶树
|蒋会兵，2014

图 6-2-30　MH2014-185 曼迈大茶树
蒋会兵，2014

（10）MH2014-185曼迈大茶树（普洱茶*Camellia assamica*）

位于勐海县勐混镇贺开村曼迈村民小组，海拔1660m；生育地土壤为砖红壤；栽培型；小乔木，树姿开张，树高6.70m，树幅4.90m×3.80m，基部干径0.54m，最低分枝高0.20m，分枝稀。嫩枝有毛。芽叶绿色、多毛。大叶，叶长12.1～15.1cm，叶宽4.9～5.7cm，叶面积41.5～60.2cm^2，叶长椭圆形，叶色浅绿，叶身内折，叶面隆起，叶尖渐尖，叶脉9～13对，叶齿锯齿形，叶缘微波，叶背多毛，叶基楔形，叶质中。萼片无毛、绿色、5枚。花冠直径3.3～3.8cm，花瓣7枚、白色、质地薄，花瓣长宽均值1.3～2.1cm，子房有毛，花柱先端3裂、裂位浅，花柱长1.0～1.4cm，雌蕊低于雄蕊。果球形，果径2.3～3.1cm，鲜果皮厚1.5～2.3mm，种球形，种径1.4～1.7cm，种皮棕褐色。

图 6-2-31　MH2014-186 曼迈大茶树
蒋会兵，2014

（11）MH2014-186曼迈大茶树（普洱茶*Camellia assamica*）

位于勐海县勐混镇贺开村曼迈村民小组，海拔1660m；生育地土壤为砖红壤；栽培型；小乔木，树姿开张，树高6.70m，树幅4.90m×3.80m，基部干径0.54m，最低分枝高0.20m，分枝稀。嫩枝有毛。芽叶绿色、多毛。大叶，叶长11.8～14.8cm，叶宽4.6～5.3cm，叶面积38.00～54.91cm^2，叶椭圆形，叶色浅绿，叶身内折，叶面隆起，叶尖渐尖，叶脉9～13对，叶齿锯齿形，叶缘微波，叶背多毛，叶基楔形，叶质中。萼片无毛、绿色、5枚。花冠直径3.4～3.7cm，花瓣6～8枚、白色、质地薄，花瓣长宽均值1.4～1.8cm，子房有毛，花柱先端3裂、裂位浅，花柱长0.9～1.3cm，雌蕊低于雄蕊。果球形，果径2.4～2.9cm，鲜果皮厚1.6～1.8mm，种半球形，种径1.5～1.6cm，种皮褐色。

(12) MH2014-187曼迈大茶树（普洱茶*Camellia assamica*）

位于勐海县勐混镇贺开村曼迈村民小组，海拔1738m；生育地土壤为砖红壤；栽培型；小乔木，树姿开张，树高4.89m，树幅5.61m×5.32m，基部干径0.51m，最低分枝高0.28m，分枝中。嫩枝有毛。芽叶黄绿色、多毛。大叶，叶长11.9～14.7cm，叶宽4.7～5.5cm，叶面积39.15～56.60cm²，叶长椭圆形，叶色绿，叶身内折，叶面微隆起，叶尖渐尖，叶脉9～13对，叶齿锯齿形，叶缘微波，叶背多毛，叶基楔形，叶质中。萼片无毛、绿色、5枚。花冠直径3.3～3.7cm，花瓣6～8枚、白色、质地薄，花瓣长宽均值1.3～1.5cm，子房有毛，花柱先端3裂、裂位浅，花柱长1.1～1.3cm，雌蕊低于雄蕊。果球形，果径2.4～2.9cm，鲜果皮厚1.1～1.6mm，种半球形，种径1.5～1.7cm，种皮褐色。水浸出物56.70%、茶多酚38.64%、氨基酸2.82%、咖啡碱3.00%、酚氨比13.72。

图 6-2-32　MH2014-187 曼迈大茶树
蒋会兵，2014

4. 邦盆老寨村民小组

(1) MH2014-188邦盆老寨大茶树（普洱茶*Camellia assamica*）

位于勐海县勐混镇贺开村邦盆老寨村民小组，海拔1787m；生育地土壤为砖红壤；栽培型；小乔木，树姿开张，树高9.80m，树幅5.40m×4.50m，基部干径0.33m，最低分枝高1.80m，分枝密。嫩枝有毛。芽叶绿色、多毛。中叶，叶长9.4～13.2cm，叶宽4.0～5.7cm，叶面积30.4～49.5cm²，叶椭圆形，叶色绿，叶身内折，叶面隆起，叶尖渐尖，叶脉8～11对，叶齿锯齿形，叶缘微波，叶背多毛，叶基楔形，叶质中。萼片无毛、绿色、5枚。花冠直径2.9～3.9cm，花瓣6枚、白色、质地薄，花瓣长宽均值1.2～1.8cm，子房有毛，花柱先端3裂、裂位浅，花柱长0.9～1.2cm，雌蕊低于雄蕊。果球形，果径2.2～2.7cm，鲜果皮厚1.0～2.5mm，种半球形，种径1.4～1.6cm，种皮褐色。

图 6-2-33　MH2014-188 邦盆老寨大茶树
蒋会兵，2014

图 6-2-34　MH2014-189 邦盆老寨大茶树
|蒋会兵，2014

（2）MH2014-189邦盆老寨大茶树（普洱茶 *Camellia assamica*）

位于勐海县勐混镇贺开村邦盆老寨村民小组，海拔1790m；生育地土壤为砖红壤；栽培型；小乔木，树姿开张，树高4.20m，树幅6.90m×6.70m，基部干径0.50m，最低分枝高0.40m，分枝密。嫩枝有毛。芽叶绿色、多毛。中叶，叶长9.4～13.2cm，叶宽4.0～5.7cm，叶面积30.4～49.5cm^2，叶椭圆形，叶色绿，叶身背卷，叶面隆起，叶尖渐尖，叶脉8～11对，叶齿锯齿形，叶缘微波，叶背多毛，叶基楔形，叶质中。萼片无毛、绿色、5枚。花冠直径2.9～3.9cm，花瓣6枚、白色、质地薄，花瓣长宽均值1.2～1.8cm，子房有毛，花柱先端3裂、裂位浅，花柱长0.9～1.2cm，雌蕊低于雄蕊。果球形，果径2.2～2.7cm，鲜果皮厚1.0～2.5mm，种半球形，种径1.4～1.6cm，种皮褐色。

图 6-2-35　MH2014-190 邦盆老寨大茶树
|蒋会兵，2014

（3）MH2014-190邦盆老寨大茶树（普洱茶 *Camellia assamica*）

位于勐海县勐混镇贺开村邦盆老寨村民小组，海拔1790m；生育地土壤为砖红壤；栽培型；小乔木，树姿开张，树高4.20m，树幅6.90m×6.70m，基部干径0.54m，最低分枝高0.20m，分枝密。嫩枝有毛。芽叶绿色、多毛。中叶，叶长9.4～13.2cm，叶宽4.0～5.7cm，叶面积30.4～49.5cm^2，叶椭圆形，叶色绿，叶身背卷，叶面隆起，叶尖渐尖，叶脉8～11对，叶齿锯齿形，叶缘微波，叶背多毛，叶基楔形，叶质中。萼片无毛、绿色、5枚。花冠直径2.9～3.9cm，花瓣6枚、白色、质地薄，花瓣长宽均值1.2～1.8cm，子房有毛，花柱先端3裂、裂位浅，花柱长0.9～1.2cm，雌蕊低于雄蕊。果球形，果径2.2～2.7cm，鲜果皮厚1.0～2.5mm，种半球形，种径1.4～1.6cm，种皮褐色。水浸出物54.59%、茶多酚38.59%、氨基酸3.19%、咖啡碱2.28%、酚氨比12.09。

（4）MH2014-191邦盆老寨大茶树（普洱茶*Camellia assamica*）

位于勐海县勐混镇贺开村邦盆老寨村民小组，海拔1790m；生育地土壤为砖红壤；栽培型；小乔木，树姿开张，树高4.20m，树幅6.90m×6.70m，基部干径0.48m，最低分枝高0.20m，分枝密。嫩枝有毛。芽叶绿色、多毛。特大叶，叶长10.6～13.2cm，叶宽4.1～5.4cm，叶面积30.4～49.5cm^2，叶椭圆形，叶色绿，叶身背卷，叶面隆起，叶尖渐尖，叶脉8～11对，叶齿锯齿形，叶缘微波，叶背多毛，叶基楔形，叶质中。萼片无毛、绿色、5枚。花冠直径2.9～3.9cm，花瓣6枚、白色、质地薄，花瓣长宽均值1.2～1.8cm，子房有毛，花柱先端3裂、裂位浅，花柱长0.9～1.2cm，雌蕊低于雄蕊。果球形，果径2.2～2.7cm，鲜果皮厚1.0～2.5mm，种半球形，种径1.4～1.6cm，种皮褐色。

图 6-2-36　MH2014-191 邦盆老寨大茶树
| 蒋会兵，2014

二、曼蚌村

广别老寨村民小组

（1）MH2014-192广别老寨大茶树（普洱茶*Camellia assamica*）

位于勐海县勐混镇曼蚌村广别老寨村民小组，海拔1566m；生育地土壤为砖红壤；栽培型；小乔木，树姿开张，树高6.15m，树幅4.90m×4.70m，基部干径0.24m，最低分枝高1.60m，分枝密。嫩枝有毛。芽叶绿色、中毛。特大叶，叶长13.5～18.0cm，叶宽5.4～6.8cm，叶面积52.2～83.2cm^2，叶长椭圆形，叶色黄绿，叶身内折，叶面微隆起，叶尖渐尖，叶脉10～13对，叶齿锯齿形，叶缘平，叶背少毛，叶基楔形，叶质中。萼片无毛、绿色、5枚。花冠直径2.9～3.6cm，花瓣6枚、白色、质地中，花瓣长宽均值1.4～1.9cm，子房有毛，花柱先端3裂、裂位中，花柱长0.9～1.3cm，雌蕊低于雄蕊。果球形，果径2.2～2.7cm，鲜果皮厚1.0～2.5mm，种半球形，种径1.4～1.6cm，种皮褐色。

图 6-2-37　MH2014-192 广别老寨大茶树
| 蒋会兵，2014

图 6-2-38 MH2014-193 广别老寨大茶树
| 蒋会兵，2014

（2）MH2014-193广别老寨大茶树（普洱茶*Camellia assamica*）

位于勐海县勐混镇曼蚌村广别老寨村民小组，海拔1688m；生育地土壤为砖红壤；栽培型；小乔木，树姿开张，树高6.70m，树幅4.90m×5.50m，基部干径0.45m，最低分枝高0.55m，分枝中。嫩枝有毛。芽叶绿色、中毛。特大叶，叶长11.5~16.5cm，叶宽5.4~7.3cm，叶面积52.2~84.3cm^2，叶长椭圆形，叶色绿，叶身平，叶面微隆起，叶尖渐尖，叶脉10~13对，叶齿锯齿形，叶缘平，叶背少毛，叶基楔形，叶质中。萼片无毛、绿色、5枚。花冠直径2.9~3.6cm，花瓣6枚、白色、质地中，花瓣长宽均值1.4~1.9cm，子房有毛，花柱先端3裂、裂位中，花柱长0.9~1.3cm，雌蕊低于雄蕊。果球形，果径2.2~2.7cm，鲜果皮厚1.0~2.5mm，种半球形，种径1.4~1.6cm，种皮褐色。水浸出物58.79%、茶多酚42.19%、氨基酸3.22%、咖啡碱4.04%、酚氨比13.11。

图 6-2-39 MH2014-194 广别老寨大茶树
| 蒋会兵，2014

（3）MH2014-194广别老寨大茶树（普洱茶*Camellia assamica*）

位于勐海县勐混镇曼蚌村广别老寨村民小组，海拔1700m；生育地土壤为砖红壤；栽培型；小乔木，树姿半开张，树高5.10m，树幅4.90m×5.50m，基部干径0.31m，最低分枝高0.72m，分枝中。嫩枝有毛。芽叶绿色、中毛。特大叶，叶长11.5~19.4cm，叶宽5.4~7.3cm，叶面积52.2~99.1cm^2，叶长椭圆形，叶色绿，叶身平，叶面微隆起，叶尖渐尖，叶脉10~13对，叶齿锯齿形，叶缘平，叶背少毛，叶基楔形，叶质中。萼片无毛、绿色、5枚。花冠直径2.9~3.6cm，花瓣6枚、白色、质地中，花瓣长宽均值1.4~1.9cm，子房有毛，花柱先端3裂、裂位中，花柱长0.9~1.3cm，雌蕊低于雄蕊。果球形，果径2.2~2.7cm，鲜果皮厚1.0~2.5mm，种半球形，种径1.4~1.6cm，种皮褐色。

（4）MH2014-195广别老寨大茶树（普洱茶 *Camellia assamica*）

位于勐海县勐混镇曼蚌村广别老寨村民小组，海拔1635m；生育地土壤为砖红壤；栽培型；乔木，树姿半开张，树高6.00m，树幅4.10m×4.20m，基部干径0.31m，最低分枝高0.60m，分枝中。嫩枝有毛。芽叶绿色、中毛。特大叶，叶长11.5～19.4cm，叶宽5.4～7.3cm，叶面积52.2～99.1cm^2，叶长椭圆形，叶色绿，叶身平，叶面微隆起，叶尖渐尖，叶脉10～13对，叶齿锯齿形，叶缘平，叶背少毛，叶基楔形，叶质中。萼片无毛、绿色、5枚。花冠直径2.9～3.6cm，花瓣6枚、白色、质地中，花瓣长宽均值1.4～1.9cm，子房有毛，花柱先端3裂、裂位中，花柱长0.9～1.3cm，雌蕊低于雄蕊。果球形，果径2.2～2.7cm，鲜果皮厚1.0～2.5mm，种半球形，种径1.4～1.6cm，种皮褐色。

图 6-2-40　MH2014-195 广别老寨大茶树
|蒋会兵，2014

（5）MH2014-196广别老寨大茶树（普洱茶 *Camellia assamica*）

位于勐海县勐混镇曼蚌村广别老寨村民小组，海拔1631m；生育地土壤为砖红壤；栽培型；乔木，树姿半开张，树高7.40m，树幅4.30m×2.90m，基部干径0.35m，最低分枝高0.75m，分枝中。嫩枝有毛。芽叶绿色、中毛。特大叶，叶长12.4～14.2cm，叶宽5.4～7.3cm，叶面积52.2～68.5cm^2，叶长椭圆形，叶色绿，叶身平，叶面微隆起，叶尖渐尖，叶脉10～13对，叶齿锯齿形，叶缘平，叶背少毛，叶基楔形，叶质中。萼片无毛、绿色、5枚。花冠直径2.9～3.6cm，花瓣6枚、白色、质地中，花瓣长宽均值1.4～2.0cm，子房有毛，花柱先端3裂、裂位中，花柱长0.9～1.3cm，雌蕊低于雄蕊。果球形，果径2.0～2.7cm，鲜果皮厚1.0～2.5mm，种半球形，种径1.4～1.6cm，种皮褐色。

图 6-2-41　MH2014-196 广别老寨大茶树
|蒋会兵，2014

图 6-2-42　MH2014-197 广别老寨大茶树
|蒋会兵，2014

图 6-2-43　MH2014-198 广别老寨大茶树
|蒋会兵，2014

（6）MH2014-197广别老寨大茶树（普洱茶*Camellia assamica*）

位于勐海县勐混镇曼蚌村广别老寨村民小组，海拔1628m；生育地土壤为砖红壤；栽培型；乔木，树姿半开张，树高8.90m，树幅5.60m×5.00m，基部干径0.49m，最低分枝高0.29m，分枝中。嫩枝有毛。芽叶绿色、中毛。特大叶，叶长14.0～20.8cm，叶宽5.3～7.3cm，叶面积56.8～106.3cm^2，叶长椭圆形，叶色绿，叶身平，叶面微隆起，叶尖渐尖，叶脉10～13对，叶齿锯齿形，叶缘平，叶背少毛，叶基楔形，叶质中。萼片无毛、绿色、5枚。花冠直径2.9～3.6cm，花瓣6枚、白色、质地中，花瓣长宽均值1.4～2.0cm，子房有毛，花柱先端3裂、裂位中，花柱长0.9～1.3cm，雌蕊低于雄蕊。果球形，果径2.0～2.7cm，鲜果皮厚1.0～2.5mm，种半球形，种径1.4～1.6cm，种皮褐色。

（7）MH2014-198广别老寨大茶树（普洱茶*Camellia assamica*）

位于勐海县勐混镇曼蚌村广别老寨村民小组，海拔 1672m；生育地土壤为砖红壤；栽培型；乔木，树姿半开张，树高 6.30m，树幅 5.20m×4.90m，基部干径 0.32m，最低分枝高 0.90m，分枝中。嫩枝有毛。芽叶绿色、中毛。大叶，叶长 8.8 ～ 15.5cm，叶宽 4.3 ～ 6.5cm，叶面积 36.7 ～ 68.4cm^2，叶长椭圆形，叶色绿，叶身平，叶面微隆起，叶尖渐尖，叶脉 10 ～ 13 对，叶齿锯齿形，叶缘平，叶背少毛，叶基楔形，叶质中。萼片无毛、绿色、5 枚。花冠直径 2.9 ～ 3.6cm，花瓣 6 枚、白色、质地中，花瓣长宽均值 1.4 ～ 2.0cm，子房有毛，花柱先端 3 裂、裂位中，花柱长 0.9 ～ 1.3cm，雌蕊低于雄蕊。果球形，果径 2.0 ～ 2.7cm，鲜果皮厚 1.0 ～ 2.5mm，种半球形，种径 1.4 ～ 1.6cm，种皮褐色。水浸出物 52.82%、茶多酚 34.25%、氨基酸 1.92%、咖啡碱 2.90%、酚氨比 17.81。

（8）MH2014-199广别老寨大茶树（普洱茶*Camellia assamica*）

位于勐海县勐混镇曼蚌村广别老寨村民小组，海拔1666m；生育地土壤为砖红壤；栽培型；小乔木，树姿开张，树高4.80m，树幅5.50m×5.20m，基部干径0.29m，最低分枝高1.20m，分枝密。嫩枝有毛。芽叶黄绿色、少毛。大叶，叶长8.8～15.5cm，叶宽4.3～6.5cm，叶面积36.7～68.4cm^2，叶长椭圆形，叶色绿，叶身平，叶面微隆起，叶尖渐尖，叶脉10～12对，叶齿锯齿形，叶缘平，叶背少毛，叶基楔形，叶质中。萼片无毛、绿色、5枚。花冠直径2.9～3.6cm，花瓣6枚、白色、质地中，花瓣长宽均值1.4～2.0cm，子房有毛，花柱先端3裂、裂位中，花柱长0.9～1.3cm，雌蕊低于雄蕊。果球形，果径2.4～3.3cm，鲜果皮厚0.9～1.3mm，种半球形，种径1.4～1.8mm，种皮褐色。水浸出物57.60%、茶多酚43.16%、氨基酸2.40%、咖啡碱3.81%、酚氨比17.97。

图 6-2-44　MH2014-199 广别老寨大茶树
|蒋会兵，2014

（9）MH2014-201广别老寨大茶树（普洱茶*Camellia assamica*）

位于勐海县勐混镇曼蚌村广别老寨村民小组，海拔1600m；生育地土壤为砖红壤；栽培型；小乔木，树姿开张，树高4.60m，树幅4.30m×3.10m，基部干径0.41m，最低分枝高1.30m，分枝密。嫩枝有毛。芽叶黄绿色、少毛。特大叶，叶长12.7～20.1cm，叶宽4.3～7.4cm，叶面积42.1～104.1cm^2，叶长椭圆形，叶色绿，叶身平，叶面微隆起，叶尖渐尖，叶脉10～12对，叶齿锯齿形，叶缘平，叶背少毛，叶基楔形，叶质中。萼片无毛、绿色、5枚。花冠直径2.9～3.6cm，花瓣6枚、白色、质地中，花瓣长宽均值1.4～2.0cm，子房有毛，花柱先端3裂、裂位中，花柱长0.9～1.3cm，雌蕊低于雄蕊。果球形，果径2.5～3.2cm，鲜果皮厚0.8～1.2mm，种半球形，种径1.4～1.6cm，种皮褐色。

图 6-2-45　MH2014-201 广别老寨大茶树
|蒋会兵，2014

第三节　布朗山乡

一、结良村

图 6-3-1　MH2014-232 吉良苦茶
| 曾铁桥，2014

图 6-3-2　MH2014-233 吉良苦茶
| 曾铁桥，2014

1. 吉良村民小组

（1）MH2014-232吉良苦茶（苦茶*Camellia assamica* var. *kucha*）

位于勐海县布朗山乡结良村吉良村民小组，海拔1187m；生育地土壤为砖红壤；栽培型；小乔木，树姿半开张，树高7.30m，树幅7.20m×6.40m，基部干径0.35m，分枝密。嫩枝有毛。芽叶黄绿色、多毛。大叶，叶长12.1～16.5cm，叶宽4.8～6.5cm，叶面积41.3～73.7cm^2，叶长椭圆形，叶色深绿，叶身内折，叶面微隆起，叶尖渐尖，叶脉10～15对，叶齿锯齿形，叶缘微波，叶背多毛，叶基楔形，叶质硬。萼片无毛、绿色、4枚。花冠直径3.0～3.9cm，花瓣6～7枚、白色、质地中，花瓣长宽均值1.7～2.0cm，子房有毛，花柱先端2～3裂、裂位浅，花柱长0.8～1.0cm，雌蕊等高于雄蕊。

（2）MH2014-233吉良苦茶（苦茶*Camellia assamica* var. *kucha*）

位于勐海县布朗山乡结良村吉良村民小组，海拔1213m；生育地土壤为砖红壤；栽培型；乔木，树姿直立，树高6.50m，树幅3.90m×4.80m，基部干径0.32m，最低分枝高0.82m，分枝中。嫩枝有毛。芽叶黄绿色、多毛。大叶，叶长12.5～17.9cm，叶宽4.5～6.5cm，叶面积39.4～81.4cm^2，叶长椭圆形，叶色绿，叶身内折，叶面隆起，叶尖渐尖，叶脉9～12对，叶齿锯齿形，叶缘微波，叶背多毛，叶基楔形，叶质中。萼片无毛、绿色、5~6枚。花冠直径3.2~4.2cm，花瓣6~7枚、白色、质地薄，花瓣长宽均值1.6~2.1cm，子房有毛，花柱先端3裂、裂位浅，花柱长1.0~1.4cm，雌蕊高于雄蕊。

（3）MH2014-234吉良苦茶（苦茶*Camellia assamica* var. *kucha*）

位于勐海县布朗山乡结良村吉良村民小组，海拔1191m；生育地土壤为砖红壤；栽培型；小乔木，树姿半开张，树高4.30m，树幅5.20m×5.30m，基部干径0.41m，最低分枝高0.90m，分枝密。嫩枝有毛。芽叶黄绿色、多毛。特大叶，叶长16.4~21.3cm，叶宽6.0~8.4cm，叶面积72.8~123.5cm^2，叶长椭圆形，叶色绿，叶身内折，叶面隆起，叶尖渐尖，叶脉12~18对，叶齿锯齿形，叶缘微波，叶背多毛，叶基楔形，叶质中。萼片无毛、绿色、5~6枚。花冠直径2.9~3.3cm，花瓣6~8枚、白色、质地薄，花瓣长宽均值1.7~2.0cm，子房有毛，花柱先端3裂、裂位中，花柱长1.1~2.3cm，雌蕊高于雄蕊。

图 6-3-3　MH2014-234 吉良苦茶
曾铁桥，2014

（4）MH2014-235吉良苦茶（苦茶*Camellia assamica* var. *kucha*）

位于勐海县布朗山乡结良村吉良村民小组，海拔1182m；生育地土壤为砖红壤；栽培型；小乔木，树姿开张，树高 5.50m，树幅 4.70m×4.60m，基部干径0.41m，分枝密。嫩枝有毛。芽叶黄绿色、多毛。特大叶，叶长 14.2 ~ 19.3cm，叶宽 5.6 ~ 7.3cm，叶面积56.1 ~ 95.9cm^2，叶长椭圆形，叶色绿，叶身平，叶面微隆起，叶尖渐尖，叶脉 10 ~ 12 对，叶齿锯齿形，叶缘微波，叶背多毛，叶基近圆形，叶质中。萼片无毛、绿色、5 ~ 6 枚。花冠直径 2.8 ~ 3.5cm，花瓣 6 枚、白色、质地薄，花瓣长宽均值 1.6 ~ 2.0cm，子房有毛，花柱先端 3 裂、裂位浅，花柱长 0.9 ~ 1.3cm，雌蕊等高于雄蕊。果肾形，果径 2.6 ~ 2.6cm，鲜果皮厚 1.5 ~ 2.3mm，种半球形，种径 1.3 ~ 1.5cm，种皮棕褐色。

图 6-3-4　MH2014-235 吉良苦茶
曾铁桥，2014

图 6-3-5　MH2014-236 吉良苦茶
| 曾铁桥，2014

(5) MH2014-236吉良苦茶（苦茶*Camellia assamica* var. *kucha*）

位于勐海县布朗山乡结良村吉良村民小组，海拔1170m；生育地土壤为砖红壤；栽培型；小乔木，树姿直立，树高6.50m，树幅5.30m×4.90m，基部干径0.26m，最低分枝高0.90m，分枝密。嫩枝有毛。芽叶黄绿色、多毛。特大叶，叶长14.3～19.2cm，叶宽6.4～7.5cm，叶面积65.1～100.8cm^2，叶长椭圆形，叶色绿，叶身内折，叶面隆起，叶尖渐尖，叶脉9～12对，叶齿锯齿形，叶缘微波，叶背多毛，叶基楔形，叶质中。萼片无毛、绿色、5～6枚。花冠直径3.6～4.1cm，花瓣6～7枚、白色、质地中，花瓣长宽均值1.8～2.0cm，子房有毛，花柱先端3裂、裂位浅，花柱长1.4～1.5cm，雌蕊高于雄蕊。水浸出物54.80%、茶多酚43.75%、氨基酸3.09%、咖啡碱3.72%、酚氨比14.17。

2. 曼迈村民小组

(1) MH2014-237曼迈苦茶（苦茶*Camellia assamica* var. *kucha*）

位于勐海县布朗山乡结良村曼迈村民小组，海拔1166m；生育地土壤为砖红壤；栽培型；小乔木，树姿半开张，树高5.00m，树幅4.20m×5.20m，基部干径0.27m，最低分枝高0.50m，分枝密。嫩枝有毛。芽叶黄绿色、多毛。大叶，叶长13.6～18.0cm，叶宽4.9～6.5cm，叶面积47.0～81.9cm^2，叶长椭圆形，叶色绿，叶身内折，叶面微隆起，叶尖渐尖，叶脉11～14对，叶齿锯齿形，叶缘平，叶背多毛，叶基楔形，叶质硬。萼片无毛、绿色、5枚。花冠直径3.4～4.2cm，花瓣6～7枚、白色、质地中，花瓣长宽均值2.3～2.5cm，子房有毛，花柱先端3裂、裂位浅，花柱长1.1～1.3cm，雌蕊等高于雄蕊。水浸出物47.68%、茶多酚34.65%、氨基酸3.86%、咖啡碱3.05%、酚氨比8.98。

图 6-3-6　MH2014-237 曼迈苦茶
| 曾铁桥，2014

（2）MH2014-238曼迈苦茶（苦茶*Camellia assamica* var. *kucha*）

位于勐海县布朗山乡结良村曼迈村民小组，海拔1134m；生育地土壤为砖红壤；栽培型；小乔木，树姿开张，树高4.10m，树幅6.80m×5.90m，基部干径0.51m，分枝密。嫩枝有毛。芽叶黄绿色、多毛。特大叶，叶长14.7～17.5cm，叶宽6.3～7.6cm，叶面积64.8～93.1cm²，叶椭圆形，叶色绿，叶身平，叶面隆起，叶尖渐尖，叶脉10～11对，叶齿锯齿形，叶缘平，叶背多毛，叶基楔形，叶质中。萼片无毛、绿色、5枚。花冠直径3.6～3.6cm，花瓣6枚、白色、质地中，花瓣长宽均值1.5～2.1cm，子房有毛，花柱先端3裂、裂位浅，花柱长1.2～1.3cm，雌蕊等高于雄蕊。果四方形，果径3.0～3.7cm，鲜果皮厚1.0～1.5mm，种半球形，种径1.0～1.4cm，种皮棕褐色。

图 6-3-7　MH2014-238 曼迈苦茶
曾铁桥，2014

（3）MH2014-239曼迈苦茶（苦茶*Camellia assamica* var. *kucha*）

位于勐海县布朗山乡结良村曼迈村民小组，海拔1125m；生育地土壤为砖红壤；栽培型；小乔木，树姿开张，树高4.20m，树幅5.50m×4.80m，基部干径0.41m，最低分枝高0.15m，分枝密。嫩枝有毛。芽叶黄绿色、多毛。特大叶，叶长13.9～18.0cm，叶宽5.8～7.3cm，叶面积56.4～92.0cm²，叶长椭圆形，叶色绿，叶身内折，叶面隆起，叶尖渐尖，叶脉10～13对，叶齿锯齿形，叶缘平，叶背多毛，叶基楔形，叶质中。萼片无毛、绿色、5枚。花冠直径2.9～3.6cm，花瓣6～7枚、白色、质地中，花瓣长宽均值1.9～2.0cm，子房有毛，花柱先端3裂、裂位浅，花柱长1.0～1.3cm，雌蕊等高于雄蕊。果肾形，果径2.3～3.1cm，鲜果皮厚1.1～1.6mm，种半球形，种径1.6cm，种皮棕色。水浸出物53.50%、茶多酚36.62%、氨基酸2.79%、咖啡碱2.51%、酚氨比13.13。

图 6-3-8　MH2014-239 曼迈苦茶
曾铁桥，2014

图 6-3-9　MH2014-240 曼囡老寨苦茶
| 曾铁桥，2014

图 6-3-10　MH2014-241 曼囡老寨苦茶
| 曾铁桥，2014

二、曼囡村

1. 曼囡老寨村民小组

（1）MH2014-240曼囡老寨苦茶（苦茶*Camellia assamica* var. *kucha*）

位于勐海县布朗山乡曼囡村曼囡老寨村民小组，海拔1044m；生育地土壤为砖红壤；栽培型；小乔木，树姿直立，树高5.75m，树幅4.80m×6.40m，基部干径0.41m，最低分枝高0.30m，分枝稀。嫩枝有毛。芽叶黄绿色、多毛。特大叶，叶长14.2～20.0cm，叶宽5.5～6.7cm，叶面积60.6～92.4cm^2，叶长椭圆形，叶色绿，叶身平，叶面隆起，叶尖渐尖，叶脉9～13对，叶齿锯齿形，叶缘平，叶背多毛，叶基楔形，叶质柔软。萼片无毛、绿色、5枚。花冠直径3.3～4.1cm，花瓣6～7枚、白色、质地中，花瓣长宽均值2.0～2.3cm，子房有毛，花柱先端3裂、裂位浅，花柱长1.1～1.4cm，雌蕊等高于雄蕊。果肾形，果径2.6～2.6cm，鲜果皮厚1.1～1.6mm，种球形，种径1.6cm，种皮棕褐色。水浸出物56.57%、茶多酚40.91%、氨基酸3.00%、咖啡碱2.99%、酚氨比13.63。

（2）MH2014-241曼囡老寨苦茶（苦茶*Camellia assamica* var. *kucha*）

位于勐海县布朗山乡曼囡村曼囡老寨村民小组，海拔1026m；生育地土壤为砖红壤；栽培型；小乔木，树姿半开张，树高5.85m，树幅5.00m×6.00m，基部干径0.29m，最低分枝高0.25m，分枝密。嫩枝有毛。芽叶黄绿色、多毛。特大叶，叶长14.7～18.9cm，叶宽5.6～7.6cm，叶面积57.6～100.5cm^2，叶长椭圆形，叶色绿，叶身平，叶面隆起，叶尖渐尖，叶脉10～12对，叶齿锯齿形，叶缘平，叶背多毛，叶基楔形，叶质柔软。萼片无毛、绿色、5枚。花冠直径4.1～4.5cm，花瓣7枚、白色、质地中，花瓣长宽均值 2.0 ~ 2.2cm，子房有毛，花柱先端 3 裂、裂位浅，花柱长 1.0 ~ 1.3cm，雌蕊等高于雄蕊。水浸出物 47.22%、茶多酚 35.22%、氨基酸 3.36%、咖啡碱 3.67%、酚氨比 10.47。

（3）MH2014-242曼囡老寨苦茶（苦茶*Camellia assamica* var. *kucha*）

位于勐海县布朗山乡曼囡村曼囡老寨村民小组，海拔 1052m；生育地土壤为砖红壤；栽培型；小乔木，树姿半开张，树高 6.30m，树幅 5.10m × 4.10m，基部干径 0.32m，最低分枝高 1.00m，分枝中。嫩枝有毛。芽叶黄绿色、多毛。特大叶，叶长 13.4 ~ 19.8cm，叶宽 5.8 ~ 7.4cm，叶面积 54.4 ~ 102.6cm^2，叶椭圆形，叶色绿，叶身平，叶面微隆起，叶尖渐尖，叶脉 11 ~ 12 对，叶齿锯齿形，叶缘微波，叶背多毛，叶基楔形，叶质柔软。萼片无毛、绿色、5 枚。花冠直径 3.3 ~ 4.3cm，花瓣 6 ~ 7 枚、白色、质地中，花瓣长宽均值 1.9 ~ 2.1cm，子房有毛，花柱先端 3 裂、裂位浅，花柱长 1.4 ~ 1.6cm，雌蕊等高于雄蕊。

图 6-3-11　MH2014-242 曼囡老寨苦茶
曾铁桥，2014

（4）MH2014-243曼囡老寨苦茶（苦茶*Camellia assamica* var. *kucha*）

位于勐海县布朗山乡曼囡村曼囡老寨村民小组，海拔1025m；生育地土壤为砖红壤；栽培型；小乔木，树姿半开张，树高4.55m，树幅5.10m × 5.20m，基部干径0.38m，最低分枝高0.25m，分枝中。嫩枝有毛。芽叶黄绿色、多毛。特大叶，叶长14.9 ~ 20.0cm，叶宽5.9 ~ 8.3cm，叶面积65.5 ~ 116.2cm^2，叶长椭圆形，叶色绿，叶身内折，叶面微隆起，叶尖渐尖，叶脉10 ~ 13对，叶齿锯齿形，叶缘平，叶背多毛，叶基楔形，叶质中。萼片无毛、绿色、5枚。花冠直径4.2 ~ 4.3cm，花瓣6 ~ 7枚、白色、质地中，花瓣长宽均值2.1 ~ 2.3cm，子房有毛，花柱先端3裂、裂位浅，花柱长1.4 ~ 1.6cm，雌蕊等高于雄蕊。水浸出物47.07%、茶多酚34.52%、氨基酸4.09%、咖啡碱3.45%、酚氨比8.44。

图 6-3-12　MH2014-243 曼囡老寨苦茶
曾铁桥，2014

图 6-3-13　MH2014-244 曼囡老寨苦茶
|曾铁桥，2014

（5）MH2014-244曼囡老寨苦茶（苦茶*Camellia assamica* var. *kucha*）

位于勐海县布朗山乡曼囡村曼囡老寨村民小组，海拔1060m；生育地土壤为砖红壤；栽培型；小乔木，树姿半开张，树高5.30m，树幅5.50m×6.00m，基部干径0.32m，最低分枝高0.30m，分枝中。嫩枝有毛。芽叶黄绿色、多毛。特大叶，叶长17.6~21.6cm，叶宽5.2~7.5cm，叶面积64.1~113.4cm^2，叶长椭圆形，叶色绿，叶身内折，叶面微隆起，叶尖渐尖，叶脉12~19对，叶齿锯齿形，叶缘平，叶背多毛，叶基楔形，叶质柔软。萼片无毛、绿色、5~6枚。花冠直径3.1~4.3cm，花瓣6~9枚、白色、质地薄，花瓣长宽均值1.6~2.2cm，子房有毛，花柱先端3裂、裂位浅，花柱长1.0~1.4cm，雌蕊高于雄蕊。

2. 曼木村民小组

（1）MH2014-245曼木苦茶（苦茶*Camellia assamica* var. *kucha*）

位于勐海县布朗山乡曼囡村曼木村民小组，海拔1330m；生育地土壤为砖红壤；栽培型；小乔木，树姿半开张，树高4.60m，树幅4.40m×5.00m，基部干径0.45m，最低分枝高0.20m，分枝中。嫩枝有毛。芽叶黄绿色、多毛。大叶，叶长11.3~15.3cm，叶宽4.5~6.1cm，叶面积35.9~65.3cm^2，叶椭圆形，叶色绿，叶身内折，叶面微隆起，叶尖渐尖，叶脉9~11对，叶齿锯齿形，叶缘平，叶背多毛，叶基楔形，叶质中。萼片无毛、绿色、5枚。花冠直径3.3~3.7cm，花瓣7枚、白色、质地中，花瓣长宽均值1.8cm，子房有毛，花柱先端3裂、裂位浅，花柱长1.3~1.8cm，雌蕊等高于雄蕊。

图 6-3-14　MH2014-245 曼木苦茶
|曾铁桥，2014

（2）MH2014-246曼木苦茶（苦茶*Camellia assamica* var. *kucha*）

位于勐海县布朗山乡曼囡村曼木村民小组，海拔1295m；生育地土壤为砖红壤；栽培型；小乔木，树姿直立，树高5.85m，树幅6.50m×7.30m，基部干径0.30m，最低分枝高0.20m，分枝密。嫩枝有毛。芽叶黄绿色、多毛。特大叶，叶长13.9～19.7cm，叶宽5.8～8.1cm，叶面积56.4～111.7cm^2，叶长椭圆形，叶色绿，叶身内折，叶面微隆起，叶尖渐尖，叶脉10～13对，叶齿锯齿形，叶缘平，叶背多毛，叶基楔形，叶质中。萼片无毛、绿色、5枚。花冠直径2.9～3.1cm，花瓣6～7枚、白色、质地中，花瓣长宽均值1.6～1.8cm，子房有毛，花柱先端3裂、裂位浅，花柱长1.2cm，雌蕊等高于雄蕊。

图 6-3-15　MH2014-246 曼木苦茶
曾铁桥，2014

（3）MH2014-247曼木苦茶（苦茶*Camellia assamica* var. *kucha*）

位于勐海县布朗山乡曼囡村曼木村民小组，海拔1331m；生育地土壤为砖红壤；栽培型；小乔木，树姿直立，树高6.72m，树幅5.90m×7.00m，基部干径0.52m，分枝密。嫩枝有毛。芽叶黄绿色、多毛。特大叶，叶长13.6～19.1cm，叶宽5.0～7.8cm，叶面积47.6～104.3cm^2，叶长椭圆形，叶色绿，叶身平，叶面微隆起，叶尖渐尖，叶脉10～12对，叶齿锯齿形，叶缘平，叶背多毛，叶基楔形，叶质中。萼片无毛、绿色、5枚。花冠直径2.9～3.5cm，花瓣6～7枚、白色、质地中，花瓣长宽均值1.5～1.9cm，子房有毛，花柱先端3裂、裂位浅，花柱长1.0cm，雌蕊等高于雄蕊。

图 6-3-16　MH2014-247 曼木苦茶
曾铁桥，2014

图 6-3-17　MH2014-248 曼木苦茶
|曾铁桥，2014

图 6-3-18　MH2014-249 曼木苦茶
|曾铁桥，2014

（4）MH2014-248曼木苦茶（苦茶*Camellia assamica* var. *kucha*）

位于勐海县布朗山乡曼囡村曼木村民小组，海拔1347m；生育地土壤为砖红壤；栽培型；小乔木，树姿半开张，树高4.00m，树幅3.00m×4.20m，基部干径0.45m，最低分枝高0.50m，分枝稀。嫩枝有毛。芽叶黄绿色、多毛。特大叶，叶长14.9~20.1cm，叶宽6.1~9.0cm，叶面积64.7~126.6cm^2，叶椭圆形，叶色绿，叶身内折，叶面隆起，叶尖渐尖，叶脉10~13对，叶齿锯齿形，叶缘平，叶背多毛，叶基楔形，叶质中。萼片无毛、绿色、5枚。花冠直径2.8cm，花瓣6枚、白色、质地薄，花瓣长宽均值1.7cm，子房有毛，花柱先端3裂、裂位浅，花柱长1.2cm，雌蕊等高于雄蕊。

（5）MH2014-249曼木苦茶（苦茶*Camellia assamica* var. *kucha*）

位于勐海县布朗山乡曼囡村曼木村民小组，海拔1357m；生育地土壤为砖红壤；栽培型；小乔木，树姿开张，树高5.00m，树幅5.50m×4.80m，基部干径0.40m，最低分枝高0.60m，分枝稀。嫩枝有毛。芽叶黄绿色、多毛。特大叶，叶长14.6~20.5cm，叶宽5.2~7.5cm，叶面积53.1~107.6cm^2，叶长椭圆形，叶色绿，叶身内折，叶面隆起，叶尖渐尖，叶脉11~16对，叶齿锯齿形，叶缘平，叶背多毛，叶基楔形，叶质中。萼片无毛、绿色、5枚。花冠直径3.1cm，花瓣6枚、白色、质地薄，花瓣长宽均值1.7cm，子房有毛，花柱先端3裂、裂位浅，花柱长1.0cm，雌蕊等高于雄蕊。

三、新竜村

1. 曼捌村民小组

（1）MH2014-250曼捌苦茶（苦茶*Camellia assamica* var. *kucha*）

位于勐海县布朗山乡新竜村曼捌村民小组，海拔1504m；生育地土壤为红壤；栽培型；小乔木，树姿直立，树高6.30m，树幅6.20m×6.30m，基部干径0.49m，最低分枝高0.45m，分枝中。嫩枝有毛。芽叶黄绿色、多毛。特大叶，叶长13.6～18.6cm，叶宽5.9～7.4cm，叶面积58.6～92.2cm^2，叶椭圆形，叶色深绿，叶身平，叶面微隆起，叶尖渐尖，叶脉9～12对，叶齿锯齿形，叶缘微波，叶背多毛，叶基楔形，叶质中。萼片无毛、绿色、5枚。花冠直径1.4～2.4cm，花瓣7～8枚、白色、质地中，花瓣长宽均值1.6～2.2cm，子房有毛，花柱先端3裂、裂位浅，花柱长0.8～1.1cm，雌蕊等高于雄蕊。水浸出物48.73%、茶多酚40.29%、氨基酸3.43%、咖啡碱3.09%、酚氨比11.73。

图 6-3-19　MH2014-250 曼捌苦茶
| 曾铁桥，2014

（2）MH2014-251曼捌苦茶（苦茶*Camellia assamica* var. *kucha*）

位于勐海县布朗山乡新竜村曼捌村民小组，海拔1522m；生育地土壤为红壤；栽培型；小乔木，树姿直立，树高5.50m，树幅4.00m×4.50m，基部干径0.45m，最低分枝高1.90m，分枝密。嫩枝有毛。芽叶黄绿色、多毛。特大叶，叶长13.5～17.7cm，叶宽5.8～7.5cm，叶面积54.8～92.9cm^2，叶椭圆形，叶色深绿，叶身平，叶面微隆起，叶尖渐尖，叶脉9～11对，叶齿锯齿形，叶缘微波，叶背多毛，叶基楔形，叶质中。萼片无毛、绿色、4～6枚。花冠直径1.5～1.9cm，花瓣6枚、白色、质地厚，花瓣长宽均值1.6～1.9cm，子房有毛，花柱先端3裂、裂位浅，花柱长0.6～0.9cm，雌蕊等高于雄蕊。水浸出物57.40%、茶多酚46.30%、氨基酸3.39%、咖啡碱3.51%、酚氨比13.67。

图 6-3-20　MH2014-251 曼捌苦茶
| 曾铁桥，2014

图 6-3-21 MH2014-283 曼捌苦茶
|曾铁桥，2014

图 6-3-22 MH2014-284 曼捌苦茶
|曾铁桥，2014

（3）MH2014-283曼捌苦茶（苦茶*Camellia assamica* var. *kucha*）

位于勐海县布朗山乡新竜村曼捌村民小组，海拔1520m；生育地土壤为红壤；栽培型；小乔木，树姿开张，树高5.70m，树幅6.40m×7.80m，基部干径0.39m，最低分枝高0.30m，分枝密。嫩枝有毛。芽叶黄绿色、多毛。大叶，叶长11.5~15.2cm，叶宽4.8~6.9cm，叶面积38.6~69.2cm^2，叶椭圆形，叶色深绿，叶身平，叶面微隆起，叶尖渐尖，叶脉10~12对，叶齿锯齿形，叶缘微波，叶背多毛，叶基楔形，叶质中。萼片无毛、绿色、5~6枚。花冠直径1.8~2.7cm，花瓣6枚、白色、质地中，花瓣长宽均值1.4~1.9cm，子房有毛，花柱先端3裂、裂位浅，花柱长0.7~1.1cm，雌蕊等高于雄蕊。水浸出物52.54%、茶多酚45.18%、氨基酸2.73%、咖啡碱3.36%、酚氨比16.55。

（4）MH2014-284曼捌苦茶（苦茶*Camellia assamica* var. *kucha*）

位于勐海县布朗山乡新竜村曼捌村民小组，海拔1553m；生育地土壤为红壤；栽培型；小乔木，树姿开张，树高6.00m，树幅8.30m×7.50m，基部干径0.80m，分枝密。嫩枝有毛。芽叶黄绿色、多毛。大叶，叶长11.6~15.4cm，叶宽5.4~7.1cm，叶面积43.8~73.1cm^2，叶椭圆形，叶色深绿，叶身平，叶面微隆起，叶尖渐尖，叶脉9~11对，叶齿锯齿形，叶缘微波，叶背多毛，叶基楔形，叶质中。水浸出物52.10%、茶多酚44.56%、氨基酸3.02%、咖啡碱5.03%、酚氨比14.73。

(5) MH2014-285曼捌苦茶(苦茶*Camellia assamica* var. *kucha*)

位于勐海县布朗山乡新竜村曼捌村民小组,海拔1560m;生育地土壤为红壤;栽培型;小乔木,树姿开张,树高5.20m,树幅6.30m×7.90m,基部干径0.76m,分枝密。嫩枝有毛。芽叶黄绿色、多毛。特大叶,叶长14.0~19.6cm,叶宽6.6~8.9cm,叶面积65.1~119.0cm^2,叶椭圆形,叶色深绿,叶身平,叶面微隆起,叶尖渐尖,叶脉8~10对,叶齿锯齿形,叶缘微波,叶背多毛,叶基楔形,叶质中。萼片无毛、绿色、5~6枚。花冠直径1.8~2.0cm,花瓣5~7枚、白色、质地中,花瓣长宽均值1.6~1.8cm,子房有毛,花柱先端3裂、裂位浅,花柱长0.8~1.0cm,雌蕊低于雄蕊。水浸出物58.47%、茶多酚43.39%、氨基酸3.41%、咖啡碱3.45%、酚氨比12.73。

图 6-3-23 MH2014-285 曼捌苦茶
|曾铁桥,2014

2. 曼新竜上寨村民小组

(1) MH2014-286曼新竜上寨苦茶(苦茶*Camellia assamica* var. *kucha*)

位于勐海县布朗山乡新竜村曼新竜上寨村民小组,海拔1605m;生育地土壤为红壤;栽培型;小乔木,树姿开张,树高5.20m,树幅5.70m×6.80m,基部干径0.51m,最低分枝高0.10m,分枝稀。嫩枝有毛。芽叶黄绿色、多毛。特大叶,叶长12.0~21.4cm,叶宽5.8~7.1cm,叶面积53.8~106.4cm^2,叶长椭圆形,叶色绿,叶身平,叶面微隆起,叶尖渐尖,叶脉10~15对,叶齿锯齿形,叶缘微波,叶背多毛,叶基楔形,叶质中。萼片有毛、绿色、5~6枚。花冠直径1.6~1.9cm,花瓣5~6枚、白色、质地中,花瓣长宽均值1.7~1.9cm,子房有毛,花柱先端3裂、裂位浅,花柱长0.7~1.0cm,雌蕊等高于雄蕊。水浸出物50.18%、茶多酚31.34%、氨基酸2.12%、咖啡碱2.62%、酚氨比14.81。

图 6-3-24 MH2014-286 曼新竜上寨苦茶
|曾铁桥,2014

图 6-3-25　MH2014-287 曼新竜上寨甜茶
|曾铁桥，2014

(2) MH2014-287曼新竜上寨甜茶（普洱茶*Camellia assamica*）

位于勐海县布朗山乡新竜村曼新竜上寨村民小组，海拔1603m；生育地土壤为红壤；栽培型；小乔木，树姿半开张，树高6.00m，树幅6.80m×4.40m，基部干径0.51m，最低分枝高0.10m，分枝中。嫩枝有毛。芽叶黄绿色、多毛。特大叶，叶长14.1～18.6cm，叶宽6.1～7.7cm，叶面积61.2～100.3cm^2，叶椭圆形，叶色绿，叶身平，叶面隆起，叶尖渐尖，叶脉10～15对，叶齿锯齿形，叶缘微波，叶背多毛，叶基楔形，叶质中。萼片无毛、绿色、5～6枚。花冠直径3.6～4.9cm，花瓣5～6枚、白色、质地中，花瓣长宽均值2.0～2.2cm，子房有毛，花柱先端3裂、裂位浅，花柱长0.9～1.2cm，雌蕊低于雄蕊。

图 6-3-26　MH2014-288 曼新竜上寨甜茶
|曾铁桥，2014

(3) MH2014-288曼新竜上寨甜茶（普洱茶*Camellia assamica*）

位于勐海县布朗山乡新竜村曼新竜上寨村民小组，海拔 1622m；生育地土壤为红壤；栽培型；小乔木，树姿直立，树高6.00m，树幅 6.50m×6.60m，基部干径0.41m，最低分枝高 0.52m，分枝密。嫩枝有毛。芽叶黄绿色、多毛。特大叶，叶长13.2～19.2cm，叶宽 4.9～6.5cm，叶面积 50.8～87.4cm^2，叶椭圆形，叶色绿，叶身平，叶面平，叶尖渐尖，叶脉 8～12 对，叶齿锯齿形，叶缘平，叶背多毛，叶基楔形，叶质中。萼片无毛、绿色、5 枚。花冠直径2.7～3.6cm，花瓣 6～7 枚、白色、质地薄，花瓣长宽均值 1.4～1.8cm，子房有毛，花柱先端 3 裂、裂位浅，花柱长 0.9～1.2cm，雌蕊低于雄蕊。

（4）MH2014-289曼新竜上寨苦茶（苦茶 *Camellia assamica* var. *kucha*）

位于勐海县布朗山乡新竜村曼新竜上寨村民小组，海拔1536m；生育地土壤为红壤；栽培型；小乔木，树姿半开张，树高6.25m，树幅5.00m × 4.80m，基部干径0.48m，最低分枝高0.70m，分枝密。嫩枝有毛。芽叶黄绿色、多毛。特大叶，叶长12.9 ~ 19.4cm，叶宽5.9 ~ 8.3cm，叶面积53.3 ~ 112.1cm^2，叶长椭圆形，叶色绿，叶身平，叶面微隆起，叶尖渐尖，叶脉10 ~ 12对，叶齿锯齿形，叶缘平，叶背多毛，叶基楔形，叶质中。

图 6-3-27　MH2014-289 曼新竜上寨苦茶
| 曾铁桥，2014

（5）MH2014-290曼新竜上寨苦茶（苦茶 *Camellia assamica* var. *kucha*）

位于勐海县布朗山乡新竜村曼新竜上寨村民小组，海拔1572m；生育地土壤为红壤；栽培型；小乔木，树姿开张，树高6.25m，树幅7.80m × 6.50m，基部干径0.54m，最低分枝高0.30m，分枝中。嫩枝有毛。芽叶黄绿色、多毛。特大叶，叶长13.4 ~ 20.4cm，叶宽5.5 ~ 7.5cm，叶面积59.1 ~ 107.1cm^2，叶长椭圆形，叶色深绿，叶身内折，叶面微隆起，叶尖渐尖，叶脉12 ~ 16对，叶齿锯齿形，叶缘微波，叶背多毛，叶基楔形，叶质硬。萼片无毛、绿色、5枚。花冠直径2.4 ~ 3.1cm，花瓣5 ~ 6枚、白色、质地中，花瓣长宽均值1.5 ~ 1.8cm，子房有毛，花柱先端3裂、裂位浅，花柱长0.6 ~ 1.0cm，雌蕊等高于雄蕊。

图 6-3-28　MH2014-290 曼新竜上寨苦茶
| 曾铁桥，2014

图 6-3-29 MH2014-291 新南冬野苦茶
曾铁桥，2014

图 6-3-30 MH2014-292 勐昂野苦茶
曾铁桥，2014

四、勐昂村

1. 新南冬村民小组

MH2014-291新南冬野苦茶（苦茶*Camellia assamica* var. *kucha*）

位于勐海县布朗山乡勐昂村新南冬村民小组，海拔1300m；生育地土壤为砖红壤；栽培型；小乔木，树姿开张，树高4.20m，树幅5.90m×5.20m，基部干径0.32m，最低分枝高0.15m，分枝密。嫩枝有毛。芽叶黄绿色、多毛。大叶，叶长12.6~15.7cm，叶宽5.3~6.5cm，叶面积47.6~70.1cm^2，叶椭圆形，叶色深绿，叶身内折，叶面微隆起，叶尖渐尖，叶脉8~12对，叶齿锯齿形，叶缘平，叶背多毛，叶基楔形，叶质中。萼片无毛、绿色、5枚。花冠直径3.1~3.6cm，花瓣6枚、白色、质地薄，花瓣长宽均值1.6~1.9cm，子房有毛，花柱先端3裂、裂位浅，花柱长1.0~1.7cm，雌蕊等高于雄蕊。水浸出物55.57%、茶多酚39.36%、氨基酸2.97%、咖啡碱2.87%、酚氨比13.23。

2. 勐昂村民小组

MH2014-292勐昂野苦茶（苦茶*Camellia assamica* var. *kucha*）

位于勐海县布朗山乡勐昂村勐昂村民小组，海拔1282m；生育地土壤为砖红壤；栽培型；小乔木，树姿半开张，树高4.70m，树幅4.30m×4.40m，基部干径0.35m，最低分枝高0.15m，分枝密。嫩枝有毛。芽叶黄绿色、多毛。特大叶，叶长15.7~19.1cm，叶宽5.4~6.4cm，叶面积59.3~85.6cm^2，叶长椭圆形，叶色深绿，叶身内折，叶面微隆起，叶尖渐尖，叶脉9~11对，叶齿锯齿形，叶缘微波，叶背多毛，叶基楔形，叶质硬。萼片无毛、绿色、5枚。花冠直径1.3~2.1cm，花瓣6~8枚、白色、质地中，花瓣长宽均值1.4~1.7cm，子房有毛，花柱先端3裂、裂位浅，花柱长0.8~1.0cm，雌蕊等高于雄蕊。水浸出物59.12%、茶多酚33.47%、氨基酸2.82%、咖啡碱2.83%、酚氨比11.86。

3. 曼诺村民小组

（1）MH2014-293曼诺野苦茶（苦茶*Camellia assamica* var. *kucha*）

位于勐海县布朗山乡勐昂村曼诺村民小组，海拔1344m；生育地土壤为砖红壤；栽培型；乔木，树姿直立，树高7.80m，树幅4.60m×4.30m，基部干径0.53m，最低分枝高0.30m，分枝稀。嫩枝有毛。芽叶黄绿色、多毛。大叶，叶长12.1～15.0cm，叶宽4.7～5.8cm，叶面积41.5～60.9cm^2，叶长椭圆形，叶色绿，叶身内折，叶面隆起，叶尖渐尖，叶脉10～12对，叶齿锯齿形，叶缘平，叶背多毛，叶基楔形，叶质柔软。萼片无毛、绿色、5枚。花冠直径1.6～2.2cm，花瓣6～7枚、白色、质地中，花瓣长宽均值1.8cm，子房有毛，花柱先端3裂、裂位浅，花柱长0.8～0.9cm，雌蕊等高于雄蕊。果肾形，果径2.0cm，鲜果皮厚0.9～1.5mm，种球形，种径1.2cm，种皮褐色。水浸出物53.62%、茶多酚37.58%、氨基酸2.46%、咖啡碱2.87%、酚氨比15.30。

图6-3-31　MH2014-293曼诺野苦茶
|曾铁桥，2014

（2）MH2014-294曼诺野苦茶（苦茶*Camellia assamica* var. *kucha*）

位于勐海县布朗山乡勐昂村曼诺村民小组，海拔1350m；生育地土壤为砖红壤；栽培型；乔木，树姿直立，树高8.15m，树幅5.80m×5.40m，基部干径0.35m，最低分枝高1.20m，分枝中。嫩枝有毛。芽叶黄绿色、多毛。特大叶，叶长11.6～17.5cm，叶宽5.9～8.0cm，叶面积49.5～98.0cm^2，叶椭圆形，叶色深绿，叶身内折，叶面微隆起，叶尖渐尖，叶脉10～13对，叶齿锯齿形，叶缘微波，叶背多毛，叶基楔形，叶质柔软。萼片无毛、绿色、5枚。花冠直径2.0cm，花瓣6枚、白色、质地中，花瓣长宽均值1.5～1.9cm，子房有毛，花柱先端3裂、裂位浅，花柱长0.8～1.0cm，雌蕊等高于雄蕊。

图6-3-32　MH2014-294曼诺野苦茶
|曾铁桥，2014

图 6-3-33　MH2014-295 曼诺野苦茶
| 曾铁桥，2014

图 6-3-34　MH2014-296 曼诺野苦茶
| 曾铁桥，2014

（3）MH2014-295曼诺野苦茶（苦茶 *Camellia assamica* var. *kucha*）

位于勐海县布朗山乡勐昂村曼诺村民小组，海拔1317m；生育地土壤为砖红壤；栽培型；乔木，树姿直立，树高8.20m，树幅6.10m × 5.80m，基部干径0.58m，分枝中。嫩枝有毛。芽叶黄绿色、多毛。特大叶，叶长14.2 ~ 16.9cm，叶宽5.4 ~ 6.3cm，叶面积55.6 ~ 74.5cm^2，叶长椭圆形，叶色深绿，叶身内折，叶面平，叶尖渐尖，叶脉12 ~ 16对，叶齿锯齿形，叶缘微波，叶背多毛，叶基楔形，叶质中。萼片无毛、绿色、5枚。花冠直径3.2 ~ 3.2cm，花瓣6枚、白色、质地薄，花瓣长宽均值1.9cm，子房有毛，花柱先端3裂、裂位浅，花柱长0.7 ~ 1.0cm，雌蕊等高于雄蕊。水浸出物55.22%、茶多酚39.59%、氨基酸2.97%、咖啡碱3.68%、酚氨比13.33。

（4）MH2014-296曼诺野苦茶（苦茶 *Camellia assamica* var. *kucha*）

位于勐海县布朗山乡勐昂村曼诺村民小组，海拔1235m；生育地土壤为砖红壤；栽培型；小乔木，树姿半开张，树高4.70m，树幅6.40m × 5.30m，基部干径0.39m，最低分枝高0.10m，分枝密。嫩枝有毛。芽叶黄绿色、多毛。特大叶，叶长14.5 ~ 22.2cm，叶宽6.0 ~ 8.4cm，叶面积62.9 ~ 130.5cm^2，叶长椭圆形，叶色深绿，叶身内折，叶面隆起，叶尖渐尖，叶脉10 ~ 15对，叶齿锯齿形，叶缘微波，叶背多毛，叶基楔形，叶质硬。水浸出物53.19%、茶多酚37.01%、氨基酸3.46%、咖啡碱3.31%、酚氨比10.70。

（5）MH2014-297曼诺野苦茶（苦茶*Camellia assamica* var. *kucha*）

位于勐海县布朗山乡勐昂村曼诺村民小组，海拔1216m；生育地土壤为砖红壤；栽培型；小乔木，树姿直立，树高5.80m，树幅5.40m×5.90m，基部干径0.30m，最低分枝高0.20m，分枝密。嫩枝有毛。芽叶黄绿色、多毛。特大叶，叶长14.0～18.8cm，叶宽4.7～6.7cm，叶面积46.1～88.2cm^2，叶长椭圆形，叶色深绿，叶身平，叶面微隆起，叶尖渐尖，叶脉10～15对，叶齿锯齿形，叶缘微波，叶背多毛，叶基楔形，叶质中。萼片无毛、绿色、5枚。花冠直径3.0cm，花瓣7枚、白色、质地中，花瓣长宽均值1.6cm，子房有毛，花柱先端3裂、裂位浅，花柱长1.0cm，雌蕊等高于雄蕊。水浸出物53.48%、茶多酚41.47%、氨基酸3.59%、咖啡碱3.15%、酚氨比11.56。

图 6-3-35　MH2014-297 曼诺野苦茶
曾铁桥，2014

4. 帕点村民小组

（1）MH2014-298帕点大树茶（普洱茶*Camellia assamica*）

位于勐海县布朗山乡勐昂村帕点村民小组，海拔1113m；生育地土壤为砖红壤；栽培型；小乔木，树姿开张，树高6.20m，树幅6.30m×6.80m，基部干径0.23m，最低分枝高0.70m，分枝稀。嫩枝有毛。芽叶黄绿色、多毛。特大叶，叶长12.3～19.7cm，叶宽5.6～7.2cm，叶面积48.2～86.9cm^2，叶椭圆形，叶色深绿，叶身平，叶面微隆起，叶尖渐尖，叶脉8～12对，叶齿锯齿形，叶缘微波，叶背多毛，叶基楔形，叶质中。萼片无毛、绿色、5枚。花冠直径1.9～2.2cm，花瓣6～7枚、白色、质地中，花瓣长宽均值1.7～1.9cm，子房有毛，花柱先端3裂、裂位浅，花柱长1.0cm，雌蕊等高于雄蕊。水浸出物55.07%、茶多酚39.46%、氨基酸3.62%、咖啡碱3.95%、酚氨比10.90。

图 6-3-36　MH2014-298 帕点大树茶
曾铁桥，2014

图 6-3-37　MH2014-299 帕点大树茶
| 曾铁桥，2014

图 6-3-38　MH2014-300 帕点大树茶
| 曾铁桥，2014

（2）MH2014-299帕点大树茶（普洱茶*Camellia assamica*）

位于勐海县布朗山乡勐昂村帕点村民小组，海拔 1123m；生育地土壤为砖红壤；栽培型；乔木，树姿开张，树高 5.40m，树幅 5.30m × 6.20m，基部干径 0.27m，最低分枝高 1.30m，分枝密。嫩枝有毛。芽叶黄绿色、多毛。大叶，叶长 13.1 ~ 16.7cm，叶宽 5.0 ~ 6.3cm，叶面积 46.9 ~ 72.3cm^2，叶长椭圆形，叶色深绿，叶身平，叶面微隆起，叶尖渐尖，叶脉 8 ~ 12 对，叶齿锯齿形，叶缘微波，叶背多毛，叶基楔形，叶质中。萼片无毛、绿色、5 枚。花冠直径 1.6 ~ 2.3cm，花瓣 6 ~ 7 枚、白色、质地中，花瓣长宽均值 1.3 ~ 2.1cm，子房有毛，花柱先端 3 裂、裂位浅，花柱长 1.0cm，雌蕊等高于雄蕊。果肾形，果径 2.2 ~ 2.9cm，鲜果皮厚 1.2 ~ 1.4 mm，种球形，种径 1.2 ~ 1.6cm，种皮褐色。

（3）MH2014-300帕点大树茶（普洱茶*Camellia assamica*）

位于勐海县布朗山乡勐昂村帕点村民小组，海拔1211m；生育地土壤为砖红壤；栽培型；乔木，树姿开张，树高6.10m，树幅6.50m × 5.30m，基部干径0.20m，最低分枝高0.63m，分枝密。嫩枝有毛。芽叶黄绿色、多毛。大叶，叶长11.3 ~ 17.7cm，叶宽4.8 ~ 6.3cm，叶面积38.8 ~ 78.1cm^2，叶长椭圆形，叶色深绿，叶身平，叶面微隆起，叶尖渐尖，叶脉8 ~ 11对，叶齿锯齿形，叶缘微波，叶背多毛，叶基楔形，叶质柔软。萼片无毛、绿色、5枚。花冠直径1.2 ~ 2.0cm，花瓣6 ~ 7枚、白色、质地中，花瓣长宽均值1.4 ~ 1.9cm，子房有毛，花柱先端3裂、裂位浅，花柱长1.0cm，雌蕊等高于雄蕊。水浸出物54.85%、茶多酚39.19%、氨基酸2.11%、咖啡碱3.70%、酚氨比18.54。

5. 勐囡村民小组

（1）MH2014-301勐囡大茶树（普洱茶*Camellia assamica*）

位于勐海县布朗山乡勐昂村勐囡村民小组，海拔1042m；生育地土壤为砖红壤；栽培型；乔木，树姿直立，树高7.30m，树幅4.90m×6.00m，基部干径0.26m，最低分枝高1.10m，分枝密。嫩枝有毛。芽叶黄绿色、多毛。特大叶，叶长11.2～18.7cm，叶宽4.0～7.3cm，叶面积31.4～94.5cm^2，叶长椭圆形，叶色绿，叶身内折，叶面隆起，叶尖渐尖，叶脉7～11对，叶齿锯齿形，叶缘微波，叶背多毛，叶基楔形，叶质中。萼片无毛、绿色、5～6枚。花冠直径1.9～2.6cm，花瓣7～8枚、白色、质地中，花瓣长宽均值1.5～2.1cm，子房有毛，花柱先端3裂、裂位浅，花柱长1.0cm，雌蕊高于雄蕊。

图 6-3-39　MH2014-301 勐囡大茶树
| 曾铁桥，2014

（2）MH2014-302勐囡大树茶（普洱茶*Camellia assamica*）

位于勐海县布朗山乡勐昂村勐囡村民小组，海拔1078m；生育地土壤为砖红壤；栽培型；小乔木，树姿开张，树高 5.30m，树幅 6.80m×6.30m，基部干径 0.49m，最低分枝高 0.15m，分枝密。嫩枝有毛。芽叶黄绿色、多毛。大叶，叶长 12.2 ～ 16.5cm，叶宽 4.5 ～ 6.6cm，叶面积 40.0 ～ 76.2cm^2，叶长椭圆形，叶色绿，叶身平，叶面微隆起，叶尖渐尖，叶脉 9 ～ 12 对，叶齿锯齿形，叶缘平，叶背多毛，叶基楔形，叶质柔软。萼片无毛、绿色、5 ～ 6 枚。花冠直径 1.7 ～ 2.3cm，花瓣 7 ～ 8 枚、白色、质地中，花瓣长宽均值 1.7 ～ 1.8cm，子房有毛，花柱先端 3 裂、裂位浅，花柱长 1.0cm，雌蕊等高于雄蕊。果三角形，果径 2.6 ～ 3.4cm，鲜果皮厚 2.0mm，种半球形，种径 1.4 ～ 1.7cm，种皮棕褐色。水浸出物 57.52%、茶多酚 41.78%、氨基酸 2.23%、咖啡碱 3.85%、酚氨比 18.71。

图 6-3-40　MH2014-302 勐囡大树茶
| 曾铁桥，2014

五、班章村

1. 老曼峨村民小组

（1）MH2014-303老曼峨苦茶（苦茶*Camellia assamica* var. *kucha*）

位于勐海县布朗山乡班章村老曼峨村民小组，海拔1250m；生育地土壤为砖红壤；栽培型；小乔木，树姿半开张，树高7.90m，树幅6.60m × 5.80m，基部干径0.35m，最低分枝高0.20m，分枝中。嫩枝有毛。芽叶黄绿色、中毛。大叶，叶长9.7 ~ 16.5cm，叶宽4.1 ~ 6.0cm，叶面积34.4 ~ 68.1cm^2，叶长椭圆形，叶色绿，叶身内折，叶面微隆起，叶尖渐尖，叶脉7 ~ 11对，叶齿锯齿形，叶缘微波，叶背少毛，叶基楔形，叶质中。萼片无毛、绿色、5枚。花冠直径3.3 ~ 4.4cm，花瓣6 ~ 7枚、白色、质地中，花瓣长宽均值1.6 ~ 2.3cm，子房有毛，花柱先端3裂、裂位中，花柱长0.2cm，雌蕊高于雄蕊。

图 6-3-41　MH2014-303 老曼峨苦茶
| 曾铁桥，2014

（2）MH2014-304老曼峨野生大茶树（普洱茶*Camellia assamica*）

位于勐海县布朗山乡班章村老曼峨村民小组，海拔1287m；生育地土壤为砖红壤；栽培型；小乔木，树姿开张，树高4.60m，树幅5.90m × 5.40m，基部干径0.45m，分枝密。嫩枝有毛。芽叶黄绿色、中毛。特大叶，叶长14.6 ~ 21.2cm，叶宽6.3 ~ 7.7cm，叶面积67.5 ~ 114.3cm^2，叶长椭圆形，叶色深绿，叶身平，叶面微隆起，叶尖渐尖，叶脉8 ~ 13对，叶齿锯齿形，叶缘微波，叶背少毛，叶基楔形，叶质中。萼片无毛、绿色、4 ~ 5枚。花冠直径2.9 ~ 4.3cm，花瓣6 ~ 7枚、白色、质地中，花瓣长宽均值1.4 ~ 2.0cm，子房有毛，花柱先端3裂、裂位浅，花柱长0.2cm，雌蕊等高于雄蕊。水浸出物51.15%、茶多酚36.94%、氨基酸2.69%、咖啡碱2.51%、酚氨比13.73。

图 6-3-42　MH2014-304 老曼峨野生大茶树
| 曾铁桥，2014

（3）MH2014-305老曼峨苦茶（苦茶*Camellia assamica* var. *kucha*）

位于勐海县布朗山乡班章村老曼峨村民小组，海拔1314m；生育地土壤为砖红壤；栽培型；小乔木，树姿半开张，树高6.70m，树幅4.40m×5.40m，基部干径0.41m，最低分枝高1.00m，分枝中。嫩枝有毛。芽叶黄绿色、多毛。特大叶，叶长13.4～17.5cm，叶宽4.9～6.3cm，叶面积49.4～74.2cm²，叶长椭圆形，叶色绿，叶身平，叶面平，叶尖渐尖，叶脉12～14对，叶齿锯齿形，叶缘平，叶背少毛，叶基楔形，叶质中。萼片无毛、绿色、5枚。花冠直径2.1～3.5cm，花瓣6～8枚、白色、质地中，花瓣长宽均值2.0～2.2cm，子房有毛，花柱先端3裂、裂位浅，花柱长0.8～1.3cm，雌蕊高于雄蕊。水浸出物54.71%、茶多酚43.39%、氨基酸2.13%、咖啡碱3.99%、酚氨比20.36。

图 6-3-43　MH2014-305 老曼峨苦茶
曾铁桥，2014

（4）MH2014-306老曼峨苦茶（苦茶*Camellia assamica* var. *kucha*）

位于勐海县布朗山乡班章村老曼峨村民小组，海拔1346m；生育地土壤为砖红壤；栽培型；小乔木，树姿半开张，树高7.30m，树幅7.70m×7.50m，基部干径0.48m，最低分枝高1.10m，分枝中。嫩枝有毛。芽叶黄绿色、多毛。特大叶，叶长13.6～17.2cm，叶宽5.3～6.7cm，叶面积50.5～80.7cm²，叶长椭圆形，叶色绿，叶身内折，叶面微隆起，叶尖渐尖，叶脉11～13对，叶齿锯齿形，叶缘微波，叶背多毛，叶基楔形，叶质中。萼片无毛、绿色、5枚。花冠直径3.3～4.1cm，花瓣6～7枚、白色、质地厚，花瓣长宽均值2.4～3.0cm，子房有毛，花柱先端3裂、裂位中，花柱长1.0cm，雌蕊高于雄蕊。水浸出物57.79%、茶多酚44.94%、氨基酸2.04%、咖啡碱5.54%、酚氨比22.00。

图 6-3-44　MH2014-306 老曼峨苦茶
曾铁桥，2014

图 6-3-45　MH2014-307 老曼峨大茶树
| 曾铁桥，2014

图 6-3-46　MH2014-308 老曼峨苦茶
| 曾铁桥，2014

（5）MH2014-307老曼峨大茶树（普洱茶 *Camellia assamica*）

位于勐海县布朗山乡班章村老曼峨村民小组，海拔1350m；生育地土壤为砖红壤；栽培型；小乔木，树姿半开张，树高6.00m，树幅5.60m × 6.40m，基部干径0.46m，最低分枝高0.80m，分枝中。嫩枝有毛。芽叶黄绿色、少毛。特大叶，叶长11.2 ~ 18.7cm，叶宽5.0 ~ 7.7cm，叶面积39.2 ~ 100.8cm^2，叶长椭圆形，叶色深绿，叶身平，叶面微隆起，叶尖渐尖，叶脉9 ~ 12对，叶齿锯齿形，叶缘微波，叶背少毛，叶基楔形，叶质中。萼片无毛、绿色、4 ~ 6枚。花冠直径2.9 ~ 4.0cm，花瓣6 ~ 8枚、白色、质地中，花瓣长宽均值1.4 ~ 1.9cm，子房有毛，花柱先端3裂、裂位中，花柱长1.0cm，雌蕊低于雄蕊。果三角形，果径2.3cm，鲜果皮厚2.0mm，种球形，种径1.5 ~ 1.8cm，种皮棕褐色。水浸出物57.69%、茶多酚46.06%、氨基酸2.73%、咖啡碱3.94%、酚氨比16.85。

（6）MH2014-308老曼峨苦茶（苦茶*Camellia assamica* var. *kucha*）

位于勐海县布朗山乡班章村老曼峨村民小组，海拔1355m；生育地土壤为砖红壤；栽培型；小乔木，树姿半开张，树高4.80m，树幅6.00m × 6.60m，基部干径0.32m，最低分枝高0.60m，分枝中。嫩枝有毛。芽叶黄绿色、少毛。特大叶，叶长12.7 ~ 19.4cm，叶宽5.3 ~ 7.3cm，叶面积47.1 ~ 99.1cm^2，叶长椭圆形，叶色深绿，叶身平，叶面微隆起，叶尖渐尖，叶脉9 ~ 13对，叶齿锯齿形，叶缘微波，叶背少毛，叶基楔形，叶质硬。水浸出物57.01%、茶多酚43.38%、氨基酸1.90%、咖啡碱3.63%、酚氨比22.79。

（7）MH2014-309老曼峨大茶树（普洱茶*Camellia assamica*）

位于勐海县布朗山乡班章村老曼峨村民小组，海拔1347m；生育地土壤为砖红壤；栽培型；小乔木，树姿半开张，树高6.50m，树幅6.30m×5.30m，基部干径0.38m，最低分枝高0.45m，分枝中。嫩枝有毛。芽叶黄绿色、中毛。特大叶，叶长11.7~18.4cm，叶宽5.3~7.9cm，叶面积45.9~95.3cm^2，叶椭圆形，叶色深绿，叶身内折，叶面微隆起，叶尖急尖，叶脉10~13对，叶齿锯齿形，叶缘微波，叶背少毛，叶基楔形，叶质中。萼片无毛、绿色、4~5枚。花冠直径2.5~3.6cm，花瓣6~8枚、白色、质地中，花瓣长宽均值1.3~1.8cm，子房有毛，花柱先端3裂、裂位中，花柱长0.2cm，雌蕊等高于雄蕊。果三角形，果径1.7~1.9cm，鲜果皮厚1.6~2.0mm，种球形，种径1.0~1.2cm，种皮棕褐色。水浸出物57.22%、茶多酚46.44%、氨基酸2.68%、咖啡碱3.41%、酚氨比17.35。

图 6-3-47　MH2014-309 老曼峨大茶树
曾铁桥，2014

（8）MH2014-310老曼峨苦茶（苦茶*Camellia assamica* var. *kucha*）

位于勐海县布朗山乡班章村老曼峨村民小组，海拔1295m；生育地土壤为砖红壤；栽培型；小乔木，树姿开张，树高6.60m，树幅6.10m×5.10m，基部干径0.41m，最低分枝高0.10m，分枝中。嫩枝有毛。芽叶黄绿色、多毛。特大叶，叶长12.4~19.5cm，叶宽4.8~6.8cm，叶面积49.5~92.8cm^2，叶长椭圆形，叶色绿，叶身平，叶面微隆起，叶尖渐尖，叶脉9~12对，叶齿锯齿形，叶缘微波，叶背多毛，叶基楔形，叶质中。萼片无毛、绿色、5~6枚。花冠直径3.1~4.1cm，花瓣6~7枚、白色、质地中，花瓣长宽均值1.6~2.1cm，子房有毛，花柱先端3裂、裂位中，花柱长0.2cm，雌蕊高于雄蕊。

图 6-3-48　MH2014-310 老曼峨苦茶
曾铁桥，2014

图 6-3-49　MH2014-311 老曼峨大茶树
|曾铁桥，2014

图 6-3-50　MH2014-312 老曼峨苦茶
|曾铁桥，2014

（9）MH2014-311老曼峨大茶树（普洱茶*Camellia assamica*）

位于勐海县布朗山乡班章村老曼峨村民小组，海拔1336m；生育地土壤为砖红壤；栽培型；小乔木，树姿半开张，树高6.60m，树幅5.60m×5.50m，基部干径0.45m，最低分枝高1.30m，分枝稀。嫩枝有毛。芽叶黄绿色、中毛。特大叶，叶长15.0～19.0cm，叶宽4.5～7.2cm，叶面积49.5～95.8cm^2，叶长椭圆形，叶色绿，叶身内折，叶面微隆起，叶尖渐尖，叶脉11～15对，叶齿锯齿形，叶缘微波，叶背少毛，叶基楔形，叶质中。萼片无毛、绿色、5枚。花冠直径2.6～3.4cm，花瓣6枚、白色、质地中，花瓣长宽均值1.8～2.1cm，子房有毛，花柱先端3裂、裂位浅，花柱长1.0cm，雌蕊高于雄蕊。水浸出物55.37%、茶多酚42.62%、氨基酸2.39%、咖啡碱3.56%、酚氨比17.85。

（10）MH2014-312老曼峨苦茶（苦茶*Camellia assamica* var. *kucha*）

位于勐海县布朗山乡班章村老曼峨村民小组，海拔1375m；生育地土壤为砖红壤；栽培型；小乔木，树姿开张，树高6.47m，树幅5.70m×7.90m，基部干径0.49m，最低分枝高0.10m，分枝中。嫩枝有毛。芽叶黄绿色、中毛。特大叶，叶长12.4～19.2cm，叶宽4.7～7.1cm，叶面积46.0～92.7cm^2，叶长椭圆形，叶色深绿，叶身平，叶面微隆起，叶尖渐尖，叶脉11～13对，叶齿锯齿形，叶缘微波，叶背多毛，叶基楔形，叶质中。萼片无毛、绿色、5枚。花冠直径3.2～3.8cm，花瓣5～7枚、白色、质地中，花瓣长宽均值1.4～1.8cm，子房有毛，花柱先端3裂、裂位浅，花柱长1.0cm，雌蕊等高于雄蕊。果三角形，果径2.3～2.9cm，鲜果皮厚1.0～1.2mm，种球形，种径1.6cm，种皮棕褐色。水浸出物51.87%、茶多酚34.78%、氨基酸2.93%、咖啡碱3.52%、酚氨比11.85。

（11）MH2014-313老曼峨大茶树（普洱茶 *Camellia assamica*）

位于勐海县布朗山乡班章村老曼峨村民小组，海拔1363m；生育地土壤为砖红壤；栽培型；小乔木，树姿开张，树高7.20m，树幅7.20m×8.30m，基部干径0.37m，最低分枝高0.30m，分枝密。嫩枝有毛。芽叶黄绿色、中毛。特大叶，叶长13.1～17.3cm，叶宽4.8～6.9cm，叶面积49.5～78.8cm^2，叶长椭圆形，叶色深绿，叶身平，叶面微隆起，叶尖渐尖，叶脉11～14对，叶齿锯齿形，叶缘微波，叶背少毛，叶基楔形，叶质中。萼片无毛、绿色、5枚。花冠直径2.6～3.1cm，花瓣7枚、白色、质地中，花瓣长宽均值1.7～2.1cm，子房有毛，花柱先端3裂、裂位浅，花柱长0.5cm，雌蕊低于雄蕊。水浸出物57.65%、茶多酚44.27%、氨基酸2.70%、咖啡碱3.47%、酚氨比16.40。

图 6-3-51　MH2014-313 老曼峨大茶树
曾铁桥，2014

（12）MH2014-314老曼峨大茶树（普洱茶 *Camellia assamica*）

位于勐海县布朗山乡班章村老曼峨村民小组，海拔1350m；生育地土壤为砖红壤；栽培型；小乔木，树姿半开张，树高7.60m，树幅6.40m×5.90m，基部干径0.47m，最低分枝高1.35m，分枝中。嫩枝有毛。芽叶绿色、多毛。特大叶，叶长14.1～18.5cm，叶宽4.8～6.3cm，叶面积47.7～80.3cm^2，叶长椭圆形，叶色深绿，叶身平，叶面微隆起，叶尖渐尖，叶脉13～16对，叶齿锯齿形，叶缘微波，叶背多毛，叶基楔形，叶质中。萼片无毛、绿色、5枚。花冠直径2.3～3.2cm，花瓣6枚、白色、质地中，花瓣长宽均值1.7～2.1cm，子房有毛，花柱先端3裂、裂位浅，花柱长1.0cm，雌蕊高于雄蕊。水浸出物54.88%、茶多酚44.36%、氨基酸2.85%、咖啡碱3.84%、酚氨比15.55。

图 6-3-52　MH2014-314 老曼峨大茶树
曾铁桥，2014

图 6-3-53　MH2014-315 坝卡囡大茶树
| 曾铁桥，2014

图 6-3-54　MH2014-316 坝卡囡大茶树
| 曾铁桥，2014

2. 坝卡囡村民小组

（1）MH2014-315坝卡囡大茶树（普洱茶*Camellia assamica*）

位于勐海县布朗山乡班章村坝卡囡村民小组，海拔1765m；生育地土壤为砖红壤；栽培型；小乔木，树姿半开张，树高7.30m，树幅5.70m×5.20m，基部干径0.35m，最低分枝高1.40m，分枝中。嫩枝有毛。芽叶黄绿色、中毛。特大叶，叶长13.6~17.8cm，叶宽4.4~6.6cm，叶面积41.9~82.2cm^2，叶长椭圆形，叶色绿，叶身平，叶面微隆起，叶尖渐尖，叶脉11~13对，叶齿锯齿形，叶缘平，叶背少毛，叶基楔形，叶质中。萼片无毛、绿色、5枚。花冠直径2.0~2.5cm，花瓣6枚、白色、质地中，花瓣长宽均值1.4~1.8cm，子房有毛，花柱先端3裂、裂位中，花柱长1.0cm，雌蕊高于雄蕊。

（2）MH2014-316坝卡囡大茶树（普洱茶*Camellia assamica*）

位于勐海县布朗山乡班章村坝卡囡村民小组，海拔1698m；生育地土壤为砖红壤；栽培型；小乔木，树姿开张，树高5.80m，树幅6.20m×6.20m，基部干径0.32m，最低分枝高0.90m，分枝中。嫩枝有毛。芽叶绿色、多毛。特大叶，叶长13.4~16.6cm，叶宽5.7~7.9cm，叶面积56.7~89.5cm^2，叶椭圆形，叶色绿，叶身内折，叶面微隆起，叶尖钝尖，叶脉11~14对，叶齿锯齿形，叶缘微波，叶背少毛，叶基楔形，叶质中。萼片无毛、绿色、5枚。花冠直径2.6~3.5cm，花瓣7枚、白色、质地中，花瓣长宽均值1.7~2.2cm，子房有毛，花柱先端3裂、裂位中，花柱长1.2~1.4cm，雌蕊高于雄蕊。果球形，果径1.5cm，鲜果皮厚1.1~1.3mm，种半球形，种径1.4cm，种皮棕褐色。水浸出物53.23%、茶多酚31.25%、氨基酸3.91%、咖啡碱3.22%、酚氨比8.00。

3. 坝卡龙村民小组

（1）MH2014-317坝卡竜大茶树（普洱茶 *Camellia assamica*）

位于勐海县布朗山乡班章村坝卡龙村民小组，海拔1465m；生育地土壤为砖红壤；栽培型；小乔木，树姿半开张，树高3.50m，树幅4.80m×4.40m，基部干径0.30m，最低分枝高0.50m，分枝中。嫩枝有毛。芽叶黄绿色、中毛。大叶，叶长13.2～16.7cm，叶宽4.5～6.0cm，叶面积42.5～68.0cm^2，叶长椭圆形，叶色绿，叶身平，叶面微隆起，叶尖渐尖，叶脉12～17对，叶齿锯齿形，叶缘微波，叶背少毛，叶基楔形，叶质中。萼片无毛、绿色、4～5枚。花冠直径2.8～4.0cm，花瓣5～6枚、白色、质地中，花瓣长宽均值1.4～2.1cm，子房有毛，花柱先端3裂、裂位浅，花柱长0.7～1.0cm，雌蕊等高于雄蕊。果球形，果径1.4～2.7cm，鲜果皮厚0.9～1.2mm，种半球形，种径1.0～1.7cm，种皮棕褐色。

图 6-3-55　MH2014-317 坝卡龙大茶树
| 曾铁桥，2014

（2）MH2014-318坝卡龙大茶树（普洱茶 *Camellia assamica*）

位于勐海县布朗山乡班章村坝卡龙村民小组，海拔1511m；生育地土壤为砖红壤；栽培型；小乔木，树姿半开张，树高5.80m，树幅4.50m×4.10m，基部干径0.27m，最低分枝高0.55m，分枝中。嫩枝有毛。芽叶黄绿色、中毛。特大叶，叶长13.5～19.5cm，叶宽5.3～7.0cm，叶面积50.1～95.6cm^2，叶长椭圆形，叶色绿，叶身平，叶面微隆起，叶尖渐尖，叶脉12～17对，叶齿锯齿形，叶缘微波，叶背少毛，叶基楔形，叶质中。萼片无毛、绿色、5～6枚。花冠直径3.4～4.1cm，花瓣5～7枚、白色、质地厚，花瓣长宽均值1.6～2.0cm，子房有毛，花柱先端3裂、裂位中，花柱长1.1～1.3cm，雌蕊等高于雄蕊。水浸出物52.95%、茶多酚37.55%、氨基酸3.25%、咖啡碱4.31%、酚氨比11.56。

图 6-3-56　MH2014-318 坝卡龙大茶树
| 曾铁桥，2014

4. 新班章村民小组

（1）MH2014-319新班章大茶树（普洱茶*Camellia assamica*）

位于勐海县布朗山乡班章村新班章村民小组，海拔1635m；生育地土壤为砖红壤；栽培型；小乔木，树姿半开张，树高5.80m，树幅5.50m×6.10m，基部干径0.57m，最低分枝高0.05m，分枝中。嫩枝有毛。芽叶黄绿色、中毛。大叶，叶长13.0~16.4cm，叶宽4.0~6.5cm，叶面积39.1~73.7cm^2，叶长椭圆形，叶色绿，叶身平，叶面平，叶尖渐尖，叶脉12~15对，叶齿锯齿形，叶缘平，叶背少毛，叶基楔形，叶质中。萼片无毛、绿色、5枚。花冠直径2.4~3.2cm，花瓣6~7枚、白色、质地中，花瓣长宽均值1.6~2.0cm，子房有毛，花柱先端3裂、裂位浅，花柱长0.9~1.0cm，雌蕊等高于雄蕊。水浸出物54.65%、茶多酚38.16%、氨基酸2.99%、咖啡碱3.73%、酚氨比12.77。

图 6-3-57　MH2014-319 新班章大茶树
|曾铁桥，2014

（2）MH2014-320新班章大茶树（普洱茶*Camellia assamica*）

位于勐海县布朗山乡班章村新班章村民小组，海拔1619m；生育地土壤为砖红壤；栽培型；小乔木，树姿半开张，树高5.70m，树幅6.20m×4.20m，基部干径0.67m，最低分枝高0.05m，分枝中。嫩枝有毛。芽叶黄绿色、中毛。大叶，叶长13.0~16.9cm，叶宽4.9~6.0cm，叶面积47.0~67.7cm^2，叶长椭圆形，叶色绿，叶身平，叶面微隆起，叶尖渐尖，叶脉11~15对，叶齿锯齿形，叶缘平，叶背多毛，叶基楔形，叶质中。萼片无毛、绿色、5枚。花冠直径2.7~2.9cm，花瓣6枚、白色、质地中，花瓣长宽均值1.7~2.1cm，子房有毛，花柱先端3裂、裂位浅，花柱长1.0~1.1cm，雌蕊等高于雄蕊。水浸出物55.58%、茶多酚39.80%、氨基酸3.71%、咖啡碱3.89%、酚氨比10.72。

图 6-3-58　MH2014-320 新班章大茶树
|曾铁桥，2014

（3）MH2014-321新班章大茶树（普洱茶*Camellia assamica*）

位于勐海县布朗山乡班章村新班章村民小组，海拔1617m；生育地土壤为砖红壤；栽培型；小乔木，树姿半开张，树高5.70m，树幅6.40m×5.00m，基部干径0.61m，最低分枝高0.05m，分枝中。嫩枝有毛。芽叶黄绿色、中毛。特大叶，叶长14.2～21.0cm，叶宽5.6～8.1cm，叶面积60.8～107.2cm^2，叶长椭圆形，叶色绿，叶身内折，叶面微隆起，叶尖渐尖，叶脉11～17对，叶齿锯齿形，叶缘平，叶背少毛，叶基楔形，叶质中。萼片无毛、绿色、5枚。花冠直径2.9～4.8cm，花瓣6枚、白色、质地中，花瓣长宽均值1.9～2.3cm，子房有毛，花柱先端3裂、裂位深，花柱长1.0～1.2cm，雌蕊高于雄蕊。果三角形，果径2.7cm，鲜果皮厚1.1～1.3mm，种球形，种径1.6～1.7cm，种皮棕褐色。水浸出物51.30%、茶多酚34.07%、氨基酸2.79%、咖啡碱3.14%、酚氨比12.20。

图 6-3-59　MH2014-321 新班章大茶树
|曾铁桥，2014

（4）MH2014-322新班章大茶树（普洱茶*Camellia assamica*）

位于勐海县布朗山乡班章村新班章村民小组，海拔1601m；生育地土壤为砖红壤；栽培型；小乔木，树姿半开张，树高6.90m，树幅7.00m×6.60m，基部干径0.64m，最低分枝高0.20m，分枝中。嫩枝有毛。芽叶黄绿色、中毛。特大叶，叶长15.8～21.5cm，叶宽5.5～7.6cm，叶面积60.8～114.4cm^2，叶长椭圆形，叶色绿，叶身内折，叶面微隆起，叶尖渐尖，叶脉14～16对，叶齿少齿形，叶缘平，叶背少毛，叶基楔形，叶质中。萼片无毛、绿色、5枚。花冠直径2.0～3.3cm，花瓣5～6枚、白色、质地中，花瓣长宽均值1.5～1.6cm，子房有毛，花柱先端3裂、裂位深，花柱长0.9～1.0cm，雌蕊高于雄蕊。果三角形，果径2.3～3.1cm，鲜果皮厚1.2～1.4mm，种球形，种径1.6～1.8cm，种皮棕褐色。水浸出物54.36%、茶多酚47.14%、氨基酸4.94%、咖啡碱4.19%、酚氨比9.54。

图 6-3-60　MH2014-322 新班章大茶树
|曾铁桥，2014

图 6-3-61　MH2014-323 新班章大茶树
|曾铁桥，2014

图 6-3-62　MH2014-324 新班章大茶树
|曾铁桥，2014

（5）MH2014-323新班章大茶树（普洱茶 *Camellia assamica*）

位于勐海县布朗山乡班章村新班章村民小组，海拔1590m；生育地土壤为砖红壤；栽培型；小乔木，树姿半开张，树高6.50m，树幅5.70m × 5.70m，基部干径0.67m，最低分枝高0.30m，分枝中。嫩枝有毛。芽叶黄绿色、多毛。特大叶，叶长13.2 ~ 18.1cm，叶宽5.2 ~ 7.1cm。

（6）MH2014-324新班章大茶树（普洱茶 *Camellia assamica*）

位于勐海县布朗山乡班章村新班章村民小组，海拔1654m；生育地土壤为砖红壤；栽培型；小乔木，树姿半开张，树高6.50m，树幅7.80m × 8.20m，基部干径0.97m，最低分枝高0.04m，分枝中。嫩枝有毛。芽叶黄绿色、多毛。特大叶，叶长14.5 ~ 18.8cm，叶宽5.1 ~ 6.4cm，叶面积51.8 ~ 81.6cm^2，叶长椭圆形，叶色绿，叶身平，叶面微隆起，叶尖渐尖，叶脉14 ~ 17对，叶齿锯齿形，叶缘微波，叶背少毛，叶基楔形，叶质中。萼片无毛、绿色、5枚。花冠直径2.6 ~ 3.7cm，花瓣6 ~ 7枚、白色、质地中，花瓣长宽均值1.4 ~ 1.8cm，子房有毛，花柱先端3裂、裂位深，花柱长0.9 ~ 1.2cm，雌蕊高于雄蕊。水浸出物51.62%、茶多酚35.64%、氨基酸3.53%、咖啡碱3.91%、酚氨比10.09。

（7）MH2014-325新班章大茶树（普洱茶*Camellia assamica*）

位于勐海县布朗山乡班章村新班章村民小组，海拔1630m；生育地土壤为砖红壤；栽培型；小乔木，树姿开张，树高7.50m，树幅7.20m×5.90m，基部干径0.64m，最低分枝高0.05m，分枝中。嫩枝有毛。芽叶绿色、中毛。大叶，叶长12.5～15.2cm，叶宽4.6～6.3cm，叶面积40.3～67.0cm^2，叶长椭圆形，叶色绿，叶身平，叶面微隆起，叶尖渐尖，叶脉12～17对，叶齿锯齿形，叶缘微波，叶背多毛，叶基楔形，叶质中。萼片无毛、绿色、5～6枚。花冠直径1.9～3.4cm，花瓣5～6枚、白色、质地中，花瓣长宽均值1.2～2.0cm，子房有毛，花柱先端3裂、裂位浅，花柱长0.4～1.0cm，雌蕊低于雄蕊。果球形，果径2.8～3.5cm，鲜果皮厚0.9～1.8mm，种球形，种径1.5cm，种皮棕褐色。水浸出物51.30%、茶多酚33.66%、氨基酸2.70%、咖啡碱1.65%、酚氨比12.46。

图 6-3-63　MH2014-325 新班章大茶树
|曾铁桥，2014

（8）MH2014-326新班章大茶树（普洱茶*Camellia assamica*）

位于勐海县布朗山乡班章村新班章村民小组，海拔1832m；生育地土壤为砖红壤；栽培型；小乔木，树姿开张，树高5.60m，树幅6.40m×6.80m，基部干径0.38m，最低分枝高0.20m，分枝中。嫩枝有毛。芽叶绿色、多毛。大叶，叶长9.3～17.7cm，叶宽4.4～6.6cm，叶面积28.6～81.8cm^2，叶椭圆形，叶色深绿，叶身平，叶面微隆起，叶尖渐尖，叶脉13～16对，叶齿锯齿形，叶缘微波，叶背少毛，叶基楔形，叶质中。萼片无毛、绿色、5枚。花冠直径2.1～3.0cm，花瓣6～7枚、白色、质地中，花瓣长宽均值1.3～1.9cm，子房有毛，花柱先端3裂、裂位浅，花柱长0.7～1.0cm，雌蕊等高于雄蕊。果球形，果径2.4～2.6cm，鲜果皮厚1.0～1.9mm，种球形，种径1.5cm，种皮棕褐色。水浸出物54.81%、茶多酚38.92%、氨基酸4.54%、咖啡碱3.27%、酚氨比8.57。

图 6-3-64　MH2014-326 新班章大茶树
|曾铁桥，2014

图 6-3-65 MH2014-327 新班章大茶树
|曾铁桥，2014

（9）MH2014-327新班章大茶树（普洱茶*Camellia assamica*）

位于勐海县布朗山乡班章村新班章村民小组，海拔 1850m；生育地土壤为砖红壤；栽培型；小乔木，树姿开张，树高 5.80m，树幅 7.00m×5.50m，基部干径 0.32m，最低分枝高 0.20m，分枝中。嫩枝有毛。芽叶绿色、中毛。特大叶，叶长 14.6 ~ 19.0cm，叶宽 5.1 ~ 6.0cm，叶面积 52.1 ~ 76.0cm^2，叶披针形，叶色深绿，叶身平，叶面微隆起，叶尖渐尖，叶脉 13 ~ 18 对，叶齿少齿形，叶缘微波，叶背少毛，叶基楔形，叶质中。萼片无毛、绿色、5 枚。花冠直径 2.4 ~ 3.6cm，花瓣 7 枚、白色、质地中，花瓣长宽均值 1.6 ~ 2.1cm，子房有毛，花柱先端 3 裂、裂位浅，花柱长 0.9 ~ 1.1cm，雌蕊等高于雄蕊。果球形，果径 1.9 ~ 1.9cm，鲜果皮厚 1.1 ~ 1.3mm，种球形，种径 1.0 ~ 1.1cm，种皮棕褐色。水浸出物 53.75%、茶多酚 39.64%、氨基酸 2.94%、咖啡碱 4.90%、酚氨比 13.49。

图 6-3-66 MH2014-328 新班章大茶树
|曾铁桥，2014

（10）MH2014-328新班章大茶树（普洱茶*Camellia assamica*）

位于勐海县布朗山乡班章村新班章村民小组，海拔1843m；生育地土壤为砖红壤；栽培型；小乔木，树姿开张，树高7.10m，树幅8.00m×9.10m，基部干径0.55m，最低分枝高0.15m，分枝中。嫩枝有毛。芽叶绿色、中毛。特大叶，叶长13.1 ~ 20.5cm，叶宽5.6 ~ 8.5cm，叶面积51.4 ~ 122.0cm^2，叶椭圆形，叶色绿，叶身背卷，叶面微隆起，叶尖渐尖，叶脉12 ~ 18对，叶齿少齿形，叶缘平，叶背多毛，叶基楔形，叶质中。萼片无毛、绿色、4 ~ 5枚。花冠直径2.5 ~ 3.0cm，花瓣5 ~ 7枚、白色、质地中，花瓣长宽均值1.4 ~ 1.8cm，子房有毛，花柱先端3裂、裂位浅，花柱长0.7 ~ 0.9cm，雌蕊等高于雄蕊。果三角形，果径1.8 ~ 3.0cm，鲜果皮厚1.0 ~ 2.1mm，种球形，种径0.9 ~ 1.5cm，种皮棕褐色。水浸出物56.67%、茶多酚47.24%、氨基酸2.79%、咖啡碱3.92%、酚氨比16.95。

（11）MH2014-329新班章大茶树（普洱茶*Camellia assamica*）

位于勐海县布朗山乡班章村新班章村民小组，海拔1735m；生育地土壤为砖红壤；栽培型；小乔木，树姿开张，树高5.60m，树幅6.60m×6.60m，基部干径0.38m，最低分枝高0.50m，分枝密。嫩枝有毛。芽叶黄绿色、中毛。特大叶，叶长13.8~19.7cm，叶宽5.9~8.2cm，叶面积57.0~107.6cm^2，叶椭圆形，叶色绿，叶身平，叶面微隆起，叶尖急尖，叶脉12~16对，叶齿锯齿形，叶缘微波，叶背少毛，叶基楔形，叶质中。萼片有毛、绿色、5~7枚。花冠直径2.4~4.1cm，花瓣5~9枚、白色、质地中，花瓣长宽均值1.6~2.0cm，子房有毛，花柱先端3裂、裂位中，花柱长0.7~1.1cm，雌蕊等高于雄蕊。果球形，果径2.4 cm，鲜果皮厚1.0~1.8mm，种球形，种径1.6cm，种皮棕褐色。水浸出物53.61%、茶多酚35.79%、氨基酸4.15%、咖啡碱4.56%、酚氨比8.62。

图 6-3-67　MH2014-329 新班章大茶树
曾铁桥，2014

（12）MH2014-330新班章大茶树（普洱茶*Camellia assamica*）

位于勐海县布朗山乡班章村新班章村民小组，海拔 1730m；生育地土壤为砖红壤；栽培型；小乔木，树姿开张，树高 6.80m，树幅 6.40m×9.00m，基部干径 0.38m，最低分枝高 0.13m，分枝中。嫩枝有毛。芽叶黄绿色、中毛。大叶，叶长 12.1 ~ 17.4cm，叶宽 5.0 ~ 6.3cm，叶面积 45.7 ~ 74.3cm^2，叶长椭圆形，叶色绿，叶身平，叶面微隆起，叶尖渐尖，叶脉 12 ~ 16 对，叶齿锯齿形，叶缘微波，叶背多毛，叶基楔形，叶质中。萼片无毛、绿色、5 ~ 6 枚。花冠直径 2.9 ~ 3.4cm，花瓣 5 ~ 7 枚、白色、质地中，花瓣长宽均值 1.4 ~ 1.9cm，子房有毛，花柱先端 3 裂、裂位浅，花柱长 0.9 ~ 1.2cm，雌蕊等高于雄蕊。水浸出物 54.41%、茶多酚 39.85%、氨基酸 2.83%、咖啡碱 3.81%、酚氨比 14.07。

图 6-3-68　MH2014-330 新班章大茶树
曾铁桥，2014

图 6-3-69　MH2014-331 新班章大茶树
|曾铁桥，2014

（13）MH2014-331新班章大茶树（普洱茶 *Camellia assamica*）

位于勐海县布朗山乡班章村新班章村民小组，海拔1729m；生育地土壤为砖红壤；栽培型；小乔木，树姿开张，树高9.50m，树幅7.30m×6.90m，基部干径0.48m，最低分枝高0.20m，分枝中。嫩枝有毛。芽叶黄绿色、中毛。大叶，叶长13.2～18.4cm，叶宽4.6～7.0cm，叶面积48.0～90.2cm^2，叶长椭圆形，叶色绿，叶身背卷，叶面隆起，叶尖渐尖，叶脉12～16对，叶齿锯齿形，叶缘微波，叶背少毛，叶基楔形，叶质中。萼片无毛、绿色、5枚。花冠直径1.9～2.8cm，花瓣6枚、白色、质地中，花瓣长宽均值1.3～1.9cm，子房有毛，花柱先端3裂、裂位浅，花柱长0.9～1.1cm，雌蕊等高于雄蕊。水浸出物56.98%、茶多酚41.20%、氨基酸2.44%、咖啡碱4.07%、酚氨比16.86。

图 6-3-70　MH2014-332 新班章大茶树
|曾铁桥，2014

（14）MH2014-332新班章大茶树（普洱茶 *Camellia assamica*）

位于勐海县布朗山乡班章村新班章村民小组，海拔1638m；生育地土壤为砖红壤；栽培型；小乔木，树姿开张，树高6.30m，树幅5.30m×5.30m，基部干径0.48m，最低分枝高0.20m，分枝密。嫩枝有毛。芽叶黄绿色、中毛。特大叶，叶长14.6～18.7cm，叶宽6.8～8.8cm，叶面积72.6～115.2cm^2，叶椭圆形，叶色深绿，叶身内折，叶面微隆起，叶尖钝尖，叶脉13～18对，叶齿锯齿形，叶缘平，叶背多毛，叶基楔形，叶质中。萼片无毛、绿色、5枚。花冠直径1.9～3.1cm，花瓣7枚、白色、质地中，花瓣长宽均值1.6～1.7cm，子房有毛，花柱先端3裂、裂位浅，花柱长0.9～1.1cm，雌蕊等高于雄蕊。果球形，果径1.6cm，鲜果皮厚0.9～1.6mm，种球形，种径1.4cm，种皮棕褐色。

5. 老班章村民小组

（1）MH2014-333老班章大茶树（普洱茶*Camellia assamica*）

位于勐海县布朗山乡班章村老班章村民小组，海拔1785m；生育地土壤为砖红壤；栽培型；小乔木，树姿开张，树高6.20m，树幅6.00m×8.00m，基部干径0.35m，最低分枝高1.20m，分枝密。嫩枝有毛。芽叶绿色、多毛。特大叶，叶长15.5～18.2cm，叶宽5.6～7.4cm，叶面积60.8～91.7cm^2，叶长椭圆形，叶色深绿，叶身背卷，叶面微隆起，叶尖渐尖，叶脉12～17对，叶齿锯齿形，叶缘微波，叶背少毛，叶基楔形，叶质中。萼片无毛、绿色、5枚。花冠直径2.4～4.0cm，花瓣6～7枚、白色、质地中，花瓣长宽均值1.8～2.4cm，子房有毛，花柱先端3裂、裂位浅，花柱长0.8～1.3cm，雌蕊低于雄蕊。果球形，果径2.3～2.5cm，鲜果皮厚1.0mm，种球形，种径1.5～1.7cm，种皮棕褐色。水浸出物56.50%、茶多酚38.53%、氨基酸4.13%、咖啡碱4.07%、酚氨比9.32。

图 6-3-71　MH2014-333 老班章大茶树
|曾铁桥，2014

（2）MH2014-334老班章大茶树（普洱茶*Camellia assamica*）

位于勐海县布朗山乡班章村老班章村民小组，海拔1744m；生育地土壤为砖红壤；栽培型；小乔木，树姿开张，树高4.60m，树幅5.00m×5.00m，基部干径0.45m，最低分枝高0.35m，分枝中。嫩枝有毛。芽叶绿色、中毛。特大叶，叶长14.3～20.5cm，叶宽4.5～6.3cm，叶面积45.0～90.4cm^2，叶披针形，叶色绿，叶身背卷，叶面微隆起，叶尖渐尖，叶脉10～17对，叶齿锯齿形，叶缘微波，叶背少毛，叶基楔形，叶质中。萼片无毛、绿色、5枚。花冠直径2.3～3.4cm，花瓣5～6枚、白色、质地中，花瓣长宽均值1.5～1.8cm，子房有毛，花柱先端3裂、裂位浅，花柱长0.8～1.2cm，雌蕊低于雄蕊。果球形，果径2.3～2.5cm，鲜果皮厚1.0～1.1mm，种球形，种径1.6～1.9cm，种皮棕褐色。水浸出物46.55%、茶多酚26.33%、氨基酸2.92%、咖啡碱3.35%、酚氨比9.01。

图 6-3-72　MH2014-334 老班章大茶树
|曾铁桥，2014

图 6-3-73　MH2014-335 老班章大茶树
|曾铁桥，2014

图 6-3-74　MH2014-336 老班章大茶树
|曾铁桥，2014

（3）MH2014-335老班章大茶树（普洱茶 *Camellia assamica*）

位于勐海县布朗山乡班章村老班章村民小组，海拔1819m；生育地土壤为砖红壤；栽培型；小乔木，树姿开张，树高4.60m，树幅6.00m×5.00m，基部干径0.13m，最低分枝高0.78m，分枝密。嫩枝有毛。芽叶绿色、中毛。大叶，叶长11.8～15.2cm，叶宽4.4～5.8cm，叶面积36.3～61.7cm^2，叶长椭圆形，叶色深绿，叶身内折，叶面平，叶尖渐尖，叶脉10～14对，叶齿锯齿形，叶缘微波，叶背少毛，叶基楔形，叶质中。萼片无毛、绿色、5枚。花冠直径3.4～4.6cm，花瓣5～8枚、白色、质地中，花瓣长宽均值1.8～2.4cm，子房有毛，花柱先端3裂、裂位浅，花柱长0.9～1.2cm，雌蕊等高于雄蕊。

（4）MH2014-336老班章大茶树（普洱茶 *Camellia assamica*）

位于勐海县布朗山乡班章村老班章村民小组，海拔1832m；生育地土壤为砖红壤；栽培型；小乔木，树姿开张，树高4.60m，树幅5.70m×6.00m，基部干径0.32m，最低分枝高0.20m，分枝中。嫩枝有毛。芽叶黄绿色、多毛。特大叶，叶长14.0～18.0cm，叶宽5.7～9.0cm，叶面积55.9～113.4cm^2，叶椭圆形，叶色深绿，叶身内折，叶面微隆起，叶尖渐尖，叶脉15～19对，叶齿锯齿形，叶缘平，叶背少毛，叶基楔形，叶质柔软。萼片无毛、绿色、5枚。花冠直径3.2～3.9cm，花瓣4～7枚、白色、质地中，花瓣长宽均值1.5～2.3cm，子房有毛，花柱先端3裂、裂位浅，花柱长0.9～1.4cm，雌蕊等高于雄蕊。果三角形，果径2.1～3.1cm，鲜果皮厚1.2～1.5mm，种球形，种径1.3～1.9cm，种皮棕褐色。水浸出物56.93%、茶多酚37.88%、氨基酸3.19%、咖啡碱4.79%、酚氨比11.89。

（5）MH2014-337老班章大茶树（普洱茶*Camellia assamica*）

位于勐海县布朗山乡班章村老班章村民小组，海拔1791m；生育地土壤为砖红壤；栽培型；小乔木，树姿开张，树高13.20m，树幅7.50m×6.40m，基部干径0.29m，最低分枝高1.90m，分枝中。嫩枝有毛。芽叶黄绿色、多毛。特大叶，叶长16.1～20.2cm，叶宽6.1～8.8cm，叶面积69.2～116.4cm^2，叶椭圆形，叶色深绿，叶身平，叶面微隆起，叶尖渐尖，叶脉13～17对，叶齿锯齿形，叶缘微波，叶背少毛，叶基楔形，叶质中。萼片无毛、绿色、5枚。花冠直径3.1～3.9cm，花瓣6～8枚、白色、质地中，花瓣长宽均值1.8～2.1cm，子房有毛，花柱先端3裂、裂位中，花柱长1.1～1.5cm，雌蕊高于雄蕊。果三角形，果径2.1～3.1cm，鲜果皮厚1.0～1.3mm，种球形，种径1.4～1.6cm，种皮棕褐色。水浸出物54.88%、茶多酚35.12%、氨基酸3.53%、咖啡碱4.08%、酚氨比9.95。

图 6-3-75　MH2014-337 老班章大茶树
曾铁桥，2014

（6）MH2014-338老班章大茶树（普洱茶*Camellia assamica*）

位于勐海县布朗山乡班章村老班章村民小组，海拔 1765m；生育地土壤为砖红壤；栽培型；小乔木，树姿开张，树高 5.50m，树幅 5.80m×5.60m，基部干径 0.38m，最低分枝高 0.20m，分枝中。嫩枝有毛。芽叶黄绿色、中毛。特大叶，叶长 16.0 ～ 20.4cm，叶宽 5.5 ～ 7.4cm，叶面积 63.9 ～ 95.7cm^2，叶长椭圆形，叶色绿，叶身背卷，叶面微隆起，叶尖渐尖，叶脉 13 ～ 15 对，叶齿少齿形，叶缘微波，叶背少毛，叶基楔形，叶质中。萼片无毛、绿色、5 枚。花冠直径 3.0 ～ 3.6cm，花瓣 5 ～ 7 枚、白色、质地中，花瓣长宽均值 1.8 ～ 2.0cm，子房有毛，花柱先端 3 裂、裂位中，花柱长 1.0 ～ 1.2cm，雌蕊高于雄蕊。果三角形，果径 1.8 ～ 2.2cm，鲜果皮厚 1.1mm，种半球形，种径 1.2 ～ 1.7cm，种皮棕褐色。水浸出物 50.63%、茶多酚 30.19%、氨基酸 3.37%、咖啡碱 3.23%、酚氨比 8.97。

图 6-3-76　MH2014-338 老班章大茶树
曾铁桥，2014

（7）MH2014-339老班章大茶树（普洱茶*Camellia assamica*）

位于勐海县布朗山乡班章村老班章村民小组，海拔1795m；生育地土壤为砖红壤；栽培型；小乔木，树姿开张，树高5.60m，树幅5.30m×5.50m，基部干径0.32m，最低分枝高0.30m，分枝中。嫩枝有毛。芽叶黄绿色、多毛。大叶，叶长11.7～14.7cm，叶宽4.8～6.4cm，叶面积40.0～65.0cm^2，叶椭圆形，叶色绿，叶身背卷，叶面微隆起，叶尖渐尖，叶脉10～14对，叶齿锯齿形，叶缘平，叶背少毛，叶基楔形，叶质中。萼片无毛、绿色、5枚。花冠直径2.7～3.4cm，花瓣5～6枚、白色、质地薄，花瓣长宽均值1.7～2.0cm，子房有毛，花柱先端3裂、裂位中，花柱长0.9～1.2cm，雌蕊高于雄蕊。果三角形，果径2.1cm，鲜果皮厚1.0mm，种球形，种径1.1～1.3cm，种皮棕褐色。水浸出物51.19%、茶多酚36.95%、氨基酸3.48%、咖啡碱4.11%、酚氨比10.62。

图 6-3-77　MH2014-339 老班章大茶树
| 曾铁桥，2014

（8）MH2014-340老班章大茶树（普洱茶*Camellia assamica*）

位于勐海县布朗山乡班章村老班章村民小组，海拔1776m；生育地土壤为砖红壤；栽培型；小乔木，树姿开张，树高4.00m，树幅7.30m×6.70m，基部干径0.32m，最低分枝高0.60m，分枝密。嫩枝有毛。芽叶黄绿色、中毛。特大叶，叶长14.1～21.8cm，叶宽6.0～7.7cm，叶面积62.2～117.5cm^2，叶椭圆形，叶色绿，叶身内折，叶面微隆起，叶尖渐尖，叶脉13～16对，叶齿锯齿形，叶缘平，叶背少毛，叶基楔形，叶质中。萼片无毛、绿色、5枚。花冠直径3.5～4.4cm，花瓣6～7枚、白色、质地薄，花瓣长宽均值1.9～2.3cm，子房有毛，花柱先端3裂、裂位中，花柱长1.5～1.7cm，雌蕊高于雄蕊。果肾形，果径2.1～2.2cm，鲜果皮厚1mm，种半球形，种径1.6～1.7cm，种皮棕褐色。水浸出物51.83%、茶多酚35.06%、氨基酸2.59%、咖啡碱4.09%、酚氨比13.55。

图 6-3-78　MH2014-340 老班章大茶树
| 曾铁桥，2014

（9）MH2014-341老班章大茶树（普洱茶 *Camellia assamica*）

位于勐海县布朗山乡班章村老班章村民小组，海拔1793m；生育地土壤为砖红壤；栽培型；小乔木，树姿开张，树高7.10m，树幅8.50m×8.40m，基部干径0.54m，最低分枝高0.80m，分枝密。嫩枝有毛。芽叶黄绿色、多毛。特大叶，叶长16.6～19.2cm，叶宽5.0～6.3cm，叶面积58.1～80.6cm^2，叶披针形，叶色绿，叶身平，叶面平，叶尖急尖，叶脉14～16对，叶齿重锯齿形，叶缘微波，叶背少毛，叶基楔形，叶质中。萼片无毛、绿色、5枚。花冠直径2.1cm，花瓣5枚、白色、质地中，花瓣长宽均值1.4cm，子房有毛，花柱先端3裂、裂位中，花柱长0.6cm，雌蕊高于雄蕊。水浸出物56.14%、茶多酚40.65%、氨基酸2.99%、咖啡碱4.68%、酚氨比13.60。

图6-3-79　MH2014-341老班章大茶树
曾铁桥，2014

（10）MH2014-342老班章大茶树（普洱茶 *Camellia assamica*）

位于勐海县布朗山乡班章村老班章村民小组，海拔1805m；生育地土壤为砖红壤；栽培型；小乔木，树姿开张，树高6.40m，树幅6.10m×7.00m，基部干径0.54m，最低分枝高0.20m，分枝密。嫩枝有毛。芽叶黄绿色、中毛。大叶，叶长13.2～18.0cm，叶宽4.6～5.3cm，叶面积43.4～66.8cm^2，叶披针形，叶色绿，叶身内折，叶面微隆起，叶尖渐尖，叶脉11～14对，叶齿少齿形，叶缘微波，叶背少毛，叶基楔形，叶质中。萼片无毛、绿色、5枚。花冠直径2.7～3.3cm，花瓣5枚、白色、质地中，花瓣长宽均值1.6～2.0cm，子房有毛，花柱先端3裂、裂位中，花柱长1.3～1.4cm，雌蕊高于雄蕊。水浸出物55.70%、茶多酚39.53%、氨基酸2.80%、咖啡碱3.71%、酚氨比14.14。

图6-3-80　老班章茶后
曾铁桥，2014

图 6-3-81　老班章茶王树
曾铁桥，2014

（11）老班章茶王树（普洱茶*Camellia assamica*）

位于勐海县布朗山乡班章村老班章村民小组，海拔1802m；生育地土壤为砖红壤；栽培型；小乔木，树姿开张，树高8.00m，树幅4.80m×5.50m，基部干径0.59m，最低分枝高0.30m，分枝稀。嫩枝有毛。芽叶黄绿色、多毛。特大叶，叶长13.0～18.3cm，叶宽5.5～7.2cm，叶面积50.1～92.2cm^2，叶长椭圆形，叶色绿，叶身内折，叶面微隆起，叶尖渐尖，叶脉13～18对，叶齿锯齿形，叶缘微波，叶背无毛，叶基楔形，叶质中。萼片无毛、绿色、4枚。花冠直径1.6cm，花瓣4枚、白色、质地中，花瓣长宽均值1.7cm，子房有毛，花柱先端3裂、裂位中，花柱长0.9～1.5cm，雌蕊高于雄蕊。水浸出物47.49%、茶多酚23.88%、氨基酸2.48%、咖啡碱3.21%、酚氨比9.62。

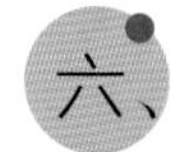

六、曼果村

啊梭村民小组

啊梭大茶树（普洱茶*Camellia assamica*）

位于勐海县布朗山乡曼果村啊梭村民小组，海拔1647m；生育地土壤为砖红壤；栽培型；小乔木，树姿开张，树高4.85m，树幅4.52m×4.38m，基部干径0.35m，最低分枝高0.20m，分枝中。嫩枝有毛。芽叶绿色、多毛。中叶，叶长11.8～13.2cm，叶宽4.9～6.1cm，叶面积40.5～56.4cm^2，叶长椭圆形，叶色绿，叶身内折，叶面微隆起，叶尖渐尖，8.0～11.0对，叶齿锯齿形，叶缘微波，叶背多毛，叶基楔形，叶质柔软。萼片无毛、绿色、5枚。花冠直径3.3～3.9cm，花瓣6枚、白色、质地薄，花瓣长宽均值1.2～1.7cm，子房有毛，花柱先端3裂、裂位浅，花柱长0.9～1.1cm，雌蕊等高于雄蕊。果球形，果径2.3～2.7cm，鲜果皮厚1.0～1.4mm，种半球形，种径1.1～1.3cm，种皮褐色。

图 6-3-82　啊梭大茶树
李友勇，2019

第四节　打洛镇

曼夕村

曼夕老寨村民小组

（1）MH2014-222曼夕老寨大树茶（普洱茶*Camellia assamica*）

位于勐海县打洛镇曼夕村曼夕老寨村民小组，海拔1546m；生育地土壤为砖红壤；栽培型；小乔木，树姿半开张，树高10.25m，树幅5.50m×5.30m，基部干径0.38m，最低分枝高0.30m，分枝密。嫩枝有毛。芽叶黄绿色、中毛。特大叶，叶长16.4~22.3cm，叶宽7.1~9.1cm，叶面积81.5~142.1cm^2，叶椭圆形，叶色深绿，叶身内折，叶面隆起，叶尖渐尖，叶脉10~12对，叶齿锯齿形，叶缘微波，叶背中毛，叶基楔形，叶质中。萼片无毛、绿色、5枚。

图 6-4-1　MH2014-222 曼夕老寨大树茶
| 曾铁桥，2014

（2）MH2014-223曼夕老寨大树茶（普洱茶*Camellia assamica*）

位于勐海县打洛镇曼夕村曼夕老寨村民小组，海拔1620m；生育地土壤为砖红壤；栽培型；乔木，树姿直立，树高10.30m，树幅6.50m×5.60m，基部干径0.51m，最低分枝高0.80m，分枝密。嫩枝有毛。芽叶黄绿色、多毛。特大叶，叶长12.8~17.3cm，叶宽4.4~6.7cm，叶面积39.4~81.1cm^2，叶长椭圆形，叶色绿，叶身内折，叶面微隆起，叶尖渐尖，叶脉12~16对，叶齿锯齿形，叶缘微波，叶背多毛，叶基楔形，叶质中。萼片无毛、绿色、5枚。花冠直径2.7~3.7cm，花瓣5~7枚、白色、质地中，花瓣长宽均值1.5~2.2cm，子房有毛，花柱先端3裂、裂位浅，花柱长0.9~1.6cm，雌蕊高于雄蕊。

图 6-4-2　MH2014-223 曼夕老寨大树茶
| 曾铁桥，2014

图 6-4-3　MH2014-224 曼夕老寨大树茶
| 曾铁桥，2014

图 6-4-4　MH2014-225 曼夕老寨大树茶
| 曾铁桥，2014

（3）MH2014-224曼夕老寨大树茶（普洱茶 *Camellia assamica*）

位于勐海县打洛镇曼夕村曼夕老寨村民小组，海拔1570m；生育地土壤为砖红壤；栽培型；乔木，树姿直立，树高9.20m，树幅5.00m×4.30m，基部干径0.45m，最低分枝高1.50m，分枝密。嫩枝有毛。芽叶黄绿色、多毛。特大叶，叶长12.5～18.0cm，叶宽5.1～7.6cm，叶面积44.6～88.2cm^2，叶椭圆形，叶色深绿，叶身背卷，叶面微隆起，叶尖钝尖，叶脉11～16对，叶齿锯齿形，叶缘平，叶背少毛，叶基楔形，叶质中。萼片有毛、绿色、5枚。花冠直径2.5～3.7cm，花瓣7～8枚、白色、质地中，花瓣长宽均值1.5～1.8cm，子房有毛，花柱先端3裂、裂位浅，花柱长0.9～1.4cm，雌蕊高于雄蕊。

（4）MH2014-225曼夕老寨大树茶（普洱茶 *Camellia assamica*）

位于勐海县打洛镇曼夕村曼夕老寨村民小组，海拔1727m；生育地土壤为砖红壤；栽培型；乔木，树姿直立，树高9.60m，树幅3.30m×4.50m，基部干径0.32m，最低分枝高2.50m，分枝密。嫩枝有毛。芽叶绿色、多毛。特大叶，叶长13.3～16.9cm，叶宽5.5～6.8cm，叶面积51.2～80.4cm^2，叶椭圆形，叶色绿，叶身平，叶面隆起，叶尖渐尖，叶脉9～11对，叶齿锯齿形，叶缘平，叶背多毛，叶基近圆形，叶质柔软。水浸出物60.08%、茶多酚42.67%、氨基酸2.67%、咖啡碱4.66%、酚氨比15.99。

（5）MH2014-226曼夕老寨大树茶（普洱茶 *Camellia assamica*）

位于勐海县打洛镇曼夕村曼夕老寨村民小组，海拔1643m；生育地土壤为砖红壤；栽培型；乔木，树姿直立，树高9.40m，树幅3.70m×4.30m，基部干径0.40m，最低分枝高1.90m，分枝密。嫩枝有毛。芽叶绿色、多毛。特大叶，叶长13.1～16.9cm，叶宽5.5～7.5cm，叶面积50.4～88.7cm^2，叶椭圆形，叶色绿，叶身内折，叶面微隆起，叶尖渐尖，叶脉8～11对，叶齿锯齿形，叶缘微波，叶背多毛，叶基近圆形，叶质柔软。萼片无毛、绿色、5枚。花冠直径2.8～4.0cm，花瓣7～8枚、白色、质地中，花瓣长宽均值1.7～2.0cm，子房有毛，花柱先端3裂、裂位浅，花柱长1.1～1.2cm，雌蕊等高于雄蕊。

图 6-4-5　MH2014-226 曼夕老寨大树茶
| 曾铁桥，2014

（6）MH2014-227曼夕老寨大树茶（普洱茶 *Camellia assamica*）

位于勐海县打洛镇曼夕村曼夕老寨村民小组，海拔1635m；生育地土壤为砖红壤；栽培型；小乔木，树姿半开张，树高7.80m，树幅5.00m×6.50m，基部干径0.41m，最低分枝高0.90m，分枝稀。嫩枝有毛。芽叶黄绿色、多毛。特大叶，叶长15.7～19.5cm，叶宽6.5～8.1cm，叶面积71.4～110.0cm^2，叶椭圆形，叶色深绿，叶身平，叶面强隆起，叶尖钝尖，叶脉11～12对，叶齿锯齿形，叶缘平，叶背多毛，叶基楔形，叶质柔软。萼片无毛、绿色、5枚。花冠直径2.6～3.3cm，花瓣6～7枚、白色、质地中，花瓣长宽均值1.1～1.6cm，子房有毛，花柱先端3裂、裂位浅，花柱长0.7～1.2cm，雌蕊等高于雄蕊。水浸出物56.30%、茶多酚41.51%、氨基酸3.21%、咖啡碱4.47%、酚氨比12.95。

图 6-4-6　MH2014-227 曼夕老寨大树茶
| 曾铁桥，2014

图 6-4-7 MH2014-228 曼夕老寨大树茶
|曾铁桥，2014

(7) MH2014-228曼夕老寨大树茶（普洱茶 *Camellia assamica*）

位于勐海县打洛镇曼夕村曼夕老寨村民小组，海拔1750m；生育地土壤为砖红壤；栽培型；乔木，树姿直立，树高10.70m，树幅7.50m × 5.50m，基部干径0.52m，最低分枝高1.75m，分枝稀。嫩枝有毛。芽叶黄绿色、多毛。特大叶，叶长13.7 ~ 20.9cm，叶宽5.2 ~ 7.3cm，叶面积49.9 ~ 106.8cm^2，叶长椭圆形，叶色深绿，叶身背卷，叶面强隆起，叶尖渐尖，叶脉9 ~ 12对，叶齿锯齿形，叶缘平，叶背多毛，叶基楔形，叶质柔软。萼片无毛、绿色、5枚。花冠直径2.7 ~ 3.1cm，花瓣6 ~ 8枚、白色、质地中，花瓣长宽均值1.2 ~ 1.6cm，子房有毛，花柱先端3裂、裂位浅，花柱长0.8 ~ 1.1cm，雌蕊高于雄蕊。

图 6-4-8 MH2014-229 曼夕老寨大树茶
|曾铁桥，2014

(8) MH2014-229曼夕老寨大树茶（普洱茶 *Camellia assamica*）

位于勐海县打洛镇曼夕村曼夕老寨村民小组，海拔1602m；生育地土壤为砖红壤；栽培型；小乔木，树姿直立，树高9.60m，树幅7.70m × 6.60m，基部干径0.45m，最低分枝高0.80m，分枝密。嫩枝有毛。芽叶黄绿色、多毛。大叶，叶长11.0 ~ 15.3cm，叶宽5.6 ~ 6.8cm，叶面积44.7 ~ 72.8cm^2，叶椭圆形，叶色绿，叶身背卷，叶面强隆起，叶尖钝尖，叶脉9 ~ 11对，叶齿锯齿形，叶缘微波，叶背多毛，叶基近圆形，叶质中。萼片无毛、绿色、5枚。花冠直径2.8 ~ 3.2cm，花瓣6 ~ 8枚、白色、质地中，花瓣长宽均值1.0 ~ 1.7cm，子房有毛，花柱先端3裂、裂位浅，花柱长0.9 ~ 1.2cm，雌蕊等高于雄蕊。果三角形，果径2.5 ~ 3.1cm，鲜果皮厚0.5 ~ 1.5mm，种球形，种径1.3 ~ 1.6cm，种皮棕褐色。

(9) MH2014-230曼夕老寨大树茶（普洱茶*Camellia assamica*）

位于勐海县打洛镇曼夕村曼夕老寨村民小组，海拔1630m；生育地土壤为砖红壤；栽培型；小乔木，树姿半开张，树高7.10m，树幅6.60m×5.90m，基部干径0.35m，最低分枝高0.70m，分枝密。嫩枝有毛。芽叶黄绿色、多毛。特大叶，叶长13.2～16.7cm，叶宽5.7～7.2cm，叶面积54.3～81.1cm^2，叶椭圆形，叶色深绿，叶身平，叶面隆起，叶尖急尖，叶脉9～11对，叶齿锯齿形，叶缘平，叶背多毛，叶基近圆形，叶质中。萼片无毛、绿色、4～5枚。花冠直径3.3～4.1cm，花瓣7～8枚、白色、质地中，花瓣长宽均值1.8～2.0cm，子房有毛，花柱先端3裂、裂位浅，花柱长1.0～1.2cm，雌蕊等高于雄蕊。果三角形，果径2.5～3.1cm，鲜果皮厚0.5～1.5mm，种半球形，种径1.5～1.6cm，种皮棕褐色。水浸出物57.03%、茶多酚40.69%、氨基酸2.91%、咖啡碱3.74%、酚氨比13.98。

图 6-4-9 MH2014-230 曼夕老寨大树茶
曾铁桥，2014

(10) MH2014-231曼夕老寨大树茶（普洱茶*Camellia assamica*）

位于勐海县打洛镇曼夕村曼夕老寨村民小组，海拔 1630m；生育地土壤为砖红壤；栽培型；乔木，树姿直立，树高 7.50m，树幅 4.50m×4.90m，基部干径 0.26m，最低分枝高 1.30m，分枝稀。嫩枝有毛。芽叶紫绿色、多毛。特大叶，叶长 13.5 ～ 20.2cm，叶宽 6.1 ～ 7.8cm，叶面积 63.3 ～ 110.3cm^2，叶椭圆形，叶色深绿，叶身平，叶面隆起，叶尖渐尖，叶脉 10 ～ 12 对，叶齿锯齿形，叶缘微波，叶背多毛，叶基楔形，叶质中。萼片无毛、绿色、5 枚。花冠直径 3.5cm，花瓣 7 枚、白色、质地中，花瓣长宽均值 1.8cm，子房有毛，花柱先端 3 裂、裂位浅，花柱长 0.9cm，雌蕊等高于雄蕊。水浸出物 52.35%、茶多酚 34.79%、氨基酸 3.00%、咖啡碱 4.17%、酚氨比 11.58。

图 6-4-10 MH2014-231 曼夕老寨大树茶
曾铁桥，2014

第五节 西定乡

一、章朗村

章朗中寨村民小组

图 6-5-1 MH2014-204 章朗中寨大茶树
|曾铁桥，2014

（1）MH2014-204章朗中寨大茶树（普洱茶*Camellia assamica*）

位于勐海县西定乡章朗村章朗中寨村民小组，海拔1424m；生育地土壤为砖红壤；栽培型；小乔木，树姿直立，树高8.50m，树幅4.50m×5.00m，基部干径0.26m，最低分枝高0.80m，分枝稀。嫩枝有毛。芽叶黄绿色、多毛。特大叶，叶长14.6~20.6cm，叶宽5.5~7.6cm，叶面积63.5~108.2cm^2，叶长椭圆形，叶色深绿，叶身平，叶面强隆起，叶尖渐尖，叶脉12~15对，叶齿锯齿形，叶缘平，叶背多毛，叶基楔形，叶质中。萼片无毛、绿色、5枚。花冠直径2.7~3.6cm，花瓣6枚、白色、质地中，花瓣长宽均值1.4~1.6cm，子房有毛，花柱先端3裂、裂位浅，花柱长0.7~1.1cm，雌蕊低于雄蕊。果三角形，果径2.6~2.9cm，鲜果皮厚1.0~2.5mm，种半球形，种径1.4~1.6cm，种皮棕褐色。

图 6-5-2 MH2014-205 章朗中寨大茶树
|曾铁桥，2014

（2）MH2014-205章朗中寨大茶树（普洱茶*Camellia assamica*）

位于勐海县西定乡章朗村章朗中寨村民小组，海拔1716m；生育地土壤为砖红壤；栽培型；乔木，树姿直立，树高8.37m，树幅4.50m×3.90m，基部干径0.39m，最低分枝高1.97m，分枝稀。嫩枝有毛。芽叶黄绿色、多毛。特大叶，叶长13.6~21.4cm，叶宽4.6~6.8cm，叶面积44.7~98.5cm^2，叶长椭圆形，叶色深绿，叶身内折，叶面微隆起，叶尖渐尖，叶脉11~14对，叶齿锯齿形，叶缘微波，叶背多毛，叶基近圆形，叶质硬。

（3）MH2014-206章朗中寨大茶树（普洱茶*Camellia assamica*）

位于勐海县西定乡章朗村章朗中寨村民小组，海拔1752m；生育地土壤为砖红壤；栽培型；乔木，树姿直立，树高9.10m，树幅5.59m×6.93m，基部干径0.35m，最低分枝高1.60m，分枝中。嫩枝有毛。芽叶黄绿色、多毛。特大叶，叶长13.7～17.9cm，叶宽5.1～6.6cm，叶面积52.1～75.2cm^2，叶长椭圆形，叶色深绿，叶身平，叶面微隆起，叶尖渐尖，叶脉11～14对，叶齿锯齿形，叶缘微波，叶背多毛，叶基楔形，叶质柔软。萼片无毛、绿色、5枚。花冠直径1.5～3.2cm，花瓣5枚、白色、质地中，花瓣长宽均值1.5～1.8cm，子房无毛，花柱先端2裂、裂位浅，花柱长1.1cm，雌蕊低于雄蕊。

图6-5-3　MH2014-206章朗中寨大茶树
|曾铁桥，2014

（4）MH2014-207章朗中寨大茶树（普洱茶*Camellia assamica*）

位于勐海县西定乡章朗村章朗中寨村民小组，海拔1777m；生育地土壤为砖红壤；栽培型；乔木，树姿直立，树高5.70m，树幅6.50m×5.20m，基部干径0.52m，最低分枝高1.71m，分枝中。嫩枝有毛。芽叶黄绿色、多毛。大叶，叶长11.8～17.0cm，叶宽4.8～6.4cm，叶面积39.6～80.9cm^2，叶长椭圆形，叶色绿，叶身内折，叶面平，叶尖渐尖，叶脉10～11对，叶齿锯齿形，叶缘平，叶背多毛，叶基楔形，叶质柔软。萼片无毛、绿色、4枚。花冠直径2.8cm，花瓣7枚、白色、质地中，花瓣长宽均值1.3cm，子房有毛，花柱先端2裂、裂位浅，花柱长0.8cm，雌蕊等高于雄蕊。水浸出物56.00%、茶多酚42.90%、氨基酸2.91%、咖啡碱4.35%、酚氨比14.74。

图6-5-4　MH2014-207章朗中寨大茶树
|曾铁桥，2014

图 6-5-5　MH2014-208 章朗中寨大茶树
| 曾铁桥，2014

（5）MH2014-208章朗中寨大茶树（普洱茶*Camellia assamica*）

位于勐海县西定乡章朗村章朗中寨村民小组，海拔1789m；生育地土壤为砖红壤；栽培型；小乔木，树姿直立，树高5.90m，树幅5.30m×4.20m，基部干径0.30m，最低分枝高1.45m，分枝中。嫩枝有毛。芽叶黄绿色、多毛。中叶，叶长10.5～13.7cm，叶宽3.8～4.8cm，叶面积28.2～46.0cm^2，叶长椭圆形，叶色绿，叶身平，叶面平，叶尖渐尖，叶脉10～12对，叶齿锯齿形，叶缘平，叶背少毛，叶基楔形，叶质中。萼片无毛、绿色、5枚。花冠直径3.1～3.2cm，花瓣6枚、白色、质地中，花瓣长宽均值1.5～1.9cm，子房有毛，花柱先端3裂、裂位浅，花柱长0.7～1.2cm，雌蕊等高于雄蕊。果三角形，果径3.0cm，鲜果皮厚0.8～1.1mm，种半球形，种径1.7cm，种皮棕褐色。水浸出物55.36%、茶多酚34.95%、氨基酸4.01%、咖啡碱3.88%、酚氨比8.72。

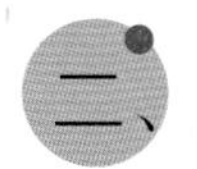

二、西定村

布朗西定村民小组

（1）MH2014-209布朗西定大茶树（普洱茶*Camellia assamica*）

位于勐海县西定乡西定村布朗西定村民小组，海拔1624m；生育地土壤为砖红壤；栽培型；小乔木，树姿直立，树高4.90m，树幅2.90m×3.45m，基部干径0.21m，最低分枝高1.05m，分枝稀。嫩枝有毛。芽叶黄绿色、有毛。大叶，叶长11.9～14.4cm，叶宽3.8～5.2cm，叶面积34.2～50.2cm^2，叶披针形，叶色绿，叶身平，叶面微隆起，叶尖渐尖，叶脉9～11对，叶齿锯齿形，叶缘微波，叶背多毛，叶基楔形，叶质柔软。萼片无毛、绿色、5枚。花冠直径2.9～2.9cm，花瓣6枚、白色、质地中，花瓣长宽均值1.8cm，子房有毛，花柱先端3裂、裂位浅，花柱长1.0cm，雌蕊等高于雄蕊。

图 6-5-6　MH2014-209 布朗西定大茶树
| 曾铁桥，2014

（2）MH2014-210布朗西定大茶树（普洱茶 *Camellia assamica*）

位于勐海县西定乡西定村布朗西定村民小组，海拔1568m；生育地土壤为砖红壤；栽培型；小乔木，树姿直立，树高5.60m，树幅3.50m×2.30m，基部干径0.21m，最低分枝高1.90m，分枝中。嫩枝有毛。芽叶黄绿色、少毛。中叶，叶长8.1～11.8cm，叶宽4.1～4.8cm，叶面积24.4～42.1cm^2，叶椭圆形，叶色深绿，叶身平，叶面平，叶尖渐尖，叶脉8～11对，叶齿锯齿形，叶缘平，叶背少毛，叶基楔形，叶质柔软。萼片无毛、绿色、4～6枚。花冠直径2.3～2.6cm，花瓣6～8枚、白色、质地薄，花瓣长宽均值1.0～1.3cm，子房无毛，花柱先端3裂、裂位浅，花柱长0.6～0.9cm，雌蕊等高于雄蕊。

图 6-5-7　MH2014-210 布朗西定大茶树
|曾铁桥，2014

（3）MH2014-211布朗西定大茶树（普洱茶 *Camellia assamica*）

位于勐海县西定乡西定村布朗西定村民小组，海拔1596m；生育地土壤为砖红壤；栽培型；小乔木，树姿直立，树高5.80m，树幅3.50m×3.80m，基部干径0.18m，最低分枝高0.65m，分枝密。嫩枝有毛。芽叶黄绿色、多毛。中叶，叶长10.9～15.6cm，叶宽3.6～5.0cm，叶面积27.5～55.7cm^2，叶长椭圆形，叶色绿，叶身内折，叶面平，叶尖渐尖，叶脉10～12对，叶齿锯齿形，叶缘微波，叶背多毛，叶基楔形，叶质中。萼片无毛、绿色、5枚。花冠直径2.7～2.9cm，花瓣5枚、白色、质地薄，花瓣长宽均值1.0～1.3cm，子房有毛，花柱先端3裂、裂位浅，花柱长0.6～0.8cm，雌蕊等高于雄蕊。

图 6-5-8　MH2014-211 布朗西定大茶树
|曾铁桥，2014

图 6-5-9　MH2014-212 布朗西定大茶树
| 曾铁桥，2014

图 6-5-10　MH2014-218 曼迈大茶树
| 曾铁桥，2014

（4）MH2014-212布朗西定大茶树（普洱茶*Camellia assamica*）

位于勐海县西定乡西定村布朗西定村民小组，海拔1561m；生育地土壤为砖红壤；栽培型；小乔木，树姿开张，树高9.50m，树幅7.00m×6.00m，基部干径0.30m，最低分枝高1.80m，分枝中。嫩枝有毛。芽叶绿色、多毛。大叶，叶长11.6～15.5cm，叶宽4.0～5.7cm，叶面积34.1～61.8cm^2，叶长椭圆形，叶色绿，叶身平，叶面平，叶尖渐尖，叶脉9～11对，叶齿锯齿形，叶缘微波，叶背少毛，叶基楔形，叶质中。萼片无毛、绿色、6枚。花冠直径2.1～2.2cm，花瓣5～6枚、白色、质地薄，花瓣长宽均值0.8～1.1cm，子房有毛，花柱先端3裂、裂位浅，花柱长0.6～0.7cm，雌蕊等高于雄蕊。果三角形，果径2.1～2.6cm，鲜果皮厚1.3mm，种球形，种径1.1cm，种皮棕褐色。水浸出物59.04%、茶多酚48.96%、氨基酸2.45%、咖啡碱4.25%、酚氨比19.98。

三、曼迈村

曼迈村民小组

（1）MH2014-218曼迈大茶树（普洱茶*Camellia assamica*）

位于勐海县西定乡曼迈村曼迈村民小组，海拔948m；生育地土壤为砖红壤；栽培型；小乔木，树姿直立，树高10.00m，树幅5.30m×6.00m，基部干径0.38m，最低分枝高0.40m，分枝中。嫩枝有毛。芽叶黄绿色、多毛。大叶，叶长11.0～16.8cm，叶宽4.2～6.8cm，叶面积36.2～80.0cm^2，叶椭圆形，叶色绿，叶身平，叶面平，叶尖渐尖，叶脉9～12对，叶齿锯齿形，叶缘微波，叶背多毛，叶基楔形，叶质柔软。萼片无毛、绿色、5枚。花冠直径2.4cm，花瓣6枚、白色、质地中，花瓣长宽均值1.6cm，子房有毛，花柱先端3裂、裂位浅，花柱长0.7cm，雌蕊等高于雄蕊。

（2）MH2014-387曼迈大茶树（普洱茶*Camellia assamica*）

位于勐海县西定乡曼迈村曼迈村民小组，海拔1570m；生育地土壤为砖红壤；栽培型；小乔木，树姿半开张，树高3.30m，树幅3.60m×3.50m，基部干径0.21m，最低分枝高0.30m，分枝密。嫩枝有毛。芽叶黄绿色、多毛。中叶，叶长8.5～13.1cm，叶宽4.0～6.6cm，叶面积23.8～52.2cm^2，叶椭圆形，叶色深绿，叶身内折，叶面平，叶尖渐尖，叶脉10～15对，叶齿锯齿形，叶缘微波，叶背多毛，叶基楔形，叶质柔软。萼片无毛、绿色、5枚。花冠直径3.3～3.4cm，花瓣6枚、白色、质地薄，花瓣长宽均值1.5cm，子房有毛，花柱先端3裂、裂位浅，花柱长0.7～0.8cm，雌蕊等高于雄蕊。

图 6-5-11　MH2014-387 曼迈大茶树
曾铁桥，2014

（3）MH2014-388曼迈大茶树（普洱茶*Camellia assamica*）

位于勐海县西定乡曼迈村曼迈村民小组，海拔1573m；生育地土壤为砖红壤；栽培型；小乔木，树姿半开张，树高7.10m，树幅4.40m×4.60m，基部干径0.29m，最低分枝高1.80m，分枝密。嫩枝有毛。芽叶黄绿色、多毛。中叶，叶长10.8～14.3cm，叶宽3.9～5.4cm，叶面积29.5～54.1cm^2，叶长椭圆形，叶色深绿，叶身平，叶面微隆起，叶尖渐尖，叶脉10～13对，叶齿锯齿形，叶缘平，叶背多毛，叶基楔形，叶质中。萼片无毛、绿色、5枚。花冠直径3.6～4.1cm，花瓣6～7枚、白色、质地薄，花瓣长宽均值1.6～1.7cm，子房有毛，花柱先端3裂、裂位浅，花柱长1.0～1.2cm，雌蕊等高于雄蕊。果三角形，果径2.4～3.0cm，鲜果皮厚1.0mm，种半球形，种径1.3～1.6cm，种皮棕褐色。

图 6-5-12　MH2014-388 曼迈大茶树
曾铁桥，2014

图 6-5-13　MH2014-389 曼迈大茶树
| 曾铁桥，2014

图 6-5-14　MH2014-390 曼迈大茶树
| 曾铁桥，2014

（4）MH2014-389曼迈大茶树（普洱茶 *Camellia assamica*）

位于勐海县西定乡曼迈村曼迈村民小组，海拔1568m；生育地土壤为砖红壤；栽培型；小乔木，树姿半开张，树高4.60m，树幅3.30m×4.10m，基部干径0.37m，最低分枝高0.20m，分枝密。嫩枝有毛。芽叶绿色、多毛。大叶，叶长9.6～14.1cm，叶宽4.8～6.1cm，叶面积33.6～58.2cm^2，叶椭圆形，叶色绿，叶身平，叶面微隆起，叶尖钝尖，叶脉11～13对，叶齿锯齿形，叶缘平，叶背多毛，叶基近圆形，叶质柔软。萼片无毛、绿色、5枚。花冠直径3.0～3.3cm，花瓣6枚、白色、质地薄，花瓣长宽均值1.5cm，子房有毛，花柱先端3裂、裂位浅，花柱长0.8～1.0cm，雌蕊等高于雄蕊。

（5）MH2014-390曼迈大茶树（普洱茶 *Camellia assamica*）

位于勐海县西定乡曼迈村曼迈村民小组，海拔1568m；生育地土壤为砖红壤；栽培型；小乔木，树姿半开张，树高5.20m，树幅3.20m×2.70m，基部干径0.18m，最低分枝高0.30m，分枝中。嫩枝有毛。芽叶绿色、多毛。中叶，叶长8.5～13.9cm，叶宽3.8～6.1cm，叶面积22.6～55.0cm^2，叶椭圆形，叶色深绿，叶身平，叶面微隆起，叶尖渐尖，叶脉8～12对，叶齿锯齿形，叶缘微波，叶背多毛，叶基楔形，叶质柔软。萼片无毛、绿色、5枚。花冠直径2.5～2.8cm，花瓣5～6枚、白色、质地薄，花瓣长宽均值1.2～1.3cm，子房有毛，花柱先端3裂、裂位浅，花柱长0.9～1.0cm，雌蕊等高于雄蕊。

（6）MH2014-391曼迈大茶树（普洱茶*Camellia assamica*）

位于勐海县西定乡曼迈村曼迈村民小组，海拔1550m；生育地土壤为砖红壤；栽培型；小乔木，树姿半开张，树高4.10m，树幅3.20m×2.70m，基部干径0.22m，最低分枝高1.30m，分枝中。嫩枝有毛。芽叶绿色、多毛。中叶，叶长6.7～9.6cm，叶宽3.1～4.1cm，叶面积16.4～27.6cm^2，叶椭圆形，叶色深绿，叶身内折，叶面平，叶尖渐尖，叶脉7～10对，叶齿锯齿形，叶缘微波，叶背少毛，叶基近圆形，叶质中。萼片无毛、绿色、5枚。花冠直径2.7～3.4cm，花瓣6～7枚、白色、质地薄，花瓣长宽均值1.2～1.6cm，子房有毛，花柱先端3裂、裂位浅，花柱长1.1～1.2cm，雌蕊等高于雄蕊。

图 6-5-15　MH2014-391 曼迈大茶树
曾铁桥，2014

（7）MH2014-392曼迈大茶树（普洱茶*Camellia assamica*）

位于勐海县西定乡曼迈村曼迈村民小组，海拔1542m；生育地土壤为砖红壤；栽培型；小乔木，树姿半开张，树高3.20m，树幅3.10m×3.00m，基部干径0.34m，分枝密。嫩枝有毛。芽叶黄绿色、中毛。小叶，叶长5.5～11.1cm，叶宽2.1～3.7cm，叶面积8.8～28.7cm^2，叶长椭圆形，叶色绿，叶身平，叶面平，叶尖渐尖，叶脉5～9对，叶齿锯齿形，叶缘平，叶背少毛，叶基楔形，叶质柔软。萼片无毛、绿色、6枚。花冠直径2.4～3.1cm，花瓣7枚、白色、质地薄，花瓣长宽均值1.0～1.1cm，子房有毛，花柱先端3裂、裂位浅，花柱长0.7～0.9cm，雌蕊等高于雄蕊。果三角形，果径2.3～2.7cm，鲜果皮厚1.0mm，种半球形，种径1.4～1.5cm，种皮棕褐色。

图 6-5-16　MH2014-392 曼迈大茶树
曾铁桥，2014

图 6-5-17　MH2014-393 曼迈大茶树
| 曾铁桥，2014

（8）MH2014-393曼迈大茶树（普洱茶*Camellia assamica*）

位于勐海县西定乡曼迈村曼迈村民小组，海拔1520m；生育地土壤为砖红壤；栽培型；小乔木，树姿半开张，树高4.00m，树幅2.70m×2.30m，基部干径0.53m，最低分枝高0.50m，分枝中。嫩枝有毛。芽叶黄绿色、多毛。中叶，叶长8.6～14.6cm，叶宽3.2～5.8cm，叶面积19.3～59.3cm²，叶长椭圆形，叶色绿，叶身平，叶面隆起，叶尖渐尖，叶脉8～13对，叶齿锯齿形，叶缘平，叶背多毛，叶基楔形，叶质柔软。萼片无毛、绿色、5枚。花冠直径3.1cm，花瓣7枚、白色、质地薄，花瓣长宽均值1.3～1.8cm，子房有毛，花柱先端3裂、裂位浅，花柱长1.0～1.1cm，雌蕊等高于雄蕊。果三角形，果径2.5～3.2cm，鲜果皮厚1.0mm，种球形，种径1.5～1.7cm，种皮棕褐色。水浸出物52.58%、茶多酚34.25%、氨基酸4.28%、咖啡碱4.47%、酚氨比8.01。

图 6-5-18　MH2014-394 曼迈大茶树
| 曾铁桥，2014

（9）MH2014-394曼迈大茶树（普洱茶*Camellia assamica*）

位于勐海县西定乡曼迈村曼迈村民小组，海拔1534m；生育地土壤为砖红壤；栽培型；小乔木，树姿半开张，树高4.60m，树幅4.30m×3.90m，基部干径0.38m，最低分枝高0.30m，分枝中。嫩枝有毛。芽叶绿色、多毛。大叶，叶长9.1～15.1cm，叶宽3.6～5.4cm，叶面积22.9～55.0cm²，叶长椭圆形，叶色绿，叶身平，叶面微隆起，叶尖渐尖，叶脉9～14对，叶齿锯齿形，叶缘微波，叶背多毛，叶基楔形，叶质柔软。萼片无毛、绿色、5枚。花冠直径3.3cm，花瓣6枚、白色、质地薄，花瓣长宽均值1.3～1.5cm，子房有毛，花柱先端3裂、裂位浅，花柱长1.0～1.2cm，雌蕊等高于雄蕊。水浸出物52.07%、茶多酚34.18%、氨基酸3.78%、咖啡碱4.08%、酚氨比9.04。

（10）MH2014-395曼迈大茶树（普洱茶*Camellia assamica*）

位于勐海县西定乡曼迈村曼迈村民小组，海拔948m；生育地土壤为砖红壤；栽培型；小乔木，树姿直立，树高8.40m，树幅4.00m×3.30m，基部干径0.48m，最低分枝高0.50m，分枝密。嫩枝有毛。芽叶黄绿色、多毛。特大叶，叶长14.7～24.0cm，叶宽7.0～8.4cm，叶面积74.1～136.1cm^2，叶椭圆形，叶色绿，叶身平，叶面平，叶尖渐尖，叶脉10～17对，叶齿锯齿形，叶缘微波，叶背多毛，叶基楔形，叶质柔软。萼片无毛、绿色、5～6枚。花冠直径3.0～4.2cm，花瓣6～7枚、白色、质地薄，花瓣长宽均值1.7～2.3cm，子房有毛，花柱先端3裂、裂位浅，花柱长0.9～1.2cm，雌蕊等高于雄蕊。

图 6-5-19　MH2014-395 曼迈大茶树
曾铁桥，2014

（11）MH2014-396曼迈大茶树（普洱茶*Camellia assamica*）

位于勐海县西定乡曼迈村曼迈村民小组，海拔986m；生育地土壤为砖红壤；栽培型；小乔木，树姿直立，树高6.90m，树幅4.70m×4.00m，基部干径0.41m，最低分枝高0.50m，分枝中。嫩枝有毛。芽叶黄绿色、多毛。特大叶，叶长13.0～17.3cm，叶宽4.8～7.0cm，叶面积48.7～84.8cm^2，叶长椭圆形，叶色绿，叶身平，叶面平，叶尖渐尖，叶脉10～14对，叶齿锯齿形，叶缘微波，叶背多毛，叶基楔形，叶质柔软。萼片有毛、绿色、5枚。花冠直径2.9cm，花瓣6枚、白色、质地薄，花瓣长宽均值1.5cm，子房有毛，花柱先端3裂、裂位浅，花柱长0.8～1.1cm，雌蕊等高于雄蕊。

图 6-5-20　MH2014-396 曼迈大茶树
曾铁桥，2014

第六节 勐遮镇

一、曼令村

曼岭大寨村民小组

MH2014-213曼岭大寨大树茶（普洱茶*Camellia assamica*）

位于勐海县勐遮镇曼令村曼岭大寨村民小组，海拔1453m；生育地土壤为砖红壤；栽培型；小乔木，树姿开张，树高6.95m，树幅4.10m×5.50m，基部干径0.19m，最低分枝高1.46m，分枝中。嫩枝有毛。芽叶绿色、多毛。大叶，叶长9.0～13.5cm，叶宽4.6～6.0cm，叶面积29.0～56.7cm^2，叶椭圆形，叶色深绿，叶身平，叶面平，叶尖渐尖，叶脉7～12对，叶齿锯齿形，叶缘微波，叶背多毛，叶基楔形，叶质柔软。萼片无毛、绿色、5枚。花冠直径1.1～1.5cm，花瓣7枚、白色、质地中，花瓣长宽均值1.2～1.5cm，子房有毛，花柱先端3裂、裂位浅，花柱长0.7～1.0cm，雌蕊等高于雄蕊。水浸出物51.03%、茶多酚33.75%、氨基酸3.82%、咖啡碱4.30%、酚氨比8.83。

图 6-6-1 MH2014-213 曼岭大寨大树茶
|曾铁桥，2014

二、南楞村

南列村民小组

（1）MH2014-214南列大树茶（普洱茶*Camellia assamica*）

位于勐海县勐遮镇南楞村南列村民小

组，海拔1508m；生育地土壤为砖红壤；栽培型；小乔木，树姿开张，树高6.00m，树幅4.70m × 5.50m，基部干径0.48m，最低分枝高0.11m，分枝密。嫩枝有毛。芽叶黄绿色、多毛。大叶，叶长11.7 ~ 14.5cm，叶宽4.5 ~ 5.6cm，叶面积36.9 ~ 55.8cm^2，叶椭圆形，叶色绿，叶身背卷，叶面平，叶尖渐尖，叶脉10 ~ 13对，叶齿锯齿形，叶缘微波，叶背多毛，叶基楔形，叶质中。萼片无毛、绿色、4 ~ 5枚。花冠直径2.5 ~ 3.8cm，花瓣5 ~ 7枚、白色、质地中，花瓣长宽均值1.2 ~ 1.7cm，子房有毛，花柱先端2裂、裂位浅，花柱长0.6 ~ 1.2cm，雌蕊低于雄蕊。果肾形，果径1.5 ~ 2.5cm，鲜果皮厚1.0mm，种球形，种径1.2 ~ 1.6cm，种皮棕褐色。水浸出物49.79%、茶多酚32.09%、氨基酸2.15%、咖啡碱3.61%、酚氨比14.94。

图 6-6-2　MH2014-214 南列大树茶
| 曾铁桥，2014

（2）MH2014-215南列大树茶（普洱茶*Camellia assamica*）

位于勐海县勐遮镇南楞村南列村民小组，海拔1522m；生育地土壤为砖红壤；栽培型；小乔木，树姿半开张，树高5.40m，树幅4.50m × 4.90m，基部干径0.41m，分枝密。嫩枝有毛。芽叶黄绿色、多毛。大叶，叶长11.8 ~ 16.0cm，叶宽4.0 ~ 5.5cm，叶面积34.7 ~ 61.6cm^2，叶长椭圆形，叶色深绿，叶身平，叶面平，叶尖渐尖，叶脉9 ~ 12对，叶齿锯齿形，叶缘微波，叶背多毛，叶基楔形，叶质中。萼片无毛、绿色、5枚。花冠直径1.8 ~ 2.2cm，花瓣5 ~ 6枚、微绿色、质地中，花瓣长宽均值1.3 ~ 1.9cm，子房有毛，花柱先端3裂、裂位中，花柱长1.0 ~ 1.2cm，雌蕊等高于雄蕊。果三角形，果径2.7 ~ 3.1cm，鲜果皮厚1.0mm，种半球形，种径1.4 ~ 1.6cm，种皮棕褐色。

图 6-6-3　MH2014-215 南列大树茶
| 曾铁桥，2014

图 6-6-4　MH2014-216 南列大树茶
| 曾铁桥，2014

图 6-6-5　MH2014-217 南列大树茶
| 曾铁桥，2014

(3) MH2014-216南列大树茶（普洱茶*Camellia assamica*）

位于勐海县勐遮镇南楞村南列村民小组，海拔1441m；生育地土壤为砖红壤；栽培型；小乔木，树姿直立，树高6.35m，树幅4.60m×4.00m，基部干径0.51m，分枝密。嫩枝有毛。芽叶绿色、多毛。大叶，叶长11.9～18.1cm，叶宽3.3～5.6cm，叶面积27.7～71.0cm^2，叶披针形，叶色深绿，叶身内折，叶面隆起，叶尖渐尖，叶脉7～12对，叶齿锯齿形，叶缘微波，叶背多毛，叶基楔形，叶质中。萼片无毛、绿色、5枚。花冠直径2.7～3.7cm，花瓣6～8枚、白色、质地中，花瓣长宽均值1.3～1.8cm，子房有毛，花柱先端3裂、裂位浅，花柱长0.7～1.2cm，雌蕊等高于雄蕊。水浸出物48.89%、茶多酚31.96%、氨基酸3.51%、咖啡碱3.92%、酚氨比9.11。

(4) MH2014-217南列大树茶（普洱茶*Camellia assamica*）

位于勐海县勐遮镇南楞村南列村民小组，海拔1409m；生育地土壤为砖红壤；栽培型；小乔木，树姿直立，树高6.93m，树幅5.20m×5.00m，基部干径0.44m，分枝中。嫩枝有毛。芽叶黄绿色、多毛。大叶，叶长11.7～15.7cm，叶宽4.3～6.0cm，叶面积35.2～59.2cm^2，叶披针形，叶色深绿，叶身内折，叶面微隆起，叶尖渐尖，叶脉10～13对，叶齿锯齿形，叶缘微波，叶背多毛，叶基楔形，叶质中。萼片无毛、绿色、4～5枚。花冠直径2.7～3.7cm，花瓣5～7枚、白色、质地中，花瓣长宽均值1.2～1.8cm，子房有毛，花柱先端3裂、裂位浅，花柱长0.8～1.1cm，雌蕊低于雄蕊。水浸出物57.33%、茶多酚46.81%、氨基酸2.81%、咖啡碱4.33%、酚氨比16.68。

第七节 勐满镇

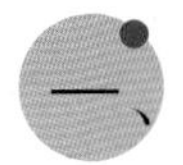

一、帕迫村

中纳包村民小组

MH2014-344中纳包大茶树（普洱茶*Camellia assamica*）

位于勐海县勐满镇帕迫村中纳包村民小组，海拔1538m；生育地土壤为红壤；栽培型；小乔木，树姿开张，树高3.70m，树幅6.80m×5.80m，基部干径0.40m，最低分枝高0.50m，分枝中。嫩枝有毛。芽叶黄绿色、多毛。中叶，叶长10.8～12.4cm，叶宽4.5～5.3cm，叶面积35.4～44.1cm^2，叶椭圆形，叶色绿，叶身内折，叶面平，叶尖渐尖，叶脉7～10对，叶齿锯齿形，叶缘平，叶背多毛，叶基楔形，叶质中。萼片无毛、绿色、5枚。花冠直径2.4～2.7cm，花瓣6枚、白色、质地薄，花瓣长宽均值1.3～1.9cm，子房无毛，花柱先端3裂、裂位浅，花柱长1.0～1.2cm，雌蕊等高于雄蕊。果三角形，果径1.6～2.8cm，鲜果皮厚0.9～1.5mm，种球形，种径1.4cm，种皮棕色。水浸出物56.76%、茶多酚40.22%、氨基酸4.26%、咖啡碱4.24%、酚氨比9.44。

图 6-7-1 MH2014-344 中纳包大茶树
曾铁桥，2014

图 6-7-2 MH2014-345 南罕上寨大茶树
| 曾铁桥，2014

图 6-7-3 MH2014-346 南罕大寨大茶树
| 曾铁桥，2014

二、纳包村

1. 南罕上寨村民小组

MH2014-345南罕上寨大茶树（普洱茶*Camellia assamica*）

位于勐海县勐满镇纳包村南罕上寨村民小组，海拔1322m；生育地土壤为红壤；栽培型；小乔木，树姿半开张，树高7.70m，树幅6.50m×7.20m，基部干径0.39m，最低分枝高0.15m，分枝中。嫩枝有毛。芽叶黄绿色、多毛。大叶，叶长12.8～14.8cm，叶宽5.2～6.5cm，叶面积46.6～67.3cm^2，叶椭圆形，叶色绿，叶身内折，叶面隆起，叶尖渐尖，叶脉11～12对，叶齿重锯齿形，叶缘微波，叶背多毛，叶基楔形，叶质中。水浸出物56.72%、茶多酚40.30%、氨基酸2.17%、咖啡碱3.43%、酚氨比18.53。

2. 南罕大寨村民小组

（1）MH2014-346南罕大寨大茶树（普洱茶*Camellia assamica*）

位于勐海县勐满镇纳包村南罕大寨村民小组，海拔1279m；生育地土壤为砖红壤；栽培型；小乔木，树姿直立，树高4.90m，树幅4.00m×3.8m，基部干径0.29m，最低分枝高0.54m，分枝中。嫩枝有毛。芽叶黄绿色、多毛。中叶，叶长9.0～12.1cm，叶宽3.5～4.2cm，叶面积26.5～32.1cm^2，叶长椭圆形，叶色绿，叶身内折，叶面微隆起，叶尖渐尖，叶脉9～10对，叶齿锯齿形，叶缘平，叶背多毛，叶基楔形，叶质中。萼片无毛、绿色、5枚。花冠直径1.9～2.3cm，花瓣7枚、白色、质地中，花瓣长宽均值1.5～2.0cm，子房有毛，花柱先端3裂、裂位浅，花柱长1.0cm，雌蕊等高于雄蕊。果肾形，果径1.7～2.1cm，鲜果皮厚1.2～1.5mm，种球形，种径1.0～1.1cm，种皮棕色。

（2）MH2014-347南罕大寨小叶黑茶（普洱茶*Camellia assamica*）

位于勐海县勐满镇纳包村南罕大寨村民小组，海拔1278m；生育地土壤为红壤；栽培型；小乔木，树姿开张，树高4.90m，树幅5.20m×5.60m，基部干径0.39m，最低分枝高0.65m，分枝密。嫩枝有毛。芽叶绿色、多毛。中叶，叶长10.0～13.9cm，叶宽4.3～4.7cm，叶面积30.1～45.7cm^2，叶长椭圆形，叶色绿，叶身内折，叶面微隆起，叶尖渐尖，叶脉8～11对，叶齿锯齿形，叶缘平，叶背多毛，叶基楔形，叶质中。萼片无毛、绿色、5枚。花冠直径2.0～2.7cm，花瓣6～7枚、白色、质地薄，花瓣长宽均值2.0～2.1cm，子房有毛，花柱先端3裂、裂位浅，花柱长1.0～1.2cm，雌蕊等高于雄蕊。果三角形，果径2.8～3.4cm，鲜果皮厚1.0mm，种球形，种径1.5～1.7cm，种皮棕褐色。水浸出物56.03%、茶多酚36.86%、氨基酸2.93%、咖啡碱3.50%、酚氨比12.60。

图 6-7-4　MH2014-347 南罕大寨小叶黑茶
曾铁桥，2014

三、关双村

关双村民小组

（1）MH2014-348关双小叶黑茶（普洱茶*Camellia assamica*）

位于勐海县勐满镇关双村关双村民小组，海拔1423m；生育地土壤为砖红壤；栽培型；乔木，树姿半开张，树高4.30m，树幅5.00m×4.50m，基部干径0.21m，最低分枝高1.68m，分枝中。嫩枝有毛。芽叶黄绿色、中毛。中叶，叶长9.8～16.0cm，叶宽3.5～4.3cm，叶面积24.0～44.8cm^2，叶长椭圆形，叶色绿，叶身内折，叶面平，叶尖渐尖，叶脉9～13对，叶齿锯齿形，叶缘平，叶背少毛，叶基楔形，叶质中。萼片无毛、绿色、4～5枚。花冠直径1.7～2.3cm，花瓣6～8枚、白色、质地中，花瓣长宽均值1.3～1.7cm，子房有毛，花柱先端3～4裂、裂位深，花柱长1.0cm，雌蕊等高于雄蕊。果四方形，果径2.7～3.1cm，鲜果皮厚1.0～2.0mm，种不规则形，种径1.4～1.5cm，种皮褐色。

图 6-7-5　MH2014-348 关双小叶黑茶
曾铁桥，2014

图 6-7-6　MH2014-349 关双大树茶
| 曾铁桥，2014

图 6-7-7　MH2014-350 关双大树茶
| 曾铁桥，2014

（2）MH2014-349关双大树茶（普洱茶*Camellia assamica*）

位于勐海县勐满镇关双村关双村民小组，海拔1381m；生育地土壤为砖红壤；栽培型；小乔木，树姿直立，树高 6.60m，树幅 4.50m × 4.80m，基部干径 0.26m，最低分枝高 0.80m，分枝密。嫩枝有毛。芽叶黄绿色、多毛。特大叶，叶长 13.4 ~ 15.7cm，叶宽 5.7 ~ 6.8cm，叶面积 53.5 ~ 73.8cm^2，叶椭圆形，叶色深绿，叶身平，叶面微隆起，叶尖渐尖，叶脉 10 ~ 13 对，叶齿锯齿形，叶缘平，叶背多毛，叶基楔形，叶质柔软。萼片无毛、绿色、5 枚。花冠直径 1.7 ~ 2.1cm，花瓣 5 ~ 6 枚、白色、质地中，花瓣长宽均值 1.5 ~ 1.7cm，子房有毛，花柱先端 3 裂、裂位浅，花柱长 0.7 ~ 1.1cm，雌蕊等高于雄蕊。果球形，果径 2.3 ~ 3.3cm，鲜果皮厚 1.0mm，种球形，种径 1.5 ~ 1.7cm，种皮褐色。水浸出物 52.31%、茶多酚 39.37%、氨基酸 2.76%、咖啡碱 4.83%、酚氨比 14.27。

（3）MH2014-350关双大树茶（普洱茶*Camellia assamica*）

位于勐海县勐满镇关双村关双村民小组，海拔1401m；生育地土壤为砖红壤；栽培型；小乔木，树姿半开张，树高3.70m，树幅4.60m × 4.00m，基部干径0.30m，最低分枝高0.92m，分枝中。嫩枝有毛。芽叶黄绿色、多毛。大叶，叶长12.5 ~ 14.4cm，叶宽4.1 ~ 5.2cm，叶面积36.4 ~ 52.4cm^2，叶长椭圆形，叶色深绿，叶身内折，叶面微隆起，叶尖渐尖，叶脉9 ~ 13对，叶齿锯齿形，叶缘微波，叶背多毛，叶基楔形，叶质柔软。萼片无毛、绿色、4 ~ 5枚。花冠直径2.4 ~ 2.7cm，花瓣5 ~ 6枚、白色、质地中，花瓣长宽均值1.1 ~ 1.4cm，子房有毛，花柱先端3裂、裂位浅，花柱长0.9 ~ 1.0cm，雌蕊等高于雄蕊。果四方形，果径3.2 ~ 2.9cm，鲜果皮厚1.0 ~ 2.0mm，种球形，种径1.2 ~ 1.6cm，种皮褐色。

第八节　勐阿镇

一、嘎赛村

1. 纳依村民小组

（1）MH2014-016纳依大茶树（普洱茶 *Camellia assamica*）

位于勐海县勐阿镇嘎赛村纳依村民小组，海拔1094m；生育地土壤为砖红壤；栽培型；乔木，树姿半开张，树高7.75m，树幅5.06m × 5.35m，基部干径0.27m，最低分枝高0.54m，分枝密。嫩枝有毛。芽叶黄绿色、多毛。特大叶，叶长13.0 ~ 19.6cm，叶宽6.0 ~ 8.2cm，叶面积54.6 ~ 111.9cm^2，叶椭圆形，叶色绿，叶身背卷，叶面微隆起，叶尖渐尖，叶脉8 ~ 11对，叶齿锯齿形，叶缘平，叶背多毛，叶基楔形，叶质中。萼片无毛、绿色、5枚。花冠直径4.7 ~ 5.6cm，花瓣6 ~ 7枚、白色、质地薄，花瓣长宽均值2.3 ~ 3.0cm，子房无毛，花柱先端3 ~ 4裂、裂位中，花柱长1.2 ~ 1.6cm，雌蕊等高于雄蕊。果三角形，果径1.8 ~ 2.1cm，鲜果皮厚0.8 ~ 3.0mm，种球形，种径1.5 ~ 1.7cm，种皮褐色。水浸出物53.89%、茶多酚28.42%、氨基酸3.32%、咖啡碱3.57%、酚氨比8.56。

图 6-8-1　MH2014-016 纳依大茶树
|蒋会兵，2014

图 6-8-2　MH2014-017 纳依大黑茶
|蒋会兵，2014

图 6-8-3　MH2014-018 纳依大茶树
|蒋会兵，2014

（2）MH2014-017纳依大黑茶（普洱茶*Camellia assamica*）

位于勐海县勐阿镇嘎赛村纳依村民小组，海拔1086m；生育地土壤为砖红壤；栽培型；小乔木，树姿半开张，树高5.55m，树幅5.30m×3.95m，基部干径0.27m，最低分枝高0.11m，分枝中。嫩枝有毛。芽叶黄绿色、多毛。大叶，叶长14.1～16.5cm，叶宽4.6～5.8cm，叶面积48.0～67.0cm^2，叶长椭圆形，叶色绿，叶身平，叶面平，叶尖渐尖，叶脉9～12对，叶齿锯齿形，叶缘平，叶背少毛，叶基楔形，叶质中。萼片无毛、绿色、5枚。花冠直径3.8～4.2cm，花瓣6～7枚、白色、质地薄，花瓣长宽均值1.8～2.0cm，子房有毛，花柱先端3裂、裂位中，花柱长0.9～1.1cm，雌蕊高于雄蕊。果肾形，果径2.2～2.4cm，鲜果皮厚2.0～3.0mm，种球形，种径1.6～1.8cm，种皮褐色。

（3）MH2014-018纳依大茶树（普洱茶*Camellia assamica*）

位于勐海县勐阿镇嘎赛村纳依村民小组，海拔1088m；生育地土壤为砖红壤；栽培型；小乔木，树姿半开张，树高4.45m，树幅2.60 m×2.83m，基部干径0.23m，分枝中。嫩枝有毛。芽叶绿色、多毛。特大叶，叶长15.0～18.6cm，叶宽5.9～7.6cm，叶面积62.0～99.0cm^2，叶椭圆形，叶色绿，叶身背卷，叶面微隆起，叶尖渐尖，叶脉10～12对，叶齿少齿形，叶缘微波，叶背多毛，叶基楔形，叶质中。萼片有毛、绿色、5枚。花冠直径3.2～5.0cm，花瓣5～6枚、白色、质地薄，花瓣长宽均值1.5～2.4cm，子房有毛，花柱先端3裂、裂位中，花柱长0.9～1.2cm，雌蕊等高于雄蕊。果肾形，果径2.7～3.0cm，鲜果皮厚3.0～4.0mm，种球形，种径1.3～1.6cm，种皮棕褐色。

2. 城子村民小组

（1）MH2014-019城子大茶树（普洱茶*Camellia assamica*）

位于勐海县勐阿镇嘎赛村城子村民小组，海拔1109m；生育地土壤为砖红壤；栽培型；乔木，树姿半开张，树高8.30m，树幅6.34m×4.80m，基部干径0.19m，最低分枝高1.27m，分枝稀。嫩枝有毛。芽叶黄绿色、多毛。中叶，叶长8.2～11.2cm，叶宽3.6～4.4cm，叶面积20.7～32.1cm^2，叶长椭圆形，叶色绿，叶身平，叶面平，叶尖渐尖，叶脉7～10对，叶齿少齿形，叶缘平，叶背少毛，叶基楔形，叶质中。萼片无毛、绿色、5枚。花冠直径4.3～4.8cm，花瓣6～7枚、白色、质地薄，花瓣长宽均值1.8～2.0cm，子房有毛，花柱先端3裂、裂位中，花柱长0.8～0.9cm，雌蕊高于雄蕊。果肾形，果径1.6～2.0cm，鲜果皮厚1.0～3.0mm，种球形，种径1.5～1.7cm，种皮褐色。

图 6-8-4　MH2014-019 城子大茶树
|蒋会兵，2014

（2）MH2014-020城子大茶树（普洱茶*Camellia assamica*）

位于勐海县勐阿镇嘎赛村城子村民小组，海拔1137m；生育地土壤为砖红壤；栽培型；小乔木，树姿半开张，树高3.90m，树幅4.60m×4.550m，基部干径0.43m，最低分枝高0.25m，分枝稀。嫩枝有毛。芽叶绿色、多毛。特大叶，叶长11.3～19.9cm，叶宽6.8～9.0cm，叶面积59.3～125.4cm^2，叶椭圆形，叶色深绿，叶身内折，叶面隆起，叶尖渐尖，叶脉7～10对，叶齿锯齿形，叶缘微波，叶背多毛，叶基楔形，叶质中。萼片无毛、绿色、5枚。花冠直径3.6～3.9cm，花瓣5～6枚、白色、质地薄，花瓣长宽均值1.6～2.0cm，子房无毛，花柱先端3裂、裂位中，花柱长1.4～1.5cm，雌蕊高于雄蕊。果球形，果径1.7～2.6cm，鲜果皮厚2.0～4.0mm，种球形，种径1.4～1.7cm，种皮褐色。水浸出物56.07%、茶多酚34.20%、氨基酸5.78%、咖啡碱4.00%、酚氨比5.92。

图 6-8-5　MH2014-020 城子大茶树
|蒋会兵，2014

图 6-8-6　MH2014-361 贺建大茶树
| 蒋会兵，2014

图 6-8-7　MH2014-362 贺建大茶树
| 蒋会兵，2014

二、贺建村

1. 小贺建村民小组

（1）MH2014-361贺建大茶树（普洱茶*C. assamica*）

位于勐海县勐阿镇贺建村小贺建村民小组，海拔1482m；生育地土壤为红壤；栽培型；小乔木，树姿开张，树高8.9m，树幅6.4m×5.8m，基部干径0.48m，最低分枝高1.30m，分枝中。嫩枝有毛。芽叶黄绿、中毛。中叶，叶长10.00～13.50cm，叶宽4.20～6.00cm，叶面积29.40～54.60cm^2，叶椭圆形，叶色绿，叶身背卷，叶面平，叶尖急尖，叶脉5～8对，叶齿锯齿形，叶缘微波，叶背少毛，叶基楔形，叶质中。萼片无毛、绿紫、5枚。花冠直径3.5～3.8cm，花瓣5枚、白、质地中，花瓣长宽均值1.3cm，子房无毛，花柱先端3裂、裂位浅，花柱长0.9～1.1cm，雌蕊低于雄蕊。

（2）MH2014-362贺建大茶树（普洱茶*Camellia assamica*）

位于勐海县勐阿镇贺建村小贺建村民小组，海拔 1541m；生育地土壤为红壤；栽培型；小乔木，树姿开张，树高 3.4m，树幅 3.3m×3.6m，基部干径 0.38m，最低分枝高 0.70m，分枝中。嫩枝有毛。芽叶黄绿、中毛。大叶，叶长 10.50 ～ 13.00cm，叶宽 4.50 ～ 5.70cm，叶面积 33.10 ～ 51.90cm^2，叶椭圆形，叶色绿，叶身背卷，叶面平，叶尖急尖，叶脉 5 ～ 9 对，叶齿锯齿形，叶缘微波，叶背少毛，叶基楔形，叶质中。萼片无毛、绿紫、5 枚。花冠直径 3.5 ～ 3.8cm，花瓣 5 枚、白、质地中，花瓣长宽均值 1.3cm，子房无毛，花柱先端 3 裂、裂位浅，花柱长 0.9 ～ 1.2cm，雌蕊低于雄蕊。水浸出物 55.97%、茶多酚 38.45%、氨基酸 2.58%、咖啡碱 4.91%、酚氨比 14.88。

2. 景播老寨村民小组

（1）景播老寨红茶绿叶大茶树（*Camellia assamica*）

位于勐海县勐阿镇贺建村景播老寨村民小组，海拔1554.6m。生育地土壤为砖红壤；栽培型；乔木，树姿开张，树高6.90m，树幅5.3m×4.8m，基部干径0.35m，分枝中。嫩枝有毛。芽叶紫色、中毛。中叶，叶长8.2～9.5cm，叶宽4.1～5.0cm，叶面积23.5～33.3cm^2，叶椭圆形，叶色绿，叶身内折，叶面平，叶尖急尖，叶脉5.0～8.0对，叶齿锯齿形，叶缘微波，叶背少毛，叶基楔形，叶质中。萼片无毛、绿紫色、5枚。花冠直径3.1～3.5cm，花瓣5枚、白色、质地中，花瓣长宽均值1.1～1.2cm，子房有毛，花柱先端3裂、裂位浅，花柱长0.7～0.9cm，雌蕊等高于雄蕊。

图 6-8-8 景播老寨红芽绿叶大茶树
李友勇，2019

（2）景播老寨绿芽大茶树（*Camellia assamica*）

位于勐海县勐阿镇贺建村景播老寨村民小组，海拔1560.6m。生育地土壤为砖红壤；栽培型；乔木，树姿半开张，树高5.85m，树幅4.9m×5.5m，基部干径0.33m，分枝中。嫩枝有毛。芽叶黄绿色、中毛。中叶，叶长13.5～14.6cm，叶宽5.3～5.8cm，叶面积50.1～59.3cm^2，叶椭圆形，叶色绿，叶身内折，叶面平，叶尖急尖，6.0～9.0对，叶齿锯齿形，叶缘微波，叶背少毛，叶基楔形，叶质中。萼片无毛、绿紫色、5枚。花冠直径3.3～3.7cm，花瓣6.0～8.0枚、白色、质地中，花瓣长宽均值1.0～1.2cm，子房有毛，花柱先端3裂、裂位浅，花柱长0.9～1.2cm，雌蕊等高于雄蕊。

图 6-8-9 景播老寨绿芽大茶树
李友勇，2019

第九节　勐往乡

勐往村

曼糯大寨村民小组

（1）MH2014-001曼糯大寨大茶树（普洱茶 *Camellia assamica*）

图 6-9-1　MH2014-001 曼糯大寨大茶树
|蒋会兵，2014

位于勐海县勐往乡勐往村曼糯大寨村民小组，海拔1199m；生育地土壤为砖红壤；栽培型；小乔木，树姿半开张，树高6.81m，树幅6.30m × 6.50m，基部干径0.41m，最低分枝高0.17m，分枝稀。嫩枝有毛。芽叶黄绿色、中毛。特大叶，叶长14.0 ~ 18.9cm，叶宽5.1 ~ 7.2cm，叶面积50.0 ~ 95.3cm^2，叶长椭圆形，叶色深绿，叶身内折，叶面平，叶尖渐尖，叶脉8 ~ 12对，叶齿锯齿形，叶缘微波，叶背少毛，叶基近圆种，叶质中。萼片无毛、绿色、5枚。花冠直径3.1 ~ 3.8cm，花瓣5 ~ 7枚、白色、质地中，花瓣长宽均值1.3 ~ 1.8cm，子房有毛，花柱先端3裂、裂位浅，花柱长0.8 ~ 1.0cm，雌蕊低于雄蕊。果三角形，果径2.2 ~ 2.7cm，鲜果皮厚1.0 ~ 2.5mm，种球形，种径1.1 ~ 1.5cm，种皮褐色。水浸出物54.13%、茶多酚34.15%、氨基酸2.36%、咖啡碱3.91%、酚氨比14.45。

（2）MH2014-002曼糯大寨大茶树（普洱茶*Camellia assamica*）

位于勐海县勐往乡勐往村曼糯大寨村民小组，海拔1193m；生育地土壤为砖红壤；栽培型；小乔木，树姿半开张，树高5.99m，树幅6.10m×6.05m，基部干径0.31m，最低分枝高0.43m，分枝稀。嫩枝无毛。芽叶黄绿色、多毛。中叶，叶长8.2～13.0cm，叶宽3.3～5.2cm，叶面积18.9～41.1cm^2，叶长椭圆形，叶色深绿，叶身平，叶面平，叶尖渐尖，叶脉8～10对，叶齿锯齿形，叶缘微波，叶背多毛，叶基楔形，叶质硬。萼片无毛、绿色、5枚。花冠直径3.3～3.6cm，花瓣5～7枚、白色、质地薄，花瓣长宽均值1.3～1.5cm，子房无毛，花柱先端3裂、裂位浅，花柱长0.8～1.1cm，雌蕊高于雄蕊。果肾形，果径2.0～2.4cm，鲜果皮厚2.0～3.0mm，种球形，种径1.3～1.7cm，种皮棕褐色。水浸出物56.00%、茶多酚36.74%、氨基酸3.38%、咖啡碱4.68%、酚氨比10.85。

图 6-9-2　MH2014-002 曼糯大寨大茶树
|蒋会兵，2014

（3）MH2014-003曼糯大寨大茶树（普洱茶*Camellia assamica*）

位于勐海县勐往乡勐往村曼糯大寨村民小组，海拔1189m；生育地土壤为砖红壤；栽培型；小乔木，树姿半开张，树高5.09m，树幅4.90m×5.58m，基部干径0.28m，最低分枝高0.11m，分枝稀。嫩枝有毛。芽叶黄绿色、中毛。中叶，叶长7.5～13.3cm，叶宽3.6～6.2cm，叶面积20.7～56.4cm^2，叶椭圆形，叶色绿，叶身背卷，叶面平，叶尖渐尖，叶脉6～10对，叶齿锯齿形，叶缘微波，叶背少毛，叶基楔形，叶质中。萼片无毛、绿色、5枚。花冠直径3.4～3.7cm，花瓣5～7枚、白色、质地厚，花瓣长宽均值1.3～1.8cm，子房无毛，花柱先端3裂、裂位浅，花柱长0.5～1.0cm，雌蕊等高于雄蕊。果三角形，果径2.0～2.6cm，鲜果皮厚1.0～2.0mm，种半球形，种径1.4～1.8cm，种皮褐色。水浸出物55.87%、茶多酚36.81%、氨基酸2.70%、咖啡碱4.52%、酚氨比13.65。

图 6-9-3　MH2014-003 曼糯大寨大茶树
|蒋会兵，2014

图 6-9-4　MH2014-004 曼糯大寨大茶树
| 蒋会兵，2014

（4）MH2014-004曼糯大寨大茶树（普洱茶 *Camellia assamica*）

位于勐海县勐往乡勐往村曼糯大寨村民小组，海拔 1184m；生育地土壤为砖红壤；栽培型；小乔木，树姿半开张，树高 6.70m，树幅 6.25m × 4.31m，基部干径 0.32m，最低分枝高 0.33m，分枝稀。嫩枝有毛。芽叶黄绿色、多毛。特大叶，叶长 14.0 ~ 18.9cm，叶宽 5.1 ~ 7.2cm，叶面积 50.0 ~ 95.3cm^2，叶长椭圆形，叶色绿，叶身内折，叶面微隆起，叶尖渐尖，叶脉 7 ~ 10 对，叶齿少齿形，叶缘平，叶背少毛，叶基楔形，叶质硬。萼片无毛、绿色、5 ~ 6 枚。花冠直径 3.3 ~ 3.9cm，花瓣 5 ~ 7 枚、白色、质地薄，花瓣长宽均值 1.2 ~ 1.5cm，子房有毛，花柱先端 3 裂、裂位浅，花柱长 0.8 ~ 1.0cm，雌蕊等高于雄蕊。果球形，果径 2.2 ~ 2.3cm，鲜果皮厚 0.8 ~ 2.0mm，种球形，种径 1.6 ~ 2.0cm，种皮褐色。

图 6-9-5　MH2014-005 曼糯大寨大茶树
| 蒋会兵，2014

（5）MH2014-005曼糯大寨大茶树（普洱茶 *Camellia assamica*）

位于勐海县勐往乡勐往村曼糯大寨村民小组，海拔1188m；生育地土壤为砖红壤；栽培型；小乔木，树姿半开张，树高4.96m，树幅 5.05m × 4.76m，基部干径0.28m，最低分枝高 0.35m，分枝中。嫩枝有毛。芽叶黄绿色、多毛。中叶，叶长8.2 ~ 13.5cm，叶宽4.0 ~ 5.7cm，叶面积25.2 ~ 49.1cm^2，叶长椭圆形，叶色绿，叶身平，叶面微隆起，叶尖渐尖，叶脉7 ~ 10对，叶齿锯齿形，叶缘平，叶背多毛，叶基楔形，叶质柔软。萼片无毛、绿色、5 ~ 6枚。花冠直径 3.1 ~ 4.1cm，花瓣6 ~ 7枚、白色、质地薄，花瓣长宽均值1.4 ~ 1.8cm，子房有毛，花柱先端3裂、裂位浅，花柱长0.8 ~ 1.0cm，雌蕊高于雄蕊。果球形，果径2.5 ~ 3.4cm，鲜果皮厚0.9 ~ 2.0mm，种球形，种径1.7 ~ 2.0cm，种皮棕褐色。

（6）MH2014-006曼糯大寨大茶树（普洱茶 *Camellia assamica*）

位于勐海县勐往乡勐往村曼糯大寨村民小组，海拔1188m；生育地土壤为砖红壤；栽培型；小乔木，树姿半开张，树高5.25m，树幅6.10m×6.25m，基部干径0.28m，最低分枝高0.13m，分枝中。嫩枝有毛。芽叶黄绿色、多毛。大叶，叶长10.5～18.8cm，叶宽4.3～6.9cm，叶面积32.5～90.8cm²，叶长椭圆形，叶色绿，叶身内折，叶面平，叶尖渐尖，叶脉6～13对，叶齿少齿形，叶缘微波，叶背多毛，叶基楔形，叶质硬。萼片无毛、绿色、5～6枚。花冠直径3.0～3.7cm，花瓣6～7枚、白色、质地薄，花瓣长宽均值1.3～1.5cm，子房有毛，花柱先端3裂、裂位浅，花柱长0.8～1.0cm，雌蕊高于雄蕊。果三角形，果径3.6～4.3cm，鲜果皮厚0.9～2.0mm，种球形，种径1.3～1.7cm，种皮棕褐色。

图 6-9-6　MH2014-006 曼糯大寨大茶树
蒋会兵，2014

（7）MH2014-007曼糯大寨大茶树（普洱茶 *Camellia assamica*）

位于勐海县勐往乡勐往村曼糯大寨村民小组，海拔1191m；生育地土壤为砖红壤；栽培型；小乔木，树姿开张，树高5.90m，树幅7.10m×7.35m，基部干径0.40m，最低分枝高0.20m，分枝密。嫩枝有毛。芽叶黄绿色、多毛。大叶，叶长8.9～15.0cm，叶宽4.3～6.9cm，叶面积26.8～62.8cm²，叶长椭圆形，叶色绿，叶身内折，叶面微隆起，叶尖渐尖，叶脉7～10对，叶齿锯齿形，叶缘微波，叶背多毛，叶基楔形，叶质硬。萼片无毛、绿色、5～6枚。花冠直径2.9～3.9cm，花瓣6～7枚、白色、质地薄，花瓣长宽均值1.3～1.5cm，子房有毛，花柱先端3裂、裂位浅，花柱长0.8～1.0cm，雌蕊高于雄蕊。水浸出物53.20%、茶多酚36.45%、氨基酸2.56%、咖啡碱3.84%、酚氨比14.22。

图 6-9-7　MH2014-007 曼糯大寨大茶树
蒋会兵，2014

图 6-9-8 MH2014-008 曼糯大寨大茶树
|蒋会兵，2014

（8）MH2014-008曼糯大寨大茶树（普洱茶 *Camellia assamica*）

位于勐海县勐往乡勐往村曼糯大寨村民小组，海拔1184m；生育地土壤为砖红壤；栽培型；小乔木，树姿半开张，树高6.05m，树幅10.60m × 10.55m，基部干径0.20m，最低分枝高0.29m，分枝密。嫩枝有毛。芽叶绿色、多毛。中叶，叶长8.3 ~ 15.8cm，叶宽4.0 ~ 6.5cm，叶面积24.4 ~ 68.6cm^2，叶长椭圆形，叶色绿，叶身内折，叶面平，叶尖渐尖，叶脉7 ~ 10对，叶齿锯齿形，叶缘平，叶背少毛，叶基楔形，叶质柔软。萼片无毛、绿色、5枚。花冠直径3.1 ~ 3.8cm，花瓣6 ~ 7枚、白色、质地薄，花瓣长宽均值1.4 ~ 2.0cm，子房有毛，花柱先端3裂、裂位浅，花柱长0.8 ~ 1.0cm，雌蕊等高于雄蕊。果三角形，果径2.5 ~ 2.7cm，鲜果皮厚1.0 ~ 2.0mm，种球形，种径1.2 ~ 1.9cm，种皮棕褐色。

图 6-9-9 MH2014-009 曼糯大寨大茶树
|蒋会兵，2014

（9）MH2014-009曼糯大寨大茶树（普洱茶 *Camellia assamica*）

位于勐海县勐往乡勐往村曼糯大寨村民小组，海拔1180m；生育地土壤为砖红壤；栽培型；小乔木，树姿半开张，树高5.00m，树幅5.20m × 4.80m，基部干径0.40m，最低分枝高0.20m，分枝密。嫩枝有毛。芽叶绿色、多毛。中叶，叶长7.2 ~ 14.1cm，叶宽3.8 ~ 5.2cm，叶面积20.2 ~ 45.4cm^2，叶长椭圆形，叶色绿，叶身内折，叶面平，叶尖渐尖，叶脉7 ~ 10对，叶齿锯齿形，叶缘平，叶背少毛，叶基楔形，叶质中。萼片无毛、绿色、5枚。花冠直径3.1 ~ 4.2cm，花瓣6 ~ 7枚、白色、质地薄，花瓣长宽均值1.2 ~ 1.6cm，子房有毛，花柱先端3裂、裂位浅，花柱长0.8 ~ 1.0cm，雌蕊等高于雄蕊。果球形，果径2.4 ~ 3.0cm，鲜果皮厚0.9 ~ 2.0mm，种半球形，种径1.2 ~ 1.7cm，种皮褐色。

（10）MH2014-010曼糯大寨大茶树（普洱茶 *Camellia assamica*）

位于勐海县勐往乡勐往村曼糯大寨村民小组，海拔1180m；生育地土壤为砖红壤；栽培型；小乔木，树姿半开张，树高5.00m，树幅5.20m×4.80m，基部干径0.40m，最低分枝高0.20m，分枝密。嫩枝有毛。芽叶黄绿色、多毛。中叶，叶长8.3～11.6cm，叶宽4.0～5.6cm，叶面积23.2～38.4cm^2，叶椭圆形，叶色绿，叶身内折，叶面微隆起，叶尖渐尖，叶脉7～10对，叶齿锯齿形，叶缘平，叶背多毛，叶基楔形，叶质中。萼片无毛、绿色、5枚。花冠直径3.1～4.2cm，花瓣6～7枚、白色、质地薄，花瓣长宽均值1.2～1.6cm，子房有毛，花柱先端3裂、裂位浅，花柱长0.8～1.0cm，雌蕊等高于雄蕊。果球形，果径2.4～3cm，鲜果皮厚0.9～2.0mm，种半球形，种径1.2～1.7cm，种皮褐色。

图 6-9-10　MH2014-010 曼糯大寨大茶树
|蒋会兵，2014

（11）MH2014-011曼糯大寨大茶树（普洱茶 *Camellia assamica*）

位于勐海县勐往乡勐往村曼糯大寨村民小组，海拔1198m；生育地土壤为砖红壤；栽培型；小乔木，树姿开张，树高5.65m，树幅6.10m×7.05m，基部干径0.60m，最低分枝高0.30m，分枝密。嫩枝有毛。芽叶绿色、多毛。中叶，叶长9.1～13.5cm，叶宽4.2～5.6cm，叶面积26.8～51.4cm^2，叶椭圆形，叶色深绿，叶身内折，叶面微隆起，叶尖渐尖，叶脉7～10对，叶齿少锯齿，叶缘微波，叶背少毛，叶基楔形，叶质中。萼片无毛、绿色、5枚。花冠直径3.4～4.8cm，花瓣6～7枚、白色、质地薄，花瓣长宽均值1.5～2.0cm，子房有毛，花柱先端3裂、裂位浅，花柱长0.8～1.0cm，雌蕊等高于雄蕊。水浸出物56.21%、茶多酚36.52%、氨基酸3.08%、咖啡碱3.75%、酚氨比11.84。

图 6-9-11　MH2014-011 曼糯大寨大茶树
|蒋会兵，2014

图 6-9-12 MH2014-012 曼糯大寨大茶树
|蒋会兵，2014

（12）MH2014-012曼糯大寨大茶树（普洱茶 *Camellia assamica*）

位于勐海县勐往乡勐往村曼糯大寨村民小组，海拔1199m；生育地土壤为砖红壤；栽培型；小乔木，树姿开张，树高5.90m，树幅5.20m×5.50m，基部干径0.30m，最低分枝高0.25m，分枝密。嫩枝有毛。芽叶黄绿色、中毛。中叶，叶长6.8~12.9cm，叶宽3.1~4.8cm，叶面积15.7~43.3cm^2，叶长椭圆形，叶色深绿，叶身内折，叶面微隆起，叶尖渐尖，叶脉7~9对，叶齿锯齿形，叶缘微波，叶背少毛，叶基楔形，叶质柔软。萼片无毛、绿色、5枚。花冠直径3.5~4.0cm，花瓣6枚、白色、质地薄，花瓣长宽均值1.9~2.5cm，子房有毛，花柱先端3裂、裂位浅，花柱长0.8~1.0cm，雌蕊等高于雄蕊。果三角形，果径1.9~2.9cm，鲜果皮厚0.9~2.0mm，种球形，种径1.2~1.4cm，种皮棕褐色。

图 6-9-13 MH2014-013 曼糯大寨大茶树
|蒋会兵，2014

（13）MH2014-013曼糯大寨大茶树（普洱茶 *Camellia assamica*）

位于勐海县勐往乡勐往村曼糯大寨村民小组，海拔1205m；生育地土壤为砖红壤；栽培型；小乔木，树姿半开张，树高5.28m，树幅4.10m×4.00m，基部干径0.32m，最低分枝高0.30m，分枝稀。嫩枝有毛。芽叶黄绿色、多毛。中叶，叶长7.3~12.3cm，叶宽3.1~5.1cm，叶面积17.8~43.9cm^2，叶椭圆形，叶色绿，叶身内折，叶面平，叶尖渐尖，叶脉8~10对，叶齿锯齿形，叶缘微波，叶背少毛，叶基楔形，叶质中。萼片无毛、绿色、5枚。花冠直径3.2~3.9cm，花瓣6枚、白色、质地薄，花瓣长宽均值1.6~2.1cm，子房有毛，花柱先端3裂、裂位浅，花柱长0.8~1.3cm，雌蕊等高于雄蕊。果三角形，果径2.6~2.9cm，鲜果皮厚1.0~2.0mm，种半球形，种径1.4~1.8cm，种皮棕褐色。

（14）MH2014-014曼糯大寨大茶树（普洱茶 *Camellia assamica*）

位于勐海县勐往乡勐往村曼糯大寨村民小组，海拔1234m；生育地土壤为砖红壤；栽培型；小乔木，树姿开张，树高5.55m，树幅5.80m×5.85m，基部干径0.40m，最低分枝高0.38m，分枝密。嫩枝有毛。芽叶黄绿色、多毛。大叶，叶长8.9～14.0cm，叶宽4.8～8.0cm，叶面积30.2～78.4cm^2，叶卵圆形，叶色深绿，叶身平，叶面平，叶尖渐尖，叶脉7～11对，叶齿锯齿形，叶缘微波，叶背多毛，叶基近圆形，叶质中。萼片无毛、绿色、5枚。花冠直径3.5～3.6cm，花瓣4～6枚、白色、质地薄，花瓣长宽均值1.2～1.6cm，子房有毛，花柱先端3裂、裂位浅，花柱长0.6～1.0cm，雌蕊等高于雄蕊。果三角形，果径2.7～3.5cm，鲜果皮厚1.0～2.0mm，种球形，种径1.3～1.7cm，种皮棕褐色。

图 6-9-14　MH2014-014 曼糯大寨大茶树

| 蒋会兵，2014

（15）MH2014-015曼糯大寨大茶树（普洱茶 *Camellia assamica*）

位于勐海县勐往乡勐往村曼糯大寨村民小组，海拔1236m；生育地土壤为砖红壤；栽培型；小乔木，树姿开张，树高5.95m，树幅5.60m×6.00m，基部干径0.35m，最低分枝高0.25m，分枝密。嫩枝有毛。芽叶紫绿色、多毛。中叶，叶长8.6～10.5cm，叶宽4.2～6.1cm，叶面积27.0～44.8cm^2，叶卵圆形，叶色绿，叶身背卷，叶面微隆起，叶尖钝尖，叶脉8～9对，叶齿锯齿形，叶缘平，叶背多毛，叶基近圆形，叶质硬。萼片无毛、绿色、5枚。花冠直径3.9～4.3cm，花瓣6～7枚、白色、质地薄，花瓣长宽均值1.6～1.7cm，子房有毛，花柱先端3裂、裂位中，花柱长0.8～1.1cm，雌蕊低于雄蕊。果三角形，果径2.2～3.1cm，鲜果皮厚0.9～2.0mm，种半球形，种径1.2～1.3cm，种皮

图 6-9-15　MH2014-015 曼糯大寨大茶树

| 蒋会兵，2014

棕褐色。

第十节　勐宋乡

一、曼吕村

1. 那卡村民小组

图 6-10-1　MH2014-084 那卡大茶树
|蒋会兵，2014

（1）MH2014-084那卡大茶树（普洱茶 *Camellia assamica*）

位于勐海县勐宋乡曼吕村那卡村民小组，海拔1789m；生育地土壤为红壤；栽培型；小乔木，树姿半开张，树高9.70m，树幅6.3m×5.8m，基部干径0.34m，最低分枝高1.27m，分枝稀。嫩枝有毛。芽叶黄绿色、多毛。大叶，叶长12.4~17.5cm，叶宽4.1~6.1cm，叶面积35.6~72.3cm^2，叶椭圆形，叶色绿，叶身背卷，叶面平，叶尖渐尖，叶脉8~11对，叶齿锯齿形，叶缘微波，叶背多毛，叶基楔形，叶质中。萼片无毛、绿色、5枚。花冠直径3.5~4.1cm，花瓣5~6枚、白色、质地薄，花瓣长宽均值2.3~2.7cm，子房有毛，花柱先端3裂、裂位中，花柱长1.0~1.2cm，雌蕊低于雄蕊。果球形，果径3.0~3.3cm，鲜果皮厚2.0~2.5mm，种球形，种径1.4~1.6cm，种皮棕褐色。水浸出物53.80%、茶多酚36.81%、氨基酸2.30%、咖啡碱3.96%、酚氨比16.02。

（2）MH2014-085那卡大茶树（普洱茶*Camellia assamica*）

位于勐海县勐宋乡曼吕村那卡村民小组，海拔1756m；生育地土壤为红壤；栽培型；小乔木，树姿半开张，树高3.40m，树幅2.8m×3.2m，基部干径0.32m，最低分枝高0.20m，分枝稀。嫩枝有毛。芽叶黄绿色、多毛。大叶，叶长11.5～14.6cm，叶宽4.1～6.1cm，叶面积35.6～58.1cm^2，叶椭圆形，叶色绿，叶身背卷，叶面平，叶尖渐尖，叶脉8～11对，叶齿锯齿形，叶缘微波，叶背多毛，叶基楔形，叶质中。萼片无毛、绿色、5枚。花冠直径3.5～4.1cm，花瓣5～6枚、白色、质地薄，花瓣长宽均值2.3～2.7cm，子房有毛，花柱先端3裂、裂位中，花柱长1.0～1.2cm，雌蕊低于雄蕊。果球形，果径3.0～3.3cm，鲜果皮厚2.0～2.5mm，种球形，种径1.4～1.6cm，种皮棕褐色。水浸出物51.89%、茶多酚30.26%、氨基酸1.73%、咖啡碱3.52%、酚氨比17.53。

图 6-10-2　MH2014-085 那卡大茶树
|蒋会兵，2014

（3）MH2014-086那卡大茶树（普洱茶*Camellia assamica*）

位于勐海县勐宋乡曼吕村那卡村民小组，海拔1756m；生育地土壤为红壤；栽培型；小乔木，树姿半开张，树高3.30m，树幅4.2m×4.1m，基部干径0.40m，最低分枝高1.37m，分枝稀。嫩枝有毛。芽叶黄绿色、多毛。大叶，叶长11.5～14.6cm，叶宽4.1～6.1cm，叶面积35.6～58.1cm^2，叶椭圆形，叶色绿，叶身背卷，叶面平，叶尖渐尖，叶脉8～11对，叶齿锯齿形，叶缘微波，叶背多毛，叶基楔形，叶质中。萼片无毛、绿色、5枚。花冠直径3.5～4.1cm，花瓣5～6枚、白色、质地薄，花瓣长宽均值2.3～2.7cm，子房有毛，花柱先端3裂、裂位中，花柱长1.0～1.2cm，雌蕊低于雄蕊。果球形，果径3.0～3.3cm，鲜果皮厚2.0～2.5mm，种球形，种径1.4～1.6cm，种皮棕褐色。水浸出物51.87%、茶多酚34.41%、氨基酸2.27%、咖啡碱3.94%、酚氨比15.17。

图 6-10-3　MH2014-086 那卡大茶树
|蒋会兵，2014

图 6-10-4　MH2014-087 那卡大茶树
|蒋会兵，2014

（4）MH2014-087那卡大茶树（普洱茶*Camellia assamica*）

位于勐海县勐宋乡曼吕村那卡村民小组，海拔1683m；生育地土壤为红壤；栽培型；小乔木，树姿半开张，树高3.10m，树幅3.5m×3.2m，基部干径0.31m，最低分枝高1.70m，分枝稀。嫩枝有毛。芽叶黄绿色、多毛。大叶，叶长12.4~14.6cm，叶宽4.1~6.1cm，叶面积35.6~58.1cm^2，叶椭圆形，叶色绿，叶身背卷，叶面平，叶尖渐尖，叶脉7~11对，叶齿锯齿形，叶缘微波，叶背多毛，叶基楔形，叶质中。萼片无毛、绿色、5枚。花冠直径3.5~4.1cm，花瓣5~6枚、白色、质地薄，花瓣长宽均值2.3~2.7cm，子房有毛，花柱先端3裂、裂位中，花柱长1.0~1.2cm，雌蕊低于雄蕊。果球形，果径3.0~3.3cm，鲜果皮厚2.0~2.5mm，种球形，种径1.4~1.6cm，种皮棕褐色。水浸出物52.89%、茶多酚38.59%、氨基酸1.93%、咖啡碱3.74%、酚氨比19.95。

图 6-10-5　MH2014-088 那卡大茶树
|蒋会兵，2014

（5）MH2014-088那卡大茶树（普洱茶*Camellia assamica*）

位于勐海县勐宋乡曼吕村那卡村民小组，海拔1707m；生育地土壤为红壤；栽培型；小乔木，树姿半开张，树高5.88m，树幅3.4m×2.9m，基部干径0.35m，最低分枝高1.70m，分枝稀。嫩枝有毛。芽叶黄绿色、多毛。大叶，叶长12.4~17.2cm，叶宽4.1~7.1cm，叶面积35.6~72.2cm^2，叶椭圆形，叶色绿，叶身背卷，叶面平，叶尖渐尖，叶脉7~11对，叶齿锯齿形，叶缘微波，叶背多毛，叶基楔形，叶质中。萼片无毛、绿色、5枚。花冠直径3.5~4.1cm，花瓣5~6枚、白色、质地薄，花瓣长宽均值2.3~2.7cm，子房有毛，花柱先端3裂、裂位中，花柱长1.0~1.2cm，雌蕊低于雄蕊。果球形，果径3.0~3.3cm，鲜果皮厚2.0~2.5mm，种球形，种径1.4~1.6cm，种皮棕褐色。水浸出物52.25%、茶多酚35.24%、氨基酸4.80%、咖啡碱3.96%、酚氨比7.34。

(6) MH2014-089那卡大茶树（普洱茶*Camellia assamica*）

位于勐海县勐宋乡曼吕村那卡村民小组，海拔1645m；生育地土壤为红壤；栽培型；小乔木，树姿半开张，树高3.60m，树幅3.5m×2.7m，基部干径0.37m，最低分枝高1.70m，分枝稀。嫩枝有毛。芽叶黄绿色、多毛。大叶，叶长12.4～17.2cm，叶宽4.1～7.1cm，叶面积35.6～72.2cm^2，叶椭圆形，叶色绿，叶身背卷，叶面平，叶尖渐尖，叶脉7～11对，叶齿锯齿形，叶缘微波，叶背多毛，叶基楔形，叶质中。萼片无毛、绿色、5枚。花冠直径3.5～4.1cm，花瓣5～6枚、白色、质地薄，花瓣长宽均值2.3～2.7cm，子房有毛，花柱先端3裂、裂位中，花柱长1.0～1.2cm，雌蕊低于雄蕊。果球形，果径3.0～3.3cm，鲜果皮厚2.0～2.5mm，种球形，种径1.4～1.6cm，种皮棕褐色。水浸出物55.43%、茶多酚38.14%、氨基酸2.25%、咖啡碱4.37%、酚氨比16.98。

图 6-10-6　MH2014-089 那卡大茶树
蒋会兵，2014

二、大安村

1. 下大安一组

(1) MH2014-090下大安大茶树（普洱茶*Camellia assamica*）

位于勐海县勐宋乡大安村下大安一组，海拔 1474m；生育地土壤为红壤；栽培型；小乔木，树姿半开张，树高 7.60m，树幅 3.50m×3.30m，基部干径 0.33m，最低分枝高 1.50m，分枝密。嫩枝有毛。芽叶紫绿色、多毛。大叶，叶长 11.2 ～ 13.5cm，叶宽 4.4 ～ 5.9cm，叶面积 40.0 ～ 50.0cm^2，叶长椭圆形，叶色浅绿，叶身平，叶面隆起，叶尖渐尖，叶脉 8 ～ 12 对，叶齿锯齿形，叶缘波，叶背多毛，叶基楔形，叶质中。萼片无毛、绿色、5 枚。花冠直径 3.1 ～ 4.4cm，花瓣 6 ～ 7 枚、微绿色、质地中，花瓣长宽均值 1.2 ～ 1.6cm，子房有毛，花柱先端 3 裂、裂位浅，花柱长 0.8 ～ 1.0cm，雌蕊等高于雄蕊。果球形，果径 2.4 ～ 3.0cm，鲜果皮厚 0.9 ～ 2.0mm，种半球形，种径 1.2 ～ 1.7cm，种皮褐色。水浸出物 53.61%、茶多酚 35.94%、氨基酸 4.02%、咖啡碱 2.73%、酚氨比 8.95。

(2) MH2014-091下大安大茶树（普洱茶*Camellia*

图 6-10-7　MH2014-090 下大安大茶树
蒋会兵，2014

图 6-10-8 MH2014-091 下大安大茶树
|蒋会兵，2014

assamica)

位于勐海县勐宋乡大安村下大安一组，海拔1505m；生育地土壤为红壤；栽培型；小乔木，树姿直立，树高7.60m，树幅4.70m×3.50m，基部干径0.21m，最低分枝高2.10m，分枝稀。嫩枝有毛。芽叶紫绿色、多毛。大叶，叶长11.2～14.5cm，叶宽4.5～6.3cm，叶面积39.4～51.8cm^2，叶披针形，叶色绿，叶身内折，叶面隆起，叶尖急尖，叶脉8～12对，叶齿锯齿形，叶缘波，叶背少毛，叶基楔形，叶质柔软。萼片无毛、绿色、5枚。花冠直径3.1～4.4cm，花瓣6～7枚、微绿色、质地中，花瓣长宽均值1.2～1.6cm，子房有毛，花柱先端3裂、裂位浅，花柱长0.8～1.0cm，雌蕊等高于雄蕊。果球形，果径2.4～3.0cm，鲜果皮厚0.9～2.0mm，种半球形，种径1.2～1.7cm，种皮褐色。水浸出物52.39%、茶多酚25.95%、氨基酸2.98%、咖啡碱3.51%、酚氨比8.72。

2. 曼西良村民小组

（1）MH2014-092曼西良大茶树（普洱茶*Camellia assamica*)

位于勐海县勐宋乡大安村曼西良村民小组，海拔1816m；生育地土壤为红壤；栽培型；小乔木，树姿直立，树高6.50m，树幅7.50m×6.80m，基部干径0.21m，最低分枝高2.10m，分枝密。嫩枝有毛。芽叶紫绿色、多毛。大叶，叶长11.2～14.5cm，叶宽4.5～6.3cm，叶面积39.4～51.8cm^2，叶披针形，叶色绿，叶身内折，叶面隆起，叶尖急尖，叶脉8～12对，叶齿锯齿形，叶缘波，叶背少毛，叶基楔形，叶质柔软。萼片无毛、绿色、5枚。花冠直径3.1～4.4cm，花瓣6～7枚、微绿色、质地中，花瓣长宽均值1.2～1.6cm，子房有毛，花柱先端3裂、裂位浅，花柱长0.8～1.0cm，雌蕊等高于雄蕊。果球形，果径2.4～3.0cm，鲜果皮厚0.9～2.0mm，种半球形，种径1.2～1.7cm，种皮褐色。水浸出物55.96%、茶多酚36.73%、氨基酸3.97%、咖啡碱3.69%、酚氨比9.24。

图 6-10-9 MH2014-092 曼西良大茶树
|蒋会兵，2014

（2）MH2014-093曼西良大茶树（普洱茶*Camellia*

assamica)

位于勐海县勐宋乡大安村曼西良村民小组，海拔1818m；生育地土壤为红壤；栽培型；小乔木，树姿开张，树高5.70m，树幅8.20m × 7.30m，基部干径0.40m，最低分枝高0.97m，分枝密。嫩枝有毛。芽叶紫绿色、多毛。大叶，叶长11.2 ~ 14.5cm，叶宽4.5 ~ 5.5cm，叶面积38.4 ~ 51.8cm^2，叶披针形，叶色绿，叶身背卷，叶面隆起，叶尖渐尖，叶脉8 ~ 12对，叶齿锯齿形，叶缘微波，叶背少毛，叶基楔形，叶质中。萼片无毛、绿色、5枚。花冠直径2.9 ~ 4.0cm，花瓣6 ~ 7枚、微绿色、质地中，花瓣长宽均值1.2 ~ 2.2cm，子房有毛，花柱先端3裂、裂位浅，花柱长0.8 ~ 1.0cm，雌蕊等高于雄蕊。果球形，果径2.4 ~ 3.0cm，鲜果皮厚0.9 ~ 2.0mm，种半球形，种径1.4 ~ 1.7cm，种皮褐色。水浸出物54.85%、茶多酚36.22%、氨基酸3.78%、咖啡碱5.48%、酚氨比9.59。

图 6-10-10　MH2014-093 曼西良大茶树
蒋会兵，2014

（3）MH2014-094曼西良大茶树（普洱茶 *Camellia assamica*）

位于勐海县勐宋乡大安村曼西良村民小组，海拔1813m；生育地土壤为红壤；栽培型；小乔木，树姿开张，树高5.7m，树幅6.10m × 5.40m，基部干径0.30m，最低分枝高1.10m，分枝密。嫩枝有毛。芽叶紫绿色、多毛。大叶，叶长11.0 ~ 14.5cm，叶宽4.5 ~ 5.2cm，叶面积37.0 ~ 51.8cm^2，叶椭圆形，叶色绿，叶身背卷，叶面隆起，叶尖渐尖，叶脉8 ~ 12对，叶齿锯齿形，叶缘微波，叶背少毛，叶基楔形，叶质中。萼片无毛、绿色、5枚。花冠直径2.9 ~ 4.0cm，花瓣6 ~ 7枚、微绿色、质地中，花瓣长宽均值1.4 ~ 2.6cm，子房有毛，花柱先端3裂、裂位浅，花柱长0.9 ~ 1.2cm，雌蕊等高于雄蕊。果球形，果径2.4 ~ 3.0cm，鲜果皮厚0.9 ~ 2.0mm，种半球形，种径1.4 ~ 1.7cm，种皮棕色。

图 6-10-11　MH2014-094 曼西良大茶树
蒋会兵，2014

图 6-10-12　MH2014-095 曼西良大茶树
|蒋会兵，2014

图 6-10-13　MH2014-096 曼西良大茶树
|蒋会兵，2014

（4）MH2014-095曼西良大茶树（普洱茶 *Camellia assamica*）

位于勐海县勐宋乡大安村曼西良村民小组，海拔1809m；生育地土壤为红壤；栽培型；小乔木，树姿开张，树高5.7m，树幅5.80m×6.20m，基部干径0.29m，最低分枝高1.20m，分枝密。嫩枝有毛。芽叶紫绿色、多毛。大叶，叶长10.4～14.9cm，叶宽4.6～5.5cm，叶面积34.9～57.4cm^2，叶椭圆形，叶色绿，叶身内折，叶面隆起，叶尖渐尖，叶脉8～12对，叶齿锯齿形，叶缘微波，叶背少毛，叶基楔形，叶质中。萼片无毛、绿色、5枚。花冠直径2.9～4.0cm，花瓣6～7枚、微绿色、质地中，花瓣长宽均值1.4～2.3cm，子房有毛，花柱先端3裂、裂位浅，花柱长0.9～1.2cm，雌蕊等高于雄蕊。

（5）MH2014-096曼西良大茶树（普洱茶 *Camellia assamica*）

位于勐海县勐宋乡大安村曼西良村民小组，海拔1813m；生育地土壤为红壤；栽培型；小乔木，树姿开张，树高6.9m，树幅4.30m×4.90m，基部干径0.38m，最低分枝高1.20m，分枝密。嫩枝有毛。芽叶紫绿色、多毛。大叶，叶长10.4～14.9cm，叶宽4.6～5.5cm，叶面积34.9～57.4cm^2，叶椭圆形，叶色绿，叶身内折，叶面隆起，叶尖渐尖，叶脉8～12对，叶齿锯齿形，叶缘微波，叶背少毛，叶基楔形，叶质中。萼片无毛、绿色、5枚。花冠直径2.9～4.0cm，花瓣6～7枚、微绿色、质地中，花瓣长宽均值1.4～2.3cm，子房有毛，花柱先端3裂、裂位浅，花柱长0.9～1.2cm，雌蕊等高于雄蕊。果三角形，果径1.7～2.5cm，鲜果皮厚2.0～3.0mm，种半球形，种径1.5～1.6cm，种皮褐色。水浸出物53.03%、茶多酚31.36%、氨基酸3.74%、咖啡碱2.46%、酚氨比8.39。

三、蚌龙村

1. 蚌龙老寨村民小组

（1）MH2014-097蚌龙老寨大茶树（普洱茶 *Camellia assamica*）

位于勐海县勐宋乡蚌龙村蚌龙老寨村民小组，海拔1961m；生育地土壤为红壤；栽培型；小乔木，树姿直立，树高4.8m，树幅3.60m×3.20m，基部干径0.48m，最低分枝高1.02m，分枝中。嫩枝有毛。芽叶紫绿色、多毛。大叶，叶长11.2～14.8cm，叶宽4.2～5.4cm，叶面积36.8～51.0cm^2，叶长椭圆形，叶色绿，叶身背卷，叶面微隆起，叶尖渐尖，叶脉8～12对，叶齿锯齿形，叶缘微波，叶背多毛，叶基楔形，叶质中。萼片无毛、绿色、5枚。花冠直径3.1～4.2cm，花瓣6～7枚、白色、质地薄，花瓣长宽均值1.3～1.8cm，子房有毛，花柱先端3裂、裂位浅，花柱长0.8～1.0cm，雌蕊低于雄蕊。果球形，果径2.4～3.0cm，鲜果皮厚0.9～2.0mm，种半球形，种径1.4～1.7cm，种皮棕褐色。水浸出物52.79%、茶多酚34.08%、氨基酸1.66%、咖啡碱2.26%、酚氨比20.51。

图 6-10-14　MH2014-097 蚌龙老寨大茶树
蒋会兵，2014

图 6-10-15　MH2014-098 蚌龙老寨大茶树
蒋会兵，2014

（2）MH2014-098蚌龙老寨大茶树（普洱茶 *Camellia assamica*）

位于勐海县勐宋乡蚌龙村蚌龙老寨村民小组，海拔2131m；生育地土壤为红壤；栽培型；小乔木，树姿开张，树高4.7m，树幅6.10m×5.80m，基部干径0.41m，最低分枝高0.08m，分枝中。嫩枝有毛。芽叶黄绿色、多毛。大叶，叶长11.2 ~ 14.2cm，叶宽4.0 ~ 5.2cm，叶面积38.1 ~ 47.6cm^2，叶长椭圆形，叶色黄绿，叶身平，叶面强隆起，叶尖渐尖，叶脉8 ~ 12对，叶齿锯齿形，叶缘微波，叶背多毛，叶基楔形，叶质中。萼片无毛、绿色、5枚。花冠直径3.1 ~ 4.2cm，花瓣6 ~ 7枚、白色、质地薄，花瓣长宽均值1.3 ~ 1.8cm，子房有毛，花柱先端3裂、裂位浅，花柱长0.8 ~ 1.0cm，雌蕊低于雄蕊。果球形，果径2.4 ~ 3.0cm，鲜果皮厚0.9 ~ 2.0mm，种半球形，种径1.4 ~ 1.7cm，种皮棕褐色。

图 6-10-16　MH2014-108 蚌龙老寨大茶树
蒋会兵，2014

（3）MH2014-108蚌龙老寨大茶树（普洱茶 *Camellia assamica*）

位于勐海县勐宋乡蚌龙村蚌龙老寨村民小组，海拔2166m；生育地土壤为红壤；栽培型；小乔木，树姿半开张，树高6.20m，树幅4.60m×4.30m，基部干径0.41m，最低分枝高0.20m，分枝中。嫩枝有毛。芽叶紫绿色、多毛。大叶，叶长11.0 ~ 15.1cm，叶宽4.5 ~ 5.5cm，叶面积39.3 ~ 54.7cm^2，叶长椭圆形，叶色浅绿，叶身平，叶面隆起，叶尖渐尖，叶脉8 ~ 12对，叶齿锯齿形，叶缘波，叶背多毛，叶基楔形，叶质中。萼片无毛、绿色、5枚。花冠直径3.2 ~ 3.7cm，花瓣6 ~ 7枚、微绿色、质地中，花瓣长宽均值1.2 ~ 1.6cm，子房有毛，花柱先端3裂、裂位浅，花柱长0.8 ~ 1.0cm，雌蕊等高于雄蕊。果球形，果径2.4 ~ 3.0cm，鲜果皮厚0.9 ~ 2.0mm，种球形，种径1.2 ~ 1.7cm，种皮褐色。

2. 滑竹梁子

MH2014-112滑竹梁子大茶树（普洱茶*Camellia assamica*）

位于勐海县勐宋乡蚌龙村滑竹梁子，海拔 2031m；生育地土壤为红壤；栽培型；小乔木，树姿开张，树高 6.1m，树幅 4.00m×4.10m，基部干径 0.35m，最低分枝高 1.20m，分枝中。嫩枝有毛。芽叶绿色、无毛。大叶，叶长 11.6 ~ 15.0cm，叶宽 4.7 ~ 6.5cm，叶面积 45.1 ~ 66.2cm^2，叶椭圆形，叶色深绿，叶身平，叶面平，叶尖渐尖，叶脉 7 ~ 9 对，叶齿少齿形，叶缘平，叶背无毛，叶基楔形，叶质硬。萼片无毛、绿色、5 ~ 6 枚。花冠直径 7.0 ~ 8.0cm，花瓣 9 ~ 12 枚、白色、质地厚，花瓣长宽均值 3.7 ~ 4.4cm，子房有毛，花柱先端 5 裂、裂位中，花柱长 1.2 ~ 1.8cm，雌蕊等高于雄蕊。果梅花形，果径 2.6 ~ 3.0cm，鲜果皮厚 2.0 ~ 3.0mm，种球形，种径 1.5 ~ 1.8cm，种皮棕褐色。水浸出物 55.18%、茶多酚 33.98%、氨基酸 3.92%、咖啡碱 3.35%、酚氨比 8.68。

图 6-10-17　MH2014-112 滑竹梁子大茶树
|蒋会兵，2014

3. 坝檬村民小组

（1）MH2014-113坝檬大茶树（普洱茶*Camellia assamica*）

位于勐海县勐宋乡蚌龙村坝檬村民小组，海拔 2031m；生育地土壤为红壤；栽培型；小乔木，树姿半开张，树高6.2m，树幅4.10m×3.20m，基部干径0.29m，最低分枝高2.17m，分枝中。嫩枝有毛。芽叶绿色、多毛。大叶，叶长10.5 ~ 15.6cm，叶宽4.0 ~ 6.2cm，叶面积36.7 ~ 62.9cm^2，叶椭圆形，叶色绿，叶身背卷，叶面隆起，叶尖渐尖，叶脉7 ~ 11对，叶齿锯齿形，叶缘微波，叶背多毛，叶基楔形，叶质硬。萼片无毛、绿色、5枚。花冠直径3.2 ~ 3.7cm，花瓣6 ~ 7枚、白色、质地厚，花瓣长宽均值1.9 ~ 2.9cm，子房有毛，花柱先端3裂、裂位中，花柱长1.0 ~ 1.2cm，雌蕊等高于雄蕊。果三角形，果径2.6 ~ 3.0cm，鲜果皮厚2.0 ~ 3.0mm，种球形，种径1.5 ~ 1.8cm，种皮棕褐色。水浸出物52.52%、茶多酚35.68%、氨基酸3.44%、咖啡碱3.68%、酚氨比10.36。

图 6-10-18　MH2014-113 坝檬大茶树
|蒋会兵，2014

图 6-10-19　MH2014-114 坝檬大茶树
|蒋会兵，2014

图 6-10-20　MH2014-115 坝檬大茶树
|蒋会兵，2014

（2）MH2014-114坝檬大茶树（普洱茶*Camellia assamica*）

位于勐海县勐宋乡蚌龙村坝檬村民小组，海拔2117m；生育地土壤为红壤；栽培型；小乔木，树姿半开张，树高5.9m，树幅3.50m×3.80m，基部干径0.31m，最低分枝高0.55m，分枝中。嫩枝有毛。芽叶绿色、多毛。大叶，叶长10.5~15.6cm，叶宽4.1~6.0cm，叶面积37.9~62.2cm^2，叶椭圆形，叶色绿，叶身背卷，叶面隆起，叶尖渐尖，叶脉7~11对，叶齿锯齿形，叶缘微波，叶背多毛，叶基楔形，叶质硬。萼片无毛、绿色、5枚。花冠直径3.2~3.7cm，花瓣6~7枚、白色、质地厚，花瓣长宽均值1.9~2.9cm，子房有毛，花柱先端3裂、裂位中，花柱长1.0~1.2cm，雌蕊等高于雄蕊。果三角形，果径2.6~3.0cm，鲜果皮厚2.0~3.0mm，种球形，种径1.5~1.8cm，种皮棕褐色。水浸出物53.46%、茶多酚34.70%、氨基酸5.23%、咖啡碱3.97%、酚氨比6.63。

（3）MH2014-115坝檬大茶树（普洱茶*Camellia assamica*）

位于勐海县勐宋乡蚌龙村坝檬村民小组，海拔2117m；生育地土壤为红壤；栽培型；小乔木，树姿直立，树高 7.7m，树幅 5.40m×4.50m，基部干径 0.48m，最低分枝高 0.40m，分枝中。嫩枝有毛。芽叶绿色、多毛。大叶，叶长 9.8 ~ 16.5cm，叶宽 4.1 ~ 6.4cm，叶面积 36.2 ~ 52.0cm^2，叶椭圆形，叶色绿，叶身背卷，叶面隆起，叶尖渐尖，叶脉 7 ~ 11 对，叶齿锯齿形，叶缘微波，叶背多毛，叶基楔形，叶质硬。萼片无毛、绿色、5 枚。花冠直径 3.2 ~ 3.7cm，花瓣 6 ~ 7 枚、白色、质地厚，花瓣长宽均值 1.9 ~ 2.9cm，子房有毛，花柱先端 3 裂、裂位中，花柱长 1.0 ~ 1.2cm，雌蕊等高于雄蕊。果三角形，果径 2.6 ~ 3.0cm，鲜果皮厚 2.0 ~ 3.0mm，种球形，种径 1.5 ~ 1.8cm，种皮棕褐色。水浸出物 47.30%、茶多酚 29.48%、氨基酸 3.85%、咖啡碱 3.75%、酚氨比 7.65。

4. 保塘旧寨村民小组

（1）MH2014-116保塘旧寨大茶树（普洱茶*Camellia assamica*）

位于勐海县勐宋乡蚌龙村保塘旧寨村民小组，海拔1827m；生育地土壤为红壤；栽培型；小乔木，树姿半开张，树高7.4m，树幅5.90m×4.30m，基部干径0.51m，最低分枝高0.30m，分枝中。嫩枝有毛。芽叶绿色、多毛。大叶，叶长9.8～15.5cm，叶宽4.1～6.4cm，叶面积33.7～59.7cm^2，叶椭圆形，叶色绿，叶身背卷，叶面隆起，叶尖渐尖，叶脉7～11对，叶齿锯齿形，叶缘微波，叶背多毛，叶基楔形，叶质硬。萼片无毛、绿色、5枚。花冠直径2.9～3.6cm，花瓣6～7枚、白色、质地厚，花瓣长宽均值1.9～2.9cm，子房有毛，花柱先端3裂、裂位中，花柱长1.0～1.2cm，雌蕊等高于雄蕊。果三角形，果径2.6～3.0cm，鲜果皮厚2.0～3.0mm，种球形，种径1.5～1.8cm，种皮棕褐色。水浸出物50.23%、茶多酚32.35%、氨基酸3.35%、咖啡碱3.71%、酚氨比9.67。

图 6-10-21　MH2014-116 保塘旧寨大茶树
|蒋会兵，2014

（2）MH2014-117保塘旧寨大茶树（普洱茶*Camellia assamica*）

位于勐海县勐宋乡蚌龙村保塘旧寨村民小组，海拔1827m；生育地土壤为红壤；栽培型；小乔木，树姿半开张，树高6.7m，树幅4.70m×5.30m，基部干径0.38m，最低分枝高0.20m，分枝中。嫩枝有毛。芽叶绿色、多毛。大叶，叶长9.7～14.4cm，叶宽4.3～6.3cm，叶面积30.6～51.4cm^2，叶椭圆形，叶色绿，叶身背卷，叶面隆起，叶尖渐尖，叶脉8～13对，叶齿锯齿形，叶缘微波，叶背多毛，叶基楔形，叶质硬。萼片无毛、绿色、5枚。花冠直径2.9～3.6cm，花瓣6～7枚、白色、质地厚，花瓣长宽均值1.9～2.9cm，子房有毛，花柱先端3裂、裂位中，花柱长1.0～1.2cm，雌蕊等高于雄蕊。果三角形，果径2.6～3.0cm，鲜果皮厚2.0～3.0mm，种球形，种径1.5～1.8cm，种皮棕褐色。

图 6-10-22　MH2014-117 保塘旧寨大茶树
|蒋会兵，2014

图 6-10-23　MH2014-118 保塘旧寨大茶树
|蒋会兵，2014

图 6-10-24　MH2014-119 保塘旧寨大茶树
|蒋会兵，2014

(3) MH2014-118保塘旧寨大茶树（普洱茶 *Camellia assamica*）

位于勐海县勐宋乡蚌龙村保塘旧寨村民小组，海拔1827m；生育地土壤为红壤；栽培型；小乔木，树姿半开张，树高5.2m，树幅4.30m × 3.80m，基部干径0.26m，最低分枝高0.70m，分枝中。嫩枝有毛。芽叶绿色、多毛。大叶，叶长9.7 ~ 15.4cm，叶宽4.2 ~ 5.7cm，叶面积30.6 ~ 55.0cm^2，叶椭圆形，叶色绿，叶身背卷，叶面隆起，叶尖渐尖，叶脉8 ~ 13对，叶齿锯齿形，叶缘微波，叶背多毛，叶基楔形，叶质硬。萼片无毛、绿色、5枚。花冠直径3.5 ~ 3.9cm，花瓣6 ~ 7枚、白色、质地厚，花瓣长宽均值1.3 ~ 1.6cm，子房有毛，花柱先端3裂、裂位中，花柱长0.9 ~ 1.3cm，雌蕊等高于雄蕊。

(4) MH2014-119保塘旧寨大茶树（普洱茶 *Camellia assamica*）

位于勐海县勐宋乡蚌龙村保塘旧寨村民小组，海拔1873m；生育地土壤为红壤；栽培型；小乔木，树姿半开张，树高7.5m，树幅5.60m × 4.30m，基部干径0.31m，最低分枝高0.40m，分枝中。嫩枝有毛。芽叶绿色、多毛。大叶，叶长10.6 ~ 15.4cm，叶宽4.2 ~ 5.5cm，叶面积33.7 ~ 55.0cm^2，叶椭圆形，叶色绿，叶身背卷，叶面隆起，叶尖渐尖，叶脉8 ~ 13对，叶齿锯齿形，叶缘微波，叶背多毛，叶基楔形，叶质硬。萼片无毛、绿色、5枚。花冠直径3.1 ~ 3.5cm，花瓣6 ~ 7枚、白色、质地厚，花瓣长宽均值1.2 ~ 1.6cm，子房有毛，花柱先端3裂、裂位中，花柱长0.7 ~ 1.1cm，雌蕊等高于雄蕊。

（5）MH2014-120保塘旧寨大茶树（普洱茶*Camellia assamica*）

位于勐海县勐宋乡蚌龙村保塘旧寨村民小组，海拔1904m；生育地土壤为红壤；栽培型；小乔木，树姿半开张，树高8.5m，树幅5.20m×4.90m，基部干径0.48m，最低分枝高0.30m，分枝中。嫩枝有毛。芽叶绿色、多毛。大叶，叶长9.5~14.5cm，叶宽4.2~6.5cm，叶面积27.9~56.3cm^2，叶椭圆形，叶色绿，叶身背卷，叶面隆起，叶尖渐尖，叶脉8~12对，叶齿锯齿形，叶缘微波，叶背多毛，叶基楔形，叶质硬。萼片无毛、绿色、5枚。花冠直径3.1~3.5cm，花瓣6~7枚、白色、质地厚，花瓣长宽均值2.1~2.6cm，子房有毛，花柱先端3裂、裂位中，花柱长1.0~1.2cm，雌蕊等高于雄蕊。果三角形，果径2.6~3.0cm，鲜果皮厚2.0~3.0mm，种球形，种径1.5~1.8cm，种皮棕褐色。水浸出物49.25%、茶多酚32.97%、氨基酸2.90%、咖啡碱3.68%、酚氨比11.38。

图 6-10-25　MH2014-120 保塘旧寨大茶树
|蒋会兵，2014

（6）MH2014-121保塘旧寨大茶树（普洱茶*Camellia assamica*）

位于勐海县勐宋乡蚌龙村保塘旧寨村民小组，海拔1910m；生育地土壤为红壤；栽培型；小乔木，树姿半开张，树高6.2m，树幅4.50m×4.20m，基部干径0.54m，最低分枝高1.20m，分枝中。嫩枝有毛。芽叶绿色、多毛。大叶，叶长10.5~17.1cm，叶宽4.2~6.5cm，叶面积30.9~68.2cm^2，叶椭圆形，叶色绿，叶身背卷，叶面隆起，叶尖渐尖，叶脉8~12对，叶齿锯齿形，叶缘微波，叶背多毛，叶基楔形，叶质硬。萼片无毛、绿色、5枚。花冠直径2.8~3.7cm，花瓣6~7枚、白色、质地厚，花瓣长宽均值2.1~2.6cm，子房有毛，花柱先端3裂、裂位浅，花柱长1.0~1.2cm，雌蕊等高于雄蕊。果球形，果径2.9~3.5cm，鲜果皮厚2.0~3.0mm，种球形，种径1.3~1.5cm，种皮棕褐色。水浸出物53.58%、茶多酚34.53%、氨基酸3.88%、咖啡碱4.06%、酚氨比8.89。

图 6-10-26　MH2014-121 保塘旧寨大茶树
|蒋会兵，2014

图 6-10-27　MH2014-122 保塘旧寨大茶树
|蒋会兵，2014

图 6-10-28　MH2014-123 保塘旧寨大茶树
|蒋会兵，2014

（7）MH2014-122保塘旧寨大茶树（普洱茶*Camellia assamica*）

位于勐海县勐宋乡蚌龙村保塘旧寨村民小组，海拔 1910m；生育地土壤为红壤；栽培型；小乔木，树姿半开张，树高 8.45m，树幅 7.60m × 6.30m，基部干径 0.67m，最低分枝高 0.45m，分枝中。嫩枝有毛。芽叶绿色、多毛。大叶，叶长 11.4 ~ 14.6cm，叶宽 4.1 ~ 5.4cm，叶面积 35.9 ~ 48.6cm^2，叶椭圆形，叶色绿，叶身背卷，叶面隆起，叶尖渐尖，叶脉 7 ~ 12 对，叶齿锯齿形，叶缘微波，叶背多毛，叶基楔形，叶质硬。萼片无毛、绿色、5 枚。花冠直径 2.9 ~ 3.4cm，花瓣 6 ~ 7 枚、白色、质地厚，花瓣长宽均值 2.1 ~ 2.6cm，子房有毛，花柱先端 3 裂、裂位浅，花柱长 1.0 ~ 1.2cm，雌蕊等高于雄蕊。果球形，果径 2.8 ~ 3.2cm，鲜果皮厚 2.0 ~ 2.5mm，种球形，种径 1.2 ~ 1.4cm，种皮棕褐色。

（8）MH2014-123保塘旧寨大茶树（普洱茶*Camellia assamica*）

位于勐海县勐宋乡蚌龙村保塘旧寨村民小组，海拔1961m；生育地土壤为红壤；栽培型；小乔木，树姿开张，树高4.00m，树幅5.00m × 3.50m，基部干径0.61m，最低分枝高0.95m，分枝稀。嫩枝有毛。芽叶绿色、多毛。大叶，叶长11.4 ~ 14.6cm，叶宽4.1 ~ 5.4cm，叶面积35.9 ~ 48.6cm^2，叶椭圆形，叶色绿，叶身背卷，叶面隆起，叶尖渐尖，叶脉7 ~ 12对，叶齿锯齿形，叶缘微波，叶背多毛，叶基楔形，叶质硬。萼片无毛、绿色、5枚。花冠直径2.9 ~ 3.4cm，花瓣6 ~ 7枚、白色、质地厚，花瓣长宽均值2.0 ~ 2.6cm，子房有毛，花柱先端3裂、裂位浅，花柱长1.0 ~ 1.2cm，雌蕊等高于雄蕊。果球形，果径3.0 ~ 3.2cm，鲜果皮厚2.0 ~ 2.5mm，种球形，种径1.2 ~ 1.4cm，种皮棕褐色。水浸出物51.77%、茶多酚34.86%、氨基酸3.57%、咖啡碱3.32%、酚氨比9.75。

（9）MH2014-124保塘旧寨大茶树（普洱茶 *Camellia assamica*）

位于勐海县勐宋乡蚌龙村保塘旧寨村民小组，海拔1944m；生育地土壤为红壤；栽培型；小乔木，树姿开张，树高5.60m，树幅6.40m×5.90m，基部干径0.58m，最低分枝高0.80m，分枝中。嫩枝有毛。芽叶绿色、多毛。大叶，叶长11.4～14.6cm，叶宽4.1～5.4cm，叶面积35.9～48.6cm^2，叶椭圆形，叶色绿，叶身背卷，叶面隆起，叶尖渐尖，叶脉7～12对，叶齿锯齿形，叶缘微波，叶背多毛，叶基楔形，叶质硬。萼片无毛、绿色、5枚。花冠直径2.9～3.4cm，花瓣6～7枚、白色、质地厚，花瓣长宽均值2.0～2.6cm，子房有毛，花柱先端3裂、裂位浅，花柱长1.0～1.2cm，雌蕊等高于雄蕊。果球形，果径3.0～3.2cm，鲜果皮厚2.0～2.5mm，种球形，种径1.2～1.4cm，种皮棕褐色。

图 6-10-29　MH2014-124 保塘旧寨大茶树
|蒋会兵，2014

（10）MH2014-125保塘旧寨大茶树（普洱茶 *Camellia assamica*）

位于勐海县勐宋乡蚌龙村保塘旧寨村民小组，海拔1944m；生育地土壤为红壤；栽培型；小乔木，树姿半开张，树高5.80m，树幅5.50m×4.50m，基部干径0.46m，最低分枝高0.50m，分枝中。嫩枝有毛。芽叶绿色、多毛。大叶，叶长11.4～14.6cm，叶宽4.1～5.4cm，叶面积35.9～48.6cm^2，叶椭圆形，叶色绿，叶身背卷，叶面隆起，叶尖渐尖，叶脉7～12对，叶齿锯齿形，叶缘微波，叶背多毛，叶基楔形，叶质硬。萼片无毛、绿色、5枚。花冠直径2.9～3.4cm，花瓣6～7枚、白色、质地厚，花瓣长宽均值2.0～2.6cm，子房有毛，花柱先端3裂、裂位浅，花柱长1.0～1.2cm，雌蕊等高于雄蕊。果球形，果径3.0～3.2cm，鲜果皮厚2.0～2.5mm，种球形，种径1.2～1.4cm，种皮棕褐色。水浸出物50.97%、茶多酚29.91%、氨基酸3.75%、咖啡碱3.09%、酚氨比7.98。

图 6-10-30　MH2014-125 保塘旧寨大茶树
|蒋会兵，2014

图 6-10-31　MH2014-126 保塘旧寨大茶树
|蒋会兵，2014

（11）MH2014-126保塘旧寨大茶树（普洱茶 *Camellia assamica*）

位于勐海县勐宋乡蚌龙村保塘旧寨村民小组，海拔1944m；生育地土壤为红壤；栽培型；小乔木，树姿半开张，树高5.00m，树幅4.30m×5.60m，基部干径0.39m，最低分枝高0.40m，分枝中。嫩枝有毛。芽叶绿色、多毛。中叶，叶长10.4～14.6cm，叶宽4.1～5.4cm，叶面积29.8～48.9cm^2，叶椭圆形，叶色绿，叶身背卷，叶面隆起，叶尖渐尖，叶脉7～12对，叶齿锯齿形，叶缘微波，叶背多毛，叶基楔形，叶质硬。萼片无毛、绿色、5枚。花冠直径3.0～3.5cm，花瓣6～7枚、白色、质地厚，花瓣长宽均值2.0～2.6cm，子房有毛，花柱先端3裂、裂位浅，花柱长1.0～1.2cm，雌蕊等高于雄蕊。果球形，果径3.0～3.2cm，鲜果皮厚2.0～2.5mm，种球形，种径1.2～1.4cm，种皮棕褐色。

图 6-10-32　MH2014-127 保塘旧寨大茶树
|蒋会兵，2014

（12）MH2014-127保塘旧寨大茶树（普洱茶 *Camellia assamica*）

位于勐海县勐宋乡蚌龙村保塘旧寨村民小组，海拔 1928m；生育地土壤为红壤；栽培型；小乔木，树姿半开张，树高 4.80m，树幅 5.70m×5.10m，基部干径 0.51m，最低分枝高 0.55m，分枝中。嫩枝有毛。芽叶绿色、多毛。大叶，叶长 9.4 ～ 14.7cm，叶宽 4.1 ～ 5.4cm，叶面积 27.0 ～ 48.9cm^2，叶椭圆形，叶色绿，叶身背卷，叶面隆起，叶尖渐尖，叶脉 7 ～ 12 对，叶齿锯齿形，叶缘微波，叶背多毛，叶基楔形，叶质硬。萼片无毛、绿色、5 枚。花冠直径 3.0 ～ 3.5cm，花瓣 6 ～ 7 枚、白色、质地厚，花瓣长宽均值 2.0 ～ 2.6cm，子房有毛，花柱先端 3 裂、裂位浅，花柱长 1.0 ～ 1.2cm，雌蕊等高于雄蕊。果球形，果径 3.0 ～ 3.2cm，鲜果皮厚 2.0 ～ 2.5mm，种球形，种径 1.2 ～ 1.4cm，种皮棕褐色。水浸出物 55.70%、茶多酚 34.73%、氨基酸 4.41%、咖啡碱 3.78%、酚氨比 7.87。

（13）MH2014-128保塘旧寨大茶树（普洱茶*Camellia assamica*）

位于勐海县勐宋乡蚌龙村保塘旧寨村民小组，海拔1900m；生育地土壤为红壤；栽培型；小乔木，树姿半开张，树姿开张，树高6.30m，树幅5.00m×3.20m，基部干径0.37m，最低分枝高0.70m，分枝中。嫩枝有毛。芽叶绿色、多毛。大叶，叶长10.2~14.7cm，叶宽4.1~6.3cm，叶面积29.3~51.2cm^2，叶椭圆形，叶色绿，叶身背卷，叶面隆起，叶尖渐尖，叶脉7~12对，叶齿锯齿形，叶缘微波，叶背多毛，叶基楔形，叶质硬。萼片无毛、绿色、5枚。花冠直径2.5~3.5cm，花瓣6~7枚、白色、质地厚，花瓣长宽均值2.0~2.6cm，子房有毛，花柱先端3裂、裂位浅，花柱长1.0~1.2cm，雌蕊等高于雄蕊。果球形，果径2.9~3.2cm，鲜果皮厚2.0~2.5mm，种球形，种径1.3~1.5cm，种皮棕褐色。水浸出物52.66%、茶多酚32.73%、氨基酸2.33%、咖啡碱3.32%、酚氨比14.03。

图 6-10-33　MH2014-128 保塘旧寨大茶树
|蒋会兵，2014

四、三迈村

南本老寨村民小组

（1）MH2014-129南本老寨大茶树（普洱茶*Camellia assamica*）

位于勐海县勐宋乡三迈村南本老寨村民小组，海拔1789m；生育地土壤为红壤；栽培型；小乔木，树姿半开张，树高3.50m，树幅4.00m×3.90m，基部干径0.35m，最低分枝高0.40m，分枝中。嫩枝有毛。芽叶绿色、多毛。大叶，叶长11.2~14.7cm，叶宽4.1~6.3cm，叶面积36.7~51.2cm^2，叶椭圆形，叶色绿，叶身背卷，叶面隆起，叶尖渐尖，叶脉7~12对，叶齿锯齿形，叶缘微波，叶背多毛，叶基楔形，叶质硬。萼片无毛、绿色、5枚。花冠直径2.6~3.4cm，花瓣6~7枚、白色、质地厚，花瓣长宽均值2.0~2.6cm，子房有毛，花柱先端3裂、裂位浅，花柱长1.0~1.2cm，雌蕊等高于雄蕊。果球形，果径2.9~3.1cm，鲜果皮厚2.0~2.5mm，种球形，种径1.3~1.4cm，种皮棕褐色。水浸出物55.01%、茶多酚33.89%、氨基酸2.27%、咖啡碱3.67%、酚氨比14.91。

图 6-10-34　MH2014-129 南本老寨大茶树
|蒋会兵，2014

图 6-10-35　MH2014-130 南本老寨大茶树
| 蒋会兵，2014

（2）MH2014-130南本老寨大茶树（普洱茶*Camellia assamica*）

位于勐海县勐宋乡三迈村南本老寨村民小组，海拔1790m；生育地土壤为红壤；栽培型；小乔木，树姿半开张，树高5.60m，树幅5.90m×4.20m，基部干径0.37m，最低分枝高1.17m，分枝中。嫩枝有毛。芽叶绿色、多毛。大叶，叶长9.8～14.3cm，叶宽4.1～5.5cm，叶面积32.6～55.1cm^2，叶椭圆形，叶色绿，叶身背卷，叶面隆起，叶尖渐尖，叶脉7～12对，叶齿锯齿形，叶缘微波，叶背多毛，叶基楔形，叶质硬。萼片无毛、绿色、5枚。花冠直径2.6～3.4cm，花瓣6～7枚、白色、质地厚，花瓣长宽均值2.0～2.6cm，子房有毛，花柱先端3裂、裂位浅，花柱长1.0～1.2cm，雌蕊等高于雄蕊。果球形，果径2.9～3.1cm，鲜果皮厚2.0～2.5mm，种球形，种径1.3～1.4cm，种皮棕褐色。水浸出物53.51%、茶多酚39.70%、氨基酸2.78%、咖啡碱3.96%、酚氨比14.29。

图 6-10-36　MH2014-131 南本老寨大茶树
| 蒋会兵，2014

（3）MH2014-131南本老寨大茶树（普洱茶*Camellia assamica*）

位于勐海县勐宋乡三迈村南本老寨村民小组，海拔1784m；生育地土壤为红壤；栽培型；小乔木，树姿半开张，树高3.90m，树幅3.90m×4.20m，基部干径0.30m，最低分枝高1.60m，分枝中。嫩枝有毛。芽叶绿色、多毛。大叶，叶长10.2～14.3cm，叶宽4.1～6.3cm，叶面积32.6～63.1cm^2，叶椭圆形，叶色绿，叶身背卷，叶面隆起，叶尖渐尖，叶脉7～12对，叶齿锯齿形，叶缘微波，叶背多毛，叶基楔形，叶质硬。萼片无毛、绿色、5枚。花冠直径2.9～3.4cm，花瓣6～7枚、白色、质地厚，花瓣长宽均值2.0～2.5cm，子房有毛，花柱先端3裂、裂位中，花柱长1.0～1.2cm，雌蕊等高于雄蕊。果球形，果径3.0～3.2cm，鲜果皮厚2.0～2.5mm，种球形，种径1.3～1.4cm，种皮棕褐色。

（4）MH2014-132南本老寨大茶树（普洱茶*Camellia assamica*）

位于勐海县勐宋乡三迈村南本老寨村民小组，海拔1805m；生育地土壤为红壤；栽培型；小乔木，树姿半开张，树高3.90m，树幅3.40m×3.80m，基部干径0.36m，最低分枝高0.80m，分枝中。嫩枝有毛。芽叶绿色、多毛。大叶，叶长10.2～14.3cm，叶宽4.1～6.3cm，叶面积32.6～63.1cm^2，叶椭圆形，叶色绿，叶身背卷，叶面隆起，叶尖渐尖，叶脉7～12对，叶齿锯齿形，叶缘微波，叶背多毛，叶基楔形，叶质硬。萼片无毛、绿色、5枚。花冠直径2.9～3.4cm，花瓣6～7枚、白色、质地厚，花瓣长宽均值2.0～2.5cm，子房有毛，花柱先端3裂、裂位中，花柱长1.0～1.2cm，雌蕊等高于雄蕊。果球形，果径3.0～3.2cm，鲜果皮厚2.0～2.5mm，种球形，种径1.3～1.4cm，种皮棕褐色。水浸出物52.53%、茶多酚34.08%、氨基酸2.19%、咖啡碱3.19%、酚氨比15.55。

图 6-10-37　MH2014-132 南本老寨大茶树
|蒋会兵，2014

（5）MH2014-133南本老寨大茶树（普洱茶*Camellia assamica*）

位于勐海县勐宋乡三迈村南本老寨村民小组，海拔1805m；生育地土壤为红壤；栽培型；小乔木，树姿半开张，树高7.80m，树幅5.80m×5.10m，基部干径0.40m，最低分枝高1.07m，分枝中。嫩枝有毛。芽叶绿色、多毛。大叶，叶长10.1～14.3cm，叶宽4.1～6.3cm，叶面积32.4～63.1cm^2，叶椭圆形，叶色绿，叶身背卷，叶面隆起，叶尖渐尖，叶脉7～12对，叶齿锯齿形，叶缘微波，叶背多毛，叶基楔形，叶质硬。萼片无毛、绿色、5枚。花冠直径2.9～3.4cm，花瓣6～7枚、白色、质地厚，花瓣长宽均值2.0～2.5cm，子房有毛，花柱先端3裂、裂位中，花柱长1.0～1.2cm，雌蕊等高于雄蕊。果球形，果径3.0～3.2cm，鲜果皮厚2.0～2.5mm，种球形，种径1.3～1.4cm，种皮棕褐色。水浸出物53.78%、茶多酚35.12%、氨基酸2.80%、咖啡碱3.40%、酚氨比12.54。

图 6-10-38　MH2014-133 南本老寨大茶树
|蒋会兵，2014

图 6-10-39 MH2014-134 南本老寨大茶树
|蒋会兵，2014

（6）MH2014-134南本老寨大茶树（普洱茶 *Camellia assamica*）

位于勐海县勐宋乡三迈村南本老寨村民小组，海拔1988m；生育地土壤为红壤；栽培型；小乔木，树姿半开张，树高5.40m，树幅4.30m×5.10m，基部干径0.32 m，最低分枝高0.45m，分枝中。嫩枝有毛。芽叶绿色、多毛。大叶，叶长10.1~14.3cm，叶宽4.4~5.5cm，叶面积32.4~53.1cm^2，叶椭圆形，叶色绿，叶身背卷，叶面隆起，叶尖渐尖，叶脉7~12对，叶齿锯齿形，叶缘微波，叶背多毛，叶基楔形，叶质硬。萼片无毛、绿色、5枚。花冠直径2.9~3.4cm，花瓣6~7枚、白色、质地厚，花瓣长宽均值2.0~2.5cm，子房有毛，花柱先端3裂、裂位中，花柱长1.0~1.2cm，雌蕊等高于雄蕊。果球形，果径3.0~3.2cm，鲜果皮厚2.0~2.5mm，种球形，种径1.3~1.4 cm，种皮棕褐色。

图 6-10-40 MH2014-135 南本老寨大茶树
|蒋会兵，2014

（7）MH2014-135南本老寨大茶树（普洱茶 *Camellia assamica*）

位于勐海县勐宋乡三迈村南本老寨村民小组，海拔1987m；生育地土壤为红壤；栽培型；小乔木，树姿半开张，树高3.20m，树幅3.90m×2.00m，基部干径0.30m，最低分枝高0.80m，分枝中。嫩枝有毛。芽叶绿色、多毛。大叶，叶长9.8~14.3cm，叶宽3.9~6.5cm，叶面积26.8~56.9cm^2，叶椭圆形，叶色绿，叶身背卷，叶面隆起，叶尖渐尖，叶脉7~12对，叶齿锯齿形，叶缘微波，叶背多毛，叶基楔形，叶质硬。萼片无毛、绿色、5枚。花冠直径3.0~3.6cm，花瓣6~7枚、白色、质地厚，花瓣长宽均值2.1~2.6cm，子房有毛，花柱先端3裂、裂位中，花柱长1.0~1.2cm，雌蕊等高于雄蕊。果球形，果径2.8~3.1cm，鲜果皮厚2.0~2.5mm，种球形，种径1.3~1.4cm，种皮棕褐色。

（8）MH2014-136南本老寨大茶树（普洱茶 *Camellia assamica*）

位于勐海县勐宋乡三迈村南本老寨村民小组，海拔1982m；生育地土壤为红壤；栽培型；小乔木，树姿半开张，树高7.00m，树幅7.70m×6.80m，基部干径0.49m，最低分枝高0.30m，分枝中。嫩枝有毛。芽叶绿色、多毛。大叶，叶长10.9～14.5cm，叶宽4.4～6.5cm，叶面积34.3～65.0cm^2，叶椭圆形，叶色绿，叶身平，叶面强隆起，叶尖钝尖，叶脉7～12对，叶齿锯齿形，叶缘微波，叶背多毛，叶基楔形，叶质硬。萼片无毛、绿色、5枚。花冠直径3.0～3.6cm，花瓣6～7枚、白色、质地厚，花瓣长宽均值2.1～2.6cm，子房有毛，花柱先端3裂、裂位中，花柱长1.0～1.2cm，雌蕊等高于雄蕊。果球形，果径2.8～3.1cm，鲜果皮厚2.0～2.5mm，种球形，种径1.3～1.4cm，种皮棕褐色。

图 6-10-41　MH2014-136 南本老寨大茶树
蒋会兵，2014

（9）MH2014-137南本老寨大茶树（普洱茶 *Camellia assamica*）

位于勐海县勐宋乡三迈村南本老寨村民小组，海拔1942m；生育地土壤为红壤；栽培型；小乔木，树姿开张，树高3.80m，树幅5.20m×4.10m，基部干径0.39m，最低分枝高0.20m，分枝中。嫩枝有毛。芽叶黄绿色、中毛。大叶，叶长10.9～14.5cm，叶宽4.4～6.5cm，叶面积34.3～65.0cm^2，叶椭圆形，叶色浅绿，叶身内折，叶面强隆起，叶尖渐尖，叶脉7～12对，叶齿锯齿形，叶缘微波，叶背多毛，叶基楔形，叶质硬。萼片无毛、绿色、5枚。花冠直径3.2～4.0cm，花瓣6～7枚、白色、质地薄，花瓣长宽均值2.1～2.6cm，子房有毛，花柱先端3裂、裂位中，花柱长1.0～1.2cm，雌蕊等高于雄蕊。果球形，果径2.8～3.1cm，鲜果皮厚2.0～2.5mm，种球形，种径1.3～1.4cm，种皮棕褐色。

图 6-10-42　MH2014-137 南本老寨大茶树
蒋会兵，2014

图 6-10-43　MH2014-138 南本老寨大茶树
|蒋会兵，2014

（10）MH2014-138南本老寨大茶树（普洱茶 *Camellia assamica*）

位于勐海县勐宋乡三迈村南本老寨村民小组，海拔1921m；生育地土壤为红壤；栽培型；小乔木，树姿半开张，树高6.80m，树幅3.40m×3.10m，基部干径0.21 m，最低分枝高1.45m，分枝中。嫩枝有毛。芽叶黄绿色、多毛。大叶，叶长9.3~15.2cm，叶宽4.0~6.4cm，叶面积31.3~65.0cm^2，叶椭圆形，叶色浅绿，叶身平，叶面微隆起，叶尖渐尖，叶脉7~12对，叶齿锯齿形，叶缘波状，叶背多毛，叶基楔形，叶质硬。萼片无毛、绿色、5枚。花冠直径3.4~4.0cm，花瓣6~7枚、白色、质地薄，花瓣长宽均值2.1~2.5cm，子房有毛，花柱先端3裂、裂位中，花柱长1.0~1.2cm，雌蕊等高于雄蕊。果球形，果径2.8~3.1cm，鲜果皮厚2.0~2.5mm，种球形，种径1.3~1.4cm，种皮棕褐色。

图 6-10-44　MH2014-139 南本老寨大茶树
|蒋会兵，2014

（11）MH2014-139南本老寨大茶树（普洱茶 *Camellia assamica*）

位于勐海县勐宋乡三迈村南本老寨村民小组，海拔1813m；生育地土壤为红壤；栽培型；小乔木，树姿半开张，树高3.70m，树幅4.20m×4.80m，基部干径0.33m，最低分枝高1.40m，分枝中。嫩枝有毛。芽叶黄绿色、多毛。大叶，叶长9.3~15.2cm，叶宽4.0~6.4cm，叶面积31.3~65.0cm^2，叶椭圆形，叶色浅绿，叶身平，叶面微隆起，叶尖渐尖，叶脉7~12对，叶齿锯齿形，叶缘波状，叶背多毛，叶基楔形，叶质硬。萼片无毛、绿色、5枚。花冠直径3.4~4.0cm，花瓣6~7枚、白色、质地薄，花瓣长宽均值2.1~2.5cm，子房有毛，花柱先端3裂、裂位中，花柱长1.0~1.2cm，雌蕊等高于雄蕊。果球形，果径2.8~3.1cm，鲜果皮厚2.0~2.5mm，种球形，种径1.3~1.4cm，种皮棕褐色。

（12）MH2014-140南本老寨大茶树（普洱茶 *Camellia assamica*）

位于勐海县勐宋乡三迈村南本老寨村民小组，海拔1842m；生育地土壤为红壤；栽培型；小乔木，树姿半开张，树高4.20m，树幅6.60m×4.90m，基部干径0.45m，最低分枝高1.30m，分枝中。嫩枝有毛。芽叶黄绿色、多毛。大叶，叶长9.3～15.2cm，叶宽4.0～6.4cm，叶面积31.3～65.0cm^2，叶椭圆形，叶色浅绿，叶身平，叶面微隆起，叶尖渐尖，叶脉7～12对，叶齿锯齿形，叶缘波状，叶背多毛，叶基楔形，叶质硬。萼片无毛、绿色、5枚。花冠直径3.4～4.0cm，花瓣6～7枚、白色、质地薄，花瓣长宽均值2.1～2.5cm，子房有毛，花柱先端3裂、裂位中，花柱长1.0～1.2cm，雌蕊等高于雄蕊。果球形，果径2.8～3.1cm，鲜果皮厚2.0～2.5mm，种球形，种径1.3～1.4cm，种皮棕褐色。水浸出物51.33%、茶多酚30.86%、氨基酸2.75%、咖啡碱3.03%、酚氨比11.24。

图 6-10-45　MH2014-140 南本老寨大茶树
| 蒋会兵，2014

（13）MH2014-141南本老寨大茶树（普洱茶 *Camellia assamica*）

位于勐海县勐宋乡三迈村南本老寨村民小组，海拔1844m；生育地土壤为红壤；栽培型；小乔木，树姿半开张，树高5.70m，树幅3.60m×4.80m，基部干径0.49m，最低分枝高0.25m，分枝中。嫩枝有毛。芽叶黄绿色、中毛。大叶，叶长10.2～14.6cm，叶宽4.0～6.4cm，叶面积31.3～55.2cm^2，叶椭圆形，叶色浅绿，叶身背卷，叶面隆起，叶尖渐尖，叶脉8～13对，叶齿少齿形，叶缘波状，叶背多毛，叶基楔形，叶质柔软。萼片无毛、绿色、5枚。花冠直径3.5～4.0cm，花瓣6～7枚、白色、质地薄，花瓣长宽均值2.2～2.7cm，子房有毛，花柱先端3裂、裂位中，花柱长1.0～1.2cm，雌蕊低于雄蕊。果三角形，果径3.1～3.3cm，鲜果皮厚2.0～2.5mm，种球形，种径1.4～1.5cm，种皮棕褐色。

图 6-10-46　MH2014-141 南本老寨大茶树
| 蒋会兵，2014

图 6-10-47　MH2014-142 南本老寨大茶树
|蒋会兵，2014

（14）MH2014-142南本老寨大茶树（普洱茶 *Camellia assamica*）

位于勐海县勐宋乡三迈村南本老寨村民小组，海拔1841m；生育地土壤为红壤；栽培型；小乔木，树姿半开张，树高4.80m，树幅5.30m×4.80m，基部干径0.45m，最低分枝高0.27m，分枝中。嫩枝有毛。芽叶黄绿色、多毛。大叶，叶长10.4～16.1cm，叶宽4.0～6.2cm，叶面积34.7～59.7cm^2，叶椭圆形，叶色绿，叶身内折，叶面平，叶尖渐尖，叶脉8～13对，叶齿锯齿形，叶缘微波，叶背多毛，叶基楔形，叶质中。萼片无毛、绿色、5枚。花冠直径3.4～4.3cm，花瓣6～7枚、白色、质地薄，花瓣长宽均值2.3～3.0cm，子房有毛，花柱先端3裂、裂位中，花柱长1.0～1.2cm，雌蕊低于雄蕊。果三角形，果径2.8～3.3cm，鲜果皮厚2.0～2.5mm，种球形，种径1.4～1.6cm，种皮棕褐色。水浸出物52.28%、茶多酚33.86%、氨基酸2.73%、咖啡碱3.67%、酚氨比12.39。

图 6-10-48　MH2014-143 南本老寨大茶树
|蒋会兵，2014

（15）MH2014-143南本老寨大茶树（普洱茶 *Camellia assamica*）

位于勐海县勐宋乡三迈村南本老寨村民小组，海拔1775m；生育地土壤为红壤；栽培型；小乔木，树姿半开张，树高4.50m，树幅5.90m×4.60m，基部干径0.29m，最低分枝高0.85m，分枝中。嫩枝有毛。芽叶黄绿色、多毛。大叶，叶长10.4～14.6cm，叶宽4.1～6.1cm，叶面积34.2～55.2cm^2，叶椭圆形，叶色绿，叶身内折，叶面平，叶尖渐尖，叶脉8～13对，叶齿锯齿形，叶缘微波，叶背多毛，叶基楔形，叶质中。萼片无毛、绿色、5枚。花冠直径3.5～4.1cm，花瓣6～7枚、白色、质地薄，花瓣长宽均值2.3～3.2cm，子房有毛，花柱先端3裂、裂位中，花柱长1.0～1.2cm，雌蕊低于雄蕊。果三角形，果径3.0～3.3cm，鲜果皮厚2.0～2.5mm，种球形，种径1.4～1.6cm，种皮棕褐色。

（16）MH2014-144南本老寨大茶树（普洱茶*Camellia assamica*）

位于勐海县勐宋乡三迈村南本老寨村民小组，海拔1775m；生育地土壤为红壤；栽培型；小乔木，树姿半开张，树高6.60m，树幅6.00m×5.70m，基部干径0.38m，最低分枝高0.80m，分枝中。嫩枝有毛。芽叶黄绿色、多毛。大叶，叶长10.3~14.6cm，叶宽4.1~6.1cm，叶面积33.9~58.1cm^2，叶椭圆形，叶色绿，叶身内折，叶面平，叶尖渐尖，叶脉8~13对，叶齿锯齿形，叶缘微波，叶背多毛，叶基楔形，叶质中。萼片无毛、绿色、5枚。花冠直径3.5~4.1cm，花瓣6~7枚、白色、质地薄，花瓣长宽均值2.3~3.2cm，子房有毛，花柱先端3裂、裂位中，花柱长1.0~1.2cm，雌蕊低于雄蕊。果三角形，果径3.0~3.3cm，鲜果皮厚2.0~2.5mm，种球形，种径1.4~1.6cm，种皮棕褐色。

图 6-10-49　MH2014-144 南本老寨大茶树
蒋会兵，2014

五、蚌冈村

哈尼一组

（1）蚌冈老寨1号大茶树（普洱茶*Camellia assamica*）

位于勐海县勐宋乡蚌冈村哈尼一组，海拔1967m；生育地土壤为砖红壤；栽培型；小乔木，树姿开张，树高6.3m，树幅7.20m×6.40m，基部干径0.41m，最低分枝高0.85m，分枝中。嫩枝有毛。芽叶绿色、多毛。中叶，叶长8.2~11.8cm，叶宽4.1~5.9cm，叶面积23.5~48.7cm^2，叶椭圆形，叶色绿，叶身内折，叶面微隆起，叶尖渐尖，7~10对，叶齿锯齿形，叶缘微波，叶背少毛，叶基楔形，叶质中。萼片无毛、绿色、5枚。花冠直径2.3~3.1cm，花瓣6枚、白色、质地薄，花瓣长宽均值1.2~1.6cm，子房有毛，花柱先端3裂、裂位中，花柱长0.8~1.0cm，雌蕊低于雄蕊。果球形，果径2.1~2.4cm，鲜果皮厚1.0~2.1mm，种半球形，种径1.4~1.7cm，种皮褐色。

图 6-10-50　蚌冈老寨 1 号大茶树
李友勇，2019

图 6-10-51　蚌冈老寨红芽长叶 2 号大茶树
|李友勇，2019

（2）蚌冈老寨红芽长叶2号大茶树（茶*Camellia assamica*）

位于勐海县勐宋乡蚌冈村哈尼一组，海拔1987m；生育地土壤为砖红壤；栽培型；小乔木，树姿开张，树高4.96m，树幅4.85m×5.10m，基部干径0.34m，最低分枝高0.62m，分枝中。嫩枝有毛。芽叶紫绿色、多毛。大叶，叶长12.1～16.2cm，叶宽5.3～5.8cm，叶面积44.9～65.8cm^2，叶长椭圆形，叶色绿，叶身内折，叶面隆起，叶尖渐尖，8～12对，叶齿锯齿形，叶缘微波，叶背少毛，叶基楔形，叶质柔软。萼片无毛、绿色、5枚。花冠直径2.9～4.0cm，花瓣6～7枚、微绿色、质地中，花瓣长宽均值1.4～2.3cm，子房有毛，花柱先端3裂、裂位浅，花柱长0.9～1.2cm，雌蕊等高于雄蕊。果径1.7～2.5cm，鲜果皮厚2.0～3.0mm，种径1.5～1.6cm。

图 6-10-52　蚌冈老寨 3 号大茶树
|李友勇，2019

（3）蚌冈老寨3号大茶树（茶*Camellia sinensis*）

位于勐海县勐宋乡蚌冈村哈尼一组，海拔1953m；生育地土壤为砖红壤；栽培型；小乔木，树姿开张，树高4.81m，树幅3.83m×4.05m，基部干径0.39cm，最低分枝高0.35m，分枝中。嫩枝有毛。芽叶紫红色、多毛。大叶，叶长5.9～7.8cm，叶宽3.4～4.8m，叶面积14.0～26.2cm^2，叶椭圆形，叶色绿，叶身内折，叶面微隆起，叶尖渐尖，6～9对，叶齿锯齿形，叶缘微波，叶背少毛，叶基楔形，叶质中。萼片无毛、绿色、5.0枚。花冠直径2.2～2.9cm，花瓣6.0枚、白色、质地薄，花瓣长宽均值1.1～1.4cm，子房有毛，花柱先端3裂、裂位中，花柱长0.7～0.9cm，雌蕊低于雄蕊。果球形，果径1.8～2.2cm，鲜果皮厚1.0～1.8mm，种半球形，种径1.3～1.6cm，种皮褐色。

第十一节　格朗和乡

一、南糯山村

1. 竹林村民小组

（1）MH2014-021竹林大茶树（普洱茶*Camellia assamica*）

位于勐海县格朗和乡南糯山村竹林村民小组，海拔1382m；生育地土壤为砖红壤；栽培型；小乔木，树姿半开张，树高3.60m，树幅4.65m×5.37m，基部干径0.62m，最低分枝高0.22m，分枝中。嫩枝有毛。芽叶黄绿色、多毛。大叶，叶长12.5～18.0cm，叶宽4.9～7.0cm，叶面积42.9～85.8cm^2，叶长椭圆形，叶色绿，叶身平，叶面微隆起，叶尖渐尖，叶脉10～13对，叶齿锯齿形，叶缘微波，叶背多毛，叶基楔形，叶质中。萼片无毛、绿色、5枚。花冠直径2.9～4.8cm，花瓣5～7枚、白色、质地薄，花瓣长宽均值1.7～2.0cm，子房有毛，花柱先端3裂、裂位深，花柱长1.1～1.4cm，雌蕊等高于雄蕊。果三角形，果径2.0～2.5cm，鲜果皮厚1.0mm，种半球形，种径1.2～1.4cm，种皮棕褐色。水浸出物52.74%、茶多酚41.29%、氨基酸2.61%、咖啡碱3.77%、酚氨比15.82。

图 6-11-1　MH2014-021 竹林大茶树
蒋会兵，2014

图 6-11-2　MH2014-022 竹林大茶树
|蒋会兵，2014

（2）MH2014-022竹林大茶树（普洱茶*Camellia assamica*）

位于勐海县格朗和乡南糯山村竹林村民小组，海拔1382m；生育地土壤为砖红壤；栽培型；小乔木，树姿半开张，树高3.50m，树幅3.90m×4.85m，基部干径0.44m，最低分枝高0.26m，分枝中。嫩枝有毛。芽叶黄绿色、多毛。特大叶，叶长15.5～17.3cm，叶宽6.3～8.6cm，叶面积69.4～104.1cm^2，叶椭圆形，叶色绿，叶身内折，叶面微隆起，叶尖渐尖，叶脉9～13对，叶齿锯齿形，叶缘微波，叶背多毛，叶基楔形，叶质硬。萼片无毛、绿色、5枚。花冠直径3.2～4.4cm，花瓣6～7枚、白色、质地薄，花瓣长宽均值1.6～2.1cm，子房有毛，花柱先端3裂、裂位浅，花柱长0.8～1.3cm，雌蕊低于雄蕊。果三角形，果径2.1～2.4cm，鲜果皮厚1.0mm，种球形，种径1.1～1.5cm，种皮棕褐色。水浸出物53.20%、茶多酚36.68%、氨基酸3.11%、咖啡碱3.79%、酚氨比11.81。

图 6-11-3　MH2014-023 竹林大茶树
|蒋会兵，2014

（3）MH2014-023竹林大茶树（普洱茶*Camellia assamica*）

位于勐海县格朗和乡南糯山村竹林村民小组，海拔1377m；生育地土壤为砖红壤；栽培型；小乔木，树姿开张，树高12.50m，树幅5.25m×7.90m，基部干径0.43m，最低分枝高0.38m，分枝密。嫩枝有毛。芽叶黄绿色、多毛。大叶，叶长10.3～17.1cm，叶宽5.1～6.5cm，叶面积38.2～77.8cm^2，叶椭圆形，叶色绿，叶身内折，叶面微隆起，叶尖渐尖，叶脉9～12对，叶齿锯齿形，叶缘微波，叶背多毛，叶基楔形，叶质柔软。萼片无毛、绿色、5枚。花冠直径3.0～4.3cm，花瓣5～6枚、白色、质地薄，花瓣长宽均值1.4～2.2cm，子房有毛，花柱先端3裂、裂位浅，花柱长0.9～1.1cm，雌蕊等高于雄蕊。果三角形，果径2.1～2.9cm，鲜果皮厚1.0～1.5mm，种半球形，种径1.4～1.9cm，种皮棕褐色。水浸出物55.02%、茶多酚39.12%、氨基酸2.93%、咖啡碱4.18%、酚氨比13.36。

（4）MH2014-024竹林大茶树（普洱茶*Camellia assamica*）

位于勐海县格朗和乡南糯山村竹林村民小组，海拔 1379m；生育地土壤为砖红壤；栽培型；小乔木，树姿开张，树高 4.51m，树幅 6.00m × 5.45m，基部干径 0.45m，最低分枝高 0.20m，分枝稀。嫩枝有毛。芽叶黄绿色、多毛。大叶，叶长 10.5 ~ 15.6cm，叶宽 4.4 ~ 7.5cm，叶面积 33.8 ~ 78.8cm^2，叶椭圆形，叶色浅绿，叶身平，叶面微隆起，叶尖渐尖，叶脉 10 ~ 12 对，叶齿锯齿形，叶缘微波，叶背少毛，叶基楔形，叶质柔软。萼片无毛、绿色、5 枚。花冠直径 3.2 ~ 4.0cm，花瓣 6 ~ 7 枚、白色、质地薄，花瓣长宽均值 1.5 ~ 1.6cm，子房有毛，花柱先端 3 裂、裂位中，花柱长 0.9 ~ 1.2cm，雌蕊等高于雄蕊。果三角形，果径 2.2 ~ 3.6cm，鲜果皮厚 1.0 ~ 1.5mm，种半球形，种径 1.8 ~ 2.1cm，种皮棕褐色。水浸出物 49.53%、茶多酚 28.33%、氨基酸 4.62%、咖啡碱 3.98%、酚氨比 6.14。

图 6-11-4　MH2014-024 竹林大茶树
蒋会兵，2014

（5）MH2014-025竹林大茶树（普洱茶*Camellia assamica*）

位于勐海县格朗和乡南糯山村竹林村民小组，海拔1388m；生育地土壤为砖红壤；栽培型；小乔木，树姿开张，树高7.19m，树幅6.90m × 6.80m，基部干径0.56m，最低分枝高0.86m，分枝密。嫩枝有毛。芽叶黄绿色、多毛。中叶，叶长10.0 ~ 15.0cm，叶宽4.2 ~ 5.9cm，叶面积29.4 ~ 54.6cm^2，叶椭圆形，叶色绿，叶身背卷，叶面微隆起，叶尖渐尖，叶脉8 ~ 10对，叶齿锯齿形，叶缘微波，叶背少毛，叶基近圆形，叶质硬。萼片无毛、绿色、5枚。花冠直径2.7 ~ 3.5cm，花瓣5 ~ 7枚、白色、质地薄，花瓣长宽均值1.2 ~ 1.9cm，子房有毛，花柱先端3裂、裂位浅，花柱长0.9 ~ 1.1cm，雌蕊低于雄蕊。果三角形，果径2.6 ~ 2.6cm，鲜果皮厚0.9 ~ 1.0mm，种半球形，种径1.8 ~ 2.1cm，种皮棕褐色。

图 6-11-5　MH2014-025 竹林大茶树
蒋会兵，2014

图 6-11-6　MH2014-026 竹林大茶树
|蒋会兵，2014

（6）MH2014-026竹林大茶树（普洱茶*Camellia assamica*）

位于勐海县格朗和乡南糯山村竹林村民小组，海拔1354m；生育地土壤为砖红壤；栽培型；小乔木，树姿开张，树高3.88m，树幅5.63m×5.60m，基部干径0.45m，最低分枝高0.30m，分枝稀。嫩枝有毛。芽叶黄绿色、多毛。特大叶，叶长14.8～17.6cm，叶宽4.8～6.2cm，叶面积49.7～75.2cm^2，叶长椭圆形，叶色绿，叶身内折，叶面微隆起，叶尖渐尖，叶脉9～12对，叶齿锯齿形，叶缘微波，叶背多毛，叶基楔形，叶质柔软。萼片无毛、绿色、5枚。花冠直径2.5～4.0cm，花瓣4～6枚、白色、质地薄，花瓣长宽均值1.2～1.7cm，子房有毛，花柱先端3裂、裂位浅，花柱长0.6～0.9cm，雌蕊等高于雄蕊。果三角形，果径1.8～2.9cm，鲜果皮厚1.6～2.5mm，种球形，种径1.5～1.6cm，种皮褐色。水浸出物54.84%、茶多酚36.98%、氨基酸2.37%、咖啡碱3.95%、酚氨比15.63。

图 6-11-7　MH2014-027 竹林大茶树
|蒋会兵，2014

（7）MH2014-027竹林大茶树（普洱茶*Camellia assamica*）

位于勐海县格朗和乡南糯山村竹林村民小组，海拔1354m；生育地土壤为砖红壤；栽培型；小乔木，树姿开张，树高3.40m，树幅7.25m×6.92m，基部干径0.45m，最低分枝高0.24m，分枝密。嫩枝有毛。芽叶黄绿色、多毛。大叶，叶长14.0～20.0cm，叶宽4.8～6.8cm，叶面积47.0～95.2cm^2，叶长椭圆形，叶色黄绿，叶身内折，叶面微隆起，叶尖渐尖，叶脉10～15对，叶齿锯齿形，叶缘微波，叶背多毛，叶基楔形，叶质柔软。萼片无毛、绿色、5枚。花冠直径3.1～4.3cm，花瓣5～7枚、白色、质地薄，花瓣长宽均值1.4～2.4cm，子房有毛，花柱先端3裂、裂位浅，花柱长1.0～1.4cm，雌蕊等高于雄蕊。果三角形，果径2.4～3.3cm，鲜果皮厚1.3～1.7mm，种球形，种径1.5～1.6cm，种皮棕褐色。水浸出物55.38%、茶多酚37.11%、氨基酸3.09%、咖啡碱3.87%、酚氨比12.02。

(8) MH2014-028竹林大茶树(普洱茶*Camellia assamica*)

位于勐海县格朗和乡南糯山村竹林村民小组,海拔1293m;生育地土壤为砖红壤;栽培型;小乔木,树姿开张,树高4.37m,树幅5.90m×4.65m,基部干径0.41m,最低分枝高0.98m,分枝中。嫩枝有毛。芽叶黄绿色、多毛。大叶,叶长13.7 ~ 18.6cm,叶宽4.4 ~ 5.7cm,叶面积45.6 ~ 71.6cm^2,叶披针形,叶色深绿,叶身平,叶面平,叶尖渐尖,叶脉9 ~ 13对,叶齿锯齿形,叶缘平,叶背多毛,叶基楔形,叶质中。萼片无毛、绿色、5枚。花冠直径3.7 ~ 4.5cm,花瓣6枚、白色、质地薄,花瓣长宽均值1.8 ~ 2.1cm,子房有毛,花柱先端3裂、裂位浅,花柱长1.4 ~ 1.5cm,雌蕊高于雄蕊。果三角形,果径2.2 ~ 2.9cm,鲜果皮厚1.0 ~ 2.0mm,种半球形,种径1.7 ~ 1.9cm,种皮棕褐色。水浸出物43.59%、茶多酚29.33%、氨基酸3.34%、咖啡碱3.89%、酚氨比8.78。

图6-11-8 MH2014-028竹林大茶树
|蒋会兵,2014

(9) MH2014-029竹林大茶树(普洱茶*Camellia assamica*)

位于勐海县格朗和乡南糯山村竹林村民小组,海拔1307m;生育地土壤为砖红壤;栽培型;小乔木,树姿开张,树高4.73m,树幅3.20m×4.90m,基部干径0.37m,最低分枝高1.04m,分枝稀。嫩枝有毛。芽叶黄绿色、多毛。中叶,叶长9.8 ~ 14.7cm,叶宽3.5 ~ 4.9cm,叶面积24.0 ~ 49.7cm^2,叶长椭圆形,叶色绿,叶身背卷,叶面微隆起,叶尖渐尖,叶脉8 ~ 10对,叶齿锯齿形,叶缘微波,叶背多毛,叶基楔形,叶质柔软。萼片无毛、绿色、5枚。花冠直径3.4 ~ 4.1cm,花瓣5 ~ 7枚、白色、质地薄,花瓣长宽均值1.3 ~ 1.7cm,子房有毛,花柱先端3裂、裂位浅,花柱长1.1 ~ 1.3cm,雌蕊等高于雄蕊。果三角形,果径2.1 ~ 2.7cm,鲜果皮厚1.0 ~ 2.0mm,种半球形,种径1.1 ~ 1.9cm,种皮棕褐色。水浸出物55.36%、茶多酚38.70%、氨基酸2.95%、咖啡碱3.98%、酚氨比13.12。

图6-11-9 MH2014-029竹林大茶树
|蒋会兵,2014

图 6-11-10　MH2014-030 竹林大茶树
|蒋会兵，2014

图 6-11-11　MH2014-031 竹林大茶树
|蒋会兵，2014

（10）MH2014-030竹林大茶树（普洱茶*Camellia assamica*）

位于勐海县格朗和乡南糯山村竹林村民小组，海拔1311m；生育地土壤为砖红壤；栽培型；小乔木，树姿开张，树高4.16m，树幅6.10m×5.48m，基部干径0.49m，最低分枝高0.20m，分枝中。嫩枝有毛。芽叶黄绿色、多毛。特大叶，叶长14.6～16.8cm，叶宽5.5～6.8cm，叶面积60.3～80.0cm^2，叶长椭圆形，叶色绿，叶身内折，叶面隆起，叶尖渐尖，叶脉9～13对，叶齿锯齿形，叶缘微波，叶背少毛，叶基楔形，叶质柔软。萼片无毛、绿色、5枚。花冠直径3.0～3.7cm，花瓣5～7枚、白色、质地薄，花瓣长宽均值1.5～1.8cm，子房有毛，花柱先端3裂、裂位浅，花柱长1.0～1.3cm，雌蕊低于雄蕊。果肾形，果径3.1～3.9cm，鲜果皮厚0.9～1.5mm，种半球形，种径0.6～1.1cm，种皮褐色。水浸出物50.92%、茶多酚32.71%、氨基酸3.52%、咖啡碱4.12%、酚氨比9.29。

（11）MH2014-031竹林大茶树（普洱茶*Camellia assamica*）

位于勐海县格朗和乡南糯山村竹林村民小组，海拔 1440m；生育地土壤为砖红壤；栽培型；小乔木，树姿半开张，树高 3.70m，树幅 6.14m×6.58m，基部干径 0.40m，最低分枝高 0.35m，分枝中。嫩枝有毛。芽叶黄绿色、中毛。大叶，叶长 11.7 ～ 17.6cm，叶宽 5.7 ～ 7.9cm，叶面积 46.7 ～ 89.9cm^2，叶椭圆形，叶色浅绿，叶身背卷，叶面隆起，叶尖钝尖，叶脉 9 ～ 10 对，叶齿锯齿形，叶缘微波，叶背少毛，叶基近圆形，叶质柔软。萼片无毛、绿色、5 ～ 6 枚。花冠直径 3.5 ～ 3.9cm，花瓣 6 ～ 7 枚、白色、质地薄，花瓣长宽均值 1.4 ～ 1.8cm，子房有毛，花柱先端 3 裂、裂位浅，花柱长 0.9 ～ 1.2cm，雌蕊等高于雄蕊。果三角形，果径 2.2 ～ 2.8cm，鲜果皮厚 1.0 ～ 2.0mm，种半球形，种径 1.2 ～ 1.5cm，种皮棕褐色。水浸出物 47.12%、茶多酚 35.13%、氨基酸 2.66%、咖啡碱 3.70%、酚氨比 13.23。

2. 姑娘寨村民小组

（1）MH2014-032姑娘寨茶树王（普洱茶*Camellia assamica*）

位于勐海县格朗和乡南糯山村姑娘寨村民小组，海拔1346m；生育地土壤为砖红壤；栽培型；小乔木，树姿开张，树高9.50m，树幅8.59m × 8.63m，基部干径0.37m，最低分枝高1.12m，分枝中。嫩枝有毛。芽叶绿色、中毛。大叶，叶长9.8 ~ 14.0cm，叶宽4.2 ~ 6.0cm，叶面积29.4 ~ 58.8cm^2，叶长椭圆形，叶色浅绿，叶身平，叶面微隆起，叶尖渐尖，叶脉8 ~ 11对，叶齿锯齿形，叶缘微波，叶背少毛，叶基楔形，叶质硬。萼片无毛、绿色、5枚。花冠直径3.0 ~ 3.2cm，花瓣5 ~ 7枚、白色、质地薄，花瓣长宽均值1.5 ~ 1.9cm，子房有毛，花柱先端3裂、裂位浅，花柱长0.8 ~ 1.0cm，雌蕊等高于雄蕊。果三角形，果径2.2 ~ 2.9cm，鲜果皮厚1.0 ~ 1.5mm，种球形，种径1.2 ~ 1.5cm，种皮褐色。

图 6-11-12　MH2014-032 姑娘寨茶树王
|蒋会兵，2014

（2）MH2014-033姑娘寨大茶树（普洱茶*Camellia assamica*）

位于勐海县格朗和乡南糯山村姑娘寨村民小组，海拔1329m；生育地土壤为砖红壤；栽培型；小乔木，树姿开张，树高3.94m，树幅5.60m × 6.60m，基部干径0.45m，最低分枝高0.90m，分枝中。嫩枝有毛。芽叶黄绿色、中毛。大叶，叶长12.0 ~ 16.0cm，叶宽5.0 ~ 7.0cm，叶面积42.0 ~ 73.9cm^2，叶长椭圆形，叶色浅绿，叶身背卷，叶面隆起，叶尖钝尖，叶脉8 ~ 12对，叶齿锯齿形，叶缘微波，叶背少毛，叶基楔形，叶质柔软。萼片无毛、绿色、5枚。花冠直径2.8 ~ 3.3cm，花瓣6 ~ 7枚、白色、质地薄，花瓣长宽均值1.4 ~ 1.8cm，子房有毛，花柱先端3裂、裂位浅，花柱长0.9 ~ 1.2cm，雌蕊等高于雄蕊。果三角形，果径2.2 ~ 2.4cm，鲜果皮厚1.0 ~ 2.0mm，种半球形，种径1.2 ~ 1.5cm，种皮棕褐色。

图 6-11-13　MH2014-033 姑娘寨大茶树
|蒋会兵，2014

图 6-11-14 MH2014-034 半坡寨大茶树
|蒋会兵，2014

图 6-11-15 MH2014-035 半坡寨大茶树
|蒋会兵，2014

3. 半坡寨村民小组

（1）MH2014-034半坡寨大茶树（普洱茶*Camellia assamica*）

位于勐海县格朗和乡南糯山村半坡寨村民小组，海拔1638m；生育地土壤为砖红壤；栽培型；小乔木，树姿开张，树高3.68m，树幅7.00m×5.50m，基部干径0.61m，最低分枝高0.53m，分枝中。嫩枝有毛。芽叶黄绿色、中毛。大叶，叶长12.8～15.1cm，叶宽5.0～5.6cm，叶面积44.8～59.2cm^2，叶长椭圆形，叶色绿，叶身背卷，叶面隆起，叶尖钝尖，叶脉10～12对，叶齿锯齿形，叶缘微波，叶背少毛，叶基楔形，叶质柔软。萼片无毛、绿色、5～6枚。花冠直径2.7～3.7cm，花瓣6～7枚、白色、质地薄，花瓣长宽均值1.5～2.0cm，子房有毛，花柱先端3裂、裂位浅，花柱长0.5～0.9cm，雌蕊低于雄蕊。果三角形，果径2.7～3.1cm，鲜果皮厚0.9～1.0mm，种球形，种径1.6～1.9cm，种皮棕褐色。水浸出物50.62%、茶多酚31.99%、氨基酸3.33%、咖啡碱3.34%、酚氨比9.62。

（2）MH2014-035半坡寨大茶树（普洱茶*Camellia assamica*）

位于勐海县格朗和乡南糯山村半坡寨村民小组，海拔 1646m；生育地土壤为砖红壤；栽培型；小乔木，树姿半开张，树高 3.20m，树幅 4.00m×4.50m，基部干径 0.56m，最低分枝高 0.40m，分枝中。嫩枝有毛。芽叶绿色、中毛。中叶，叶长 10.5 ～ 13.0cm，叶宽 4.2 ～ 4.7cm，叶面积 31.6 ～ 41.1cm^2，叶长椭圆形，叶色绿，叶身内折，叶面平，叶尖渐尖，叶脉 10 ～ 12 对，叶齿锯齿形，叶缘微波，叶背少毛，叶基楔形，叶质中。萼片无毛、绿色、5 枚。花冠直径 2.7 ～ 3.3cm，花瓣 6 ～ 7 枚、白色、质地薄，花瓣长宽均值 1.4 ～ 1.5cm，子房有毛，花柱先端 3 裂、裂位浅，花柱长 0.5 ～ 0.9cm，雌蕊低于雄蕊。果三角形，果径 1.6 ～ 2.0cm，鲜果皮厚 0.9 ～ 1.0mm，种球形，种径 1.6 ～ 2.0cm，种皮棕褐色。

（3）MH2014-036半坡寨大茶树（普洱茶 *Camellia assamica*）

位于勐海县格朗和乡南糯山村半坡寨村民小组，海拔1642m；生育地土壤为砖红壤；栽培型；小乔木，树姿开张，树高3.18m，树幅6.60m×6.23m，基部干径0.28m，最低分枝高1.34m，分枝中。嫩枝有毛。芽叶黄绿色、多毛。大叶，叶长12.3～18.1cm，叶宽4.4～5.6cm，叶面积43.1～71.0cm^2，叶披针形，叶色绿，叶身背卷，叶面强隆起，叶尖渐尖，叶脉9～12对，叶齿少锯齿形，叶缘微波，叶背少毛，叶基楔形，叶质柔软。萼片无毛、绿色、5枚。花冠直径3.2～4.2cm，花瓣6～7枚、白色、质地薄，花瓣长宽均值1.6～2.0cm，子房有毛，花柱先端3裂、裂位浅，花柱长0.9～1.1cm，雌蕊低于雄蕊。果三角形，果径2.2～2.5cm，鲜果皮厚0.9～1.1mm，种半球形，种径1.8～2.1cm，种皮褐色。

图 6-11-16　MH2014-036 半坡寨大茶树
蒋会兵，2014

（4）MH2014-037半坡寨大茶树（普洱茶 *Camellia assamica*）

位于勐海县格朗和乡南糯山村半坡寨村民小组，海拔1644m；生育地土壤为砖红壤；栽培型；小乔木，树姿开张，树高4.13m，树幅6.79m×7.35m，基部干径0.40m，最低分枝高0.56m，分枝中。嫩枝有毛。芽叶绿色、中毛。大叶，叶长11.8～14.5cm，叶宽5.0～5.6cm，叶面积41.3～55.3cm^2，叶长椭圆形，叶色绿，叶身背卷，叶面微隆起，叶尖渐尖，叶脉8～10对，叶齿锯齿形，叶缘微波，叶背少毛，叶基楔形，叶质柔软。萼片无毛、绿色、5枚。花冠直径2.8～3.2cm，花瓣6～7枚、白色、质地薄，花瓣长宽均值1.4～1.5cm，子房有毛，花柱先端3裂、裂位浅，花柱长0.9～1.0cm，雌蕊低于雄蕊。果三角形，果径2.7～3.4cm，鲜果皮厚0.9～1.0mm，种球形，种径1.6～2.0cm，种皮棕褐色。水浸出物43.11%、茶多酚32.60%、氨基酸2.23%、咖啡碱3.05%、酚氨比14.63。

图 6-11-17　MH2014-037 半坡寨大茶树
蒋会兵，2014

图 6-11-18　MH2014-038 半坡寨大茶树
|蒋会兵，2014

（5）MH2014-038半坡寨大茶树（普洱茶 *Camellia assamica*）

位于勐海县格朗和乡南糯山村半坡寨村民小组，海拔1714m；生育地土壤为砖红壤；栽培型；小乔木，树姿开张，树高3.74m，树幅6.91m×5.85m，基部干径0.44m，最低分枝高0.39m，分枝中。嫩枝有毛。芽叶黄绿色、多毛。大叶，叶长12.0～16.0cm，叶宽5.1～7.0cm，叶面积42.8～71.1cm^2，叶长椭圆形，叶色黄绿，叶身内折，叶面微隆起，叶尖钝尖，叶脉9～12对，叶齿锯齿形，叶缘微波，叶背少毛，叶基楔形，叶质平。萼片无毛、绿色、5枚。花冠直径3.4～3.7cm，花瓣6枚、白色、质地薄，花瓣长宽均值1.5～2.2cm，子房有毛，花柱先端3裂、裂位浅，花柱长0.9～1.1cm，雌蕊等高于雄蕊。果三角形，果径2.2～2.5cm，鲜果皮厚0.9～1.1mm，种半球形，种径1.8～2.1cm，种皮棕褐色。

图 6-11-19　MH2014-039 半坡寨大茶树
|蒋会兵，2014

（6）MH2014-039半坡寨大茶树（普洱茶 *Camellia assamica*）

位于勐海县格朗和乡南糯山村半坡寨村民小组，海拔1706m；生育地土壤为砖红壤；栽培型；小乔木，树姿开张，树高3.40m，树幅6.73m×6.45m，基部干径0.37m，最低分枝高0.10m，分枝密。嫩枝有毛。芽叶黄绿色、多毛。大叶，叶长13.5～16.2cm，叶宽4.1～5.5cm，叶面积43.0～56.8cm^2，叶披针形，叶色绿，叶身背卷，叶面隆起，叶尖渐尖，叶脉8～10对，叶齿锯齿形，叶缘微波，叶背少毛，叶基楔形，叶质柔软。萼片无毛、绿色、5枚。花冠直径3.4～4.3cm，花瓣6～7枚、白色、质地薄，花瓣长宽均值1.4～1.4cm，子房有毛，花柱先端3裂、裂位浅，花柱长0.8～1.2cm，雌蕊低于雄蕊。果球形，果径1.9～2.3cm，鲜果皮厚0.8～1.0mm，种半球形，种径1.2～1.7cm，种皮棕褐色。

（7）MH2014-040半坡寨大茶树（普洱茶 *Camellia assamica*）

位于勐海县格朗和乡南糯山村半坡寨村民小组，海拔1558m；生育地土壤为砖红壤；栽培型；小乔木，树姿开张，树高11.18m，树幅7.85m × 9.70m，基部干径0.69m，最低分枝高0.41m，分枝密。嫩枝有毛。芽叶黄绿色、多毛。大叶，叶长11.5 ~ 18.2cm，叶宽4.4 ~ 6.6cm，叶面积36.3 ~ 84.1cm^2，叶长椭圆形，叶色绿，叶身内折，叶面隆起，叶尖渐尖，叶脉8 ~ 13对，叶齿锯齿形，叶缘微波，叶背多毛，叶基楔形，叶质柔软。萼片无毛、绿色、5枚。花冠直径3.1 ~ 3.9cm，花瓣6 ~ 7枚、白色、质地薄，花瓣长宽均值1.3 ~ 1.9cm，子房有毛，花柱先端3裂、裂位浅，花柱长0.9 ~ 1.2cm，雌蕊低于雄蕊。果三角形，果径1.8 ~ 2.3cm，鲜果皮厚1.0 ~ 3.0mm，种球形，种径1.4 ~ 1.7cm，种皮棕褐色。水浸出物47.75%、茶多酚35.96%、氨基酸2.83%、咖啡碱3.71%、酚氨比12.71。

图 6-11-20　MH2014-040 半坡寨大茶树
（李友勇，2013）

（8）MH2014-041半坡寨大茶树（普洱茶 *Camellia assamica*）

位于勐海县格朗和乡南糯山村半坡寨村民小组，海拔1577m；生育地土壤为砖红壤；栽培型；小乔木，树姿开张，树高12.46m，树幅10.05m × 9.64m，基部干径0.42m，最低分枝高1.08m，分枝密。嫩枝有毛。芽叶绿色、多毛。大叶，叶长10.8 ~ 15.8cm，叶宽4.7 ~ 5.9cm，叶面积35.5 ~ 57.5cm^2，叶椭圆形，叶色深绿，叶身平，叶面隆起，叶尖渐尖，叶脉8 ~ 10对，叶齿锯齿形，叶缘微波，叶背少毛，叶基楔形，叶质柔软。萼片无毛、绿色、5 ~ 6枚。花冠直径4.1 ~ 4.7cm，花瓣6 ~ 7枚、白色、质地薄，花瓣长宽均值1.6 ~ 2.4cm，子房有毛，花柱先端3裂、裂位浅，花柱长1.0 ~ 1.2cm，雌蕊等高于雄蕊。水浸出物55.66%、茶多酚39.38%、氨基酸3.13%、咖啡碱4.63%、酚氨比12.60。

图 6-11-21　MH2014-041 半坡寨大茶树
蒋会兵，2014

图 6-11-22　MH2014-042 半坡寨大茶树
|蒋会兵，2014

（9）MH2014-042半坡寨大茶树（普洱茶 *Camellia assamica*）

位于勐海县格朗和乡南糯山村半坡寨村民小组，海拔1586m；生育地土壤为砖红壤；栽培型；小乔木，树姿开张，树高4.62m，树幅1.73m×6.25m，基部干径0.34m，最低分枝高1.28m，分枝密。嫩枝有毛。芽叶黄绿色、多毛。大叶，叶长11.7～16.0cm，叶宽4.4～6.1cm，叶面积36.3～67.2cm^2，叶椭圆形，叶色绿，叶身内折，叶面隆起，叶尖渐尖，叶脉8～13对，叶齿锯齿形，叶缘微波，叶背多毛，叶基楔形，叶质柔软。萼片无毛、绿色、5枚。花冠直径3.0～3.9cm，花瓣6枚、白色、质地薄，花瓣长宽均值1.4～1.9cm，子房有毛，花柱先端3裂、裂位浅，花柱长0.9～1.2cm，雌蕊等高于雄蕊。果球形，果径2.4～3.0cm，鲜果皮厚0.9～1.5mm，种球形，种径1.6～1.7cm，种皮棕褐色。

图 6-11-23　MH2014-043 半坡寨大茶树
|蒋会兵，2014

（10）MH2014-043半坡寨大茶树（普洱茶 *Camellia assamica*）

位于勐海县格朗和乡南糯山村半坡寨村民小组，海拔1596m；生育地土壤为砖红壤；栽培型；小乔木，树姿开张，树高6.22m，树幅8.60m×7.40m，基部干径0.38m，最低分枝高0.35m，分枝密。嫩枝有毛。芽叶黄绿色、多毛。大叶，叶长12.9～16.2cm，叶宽4.2～5.3cm，叶面积44.7～52.1cm^2，叶披针形，叶色绿，叶身平，叶面微隆起，叶尖渐尖，叶脉9～13对，叶齿锯齿形，叶缘微波，叶背少毛，叶基近圆形，叶质柔软。萼片无毛、绿色、5枚。花冠直径3.6～4.2cm，花瓣6～7枚、白色、质地薄，花瓣长宽均值1.7～2.2cm，子房有毛，花柱先端3裂、裂位浅，花柱长0.9～1.2cm，雌蕊低于雄蕊。果球形，果径1.8～2.1cm，鲜果皮厚0.9～3.0mm，种半球形，种径1.6～1.8cm，种皮褐色。

4. 新路村民小组

（1）MH2014-044新路大茶树（普洱茶*Camellia assamica*）

位于勐海县格朗和乡南糯山村新路村民小组，海拔1507m；生育地土壤为砖红壤；栽培型；小乔木，树姿开张，树高7.30m，树幅5.45m×5.10m，基部干径0.41m，最低分枝高0.78m，分枝稀。嫩枝有毛。芽叶黄绿色、多毛。特大叶，叶长14.2～19.0cm，叶宽5.8～7.0cm，叶面积59.6～88.2cm^2，叶长椭圆形，叶色绿，叶身背卷，叶面隆起，叶尖渐尖，叶脉9～13对，叶齿重锯齿形，叶缘微波，叶背多毛，叶基楔形，叶质柔软。萼片无毛、绿色、5～6枚。花冠直径3.5～3.6cm，花瓣6～7枚、白色、质地薄，花瓣长宽均值1.3～1.6cm，子房有毛，花柱先端3裂、裂位浅，花柱长1.0～1.3cm，雌蕊低于雄蕊。果三角形，果径2.6～3.3cm，鲜果皮厚1.0～2.0mm，种半球形，种径1.4～1.7cm，种皮棕褐色。水浸出物50.11%、茶多酚36.60%、氨基酸3.28%、咖啡碱3.25%、酚氨比11.16。

图 6-11-24　MH2014-044 新路大茶树
|蒋会兵，2014

（2）MH2014-045新路大茶树（普洱茶*Camellia assamica*）

位于勐海县格朗和乡南糯山村新路村民小组，海拔1521m；生育地土壤为砖红壤；栽培型；小乔木，树姿开张，树高5.15m，树幅3.50m×4.30m，基部干径0.39m，最低分枝高0.60m，分枝密。嫩枝有毛。芽叶紫绿色、多毛。中叶，叶长12.3～16.1cm，叶宽3.9～5.3cm，叶面积36.7～55.0cm^2，叶长椭圆形，叶色黄绿，叶身背卷，叶面微隆起，叶尖渐尖，叶脉9～12对，叶齿锯齿形，叶缘微波，叶背少毛，叶基楔形，叶质柔软。萼片无毛、绿色、5枚。花冠直径3.7～4.3cm，花瓣6枚、白色、质地薄，花瓣长宽均值2.2～3.4cm，子房有毛，花柱先端3裂、裂位浅，花柱长0.9～1.3cm，雌蕊低于雄蕊。果三角形，果径2.2～2.9cm，鲜果皮厚0.8～2.0mm，种球形，种径1.0～1.5cm，种皮棕褐色。水浸出物50.98%、茶多酚34.27%、氨基酸3.05%、咖啡碱3.74%、酚氨比11.22。

图 6-11-25　MH2014-045 新路大茶树
|蒋会兵，2014

图 6-11-26　MH2014-046 新路大茶树
|蒋会兵，2014

（3）MH2014-046新路大茶树（普洱茶*Camellia assamica*）

位于勐海县格朗和乡南糯山村新路村民小组，海拔1521m；生育地土壤为砖红壤；栽培型；小乔木，树姿开张，树高9.60m，树幅8.45m×8.67m，基部干径0.37m，最低分枝高1.20m，分枝密。嫩枝有毛。芽叶黄绿色、多毛。大叶，叶长11.9～16.1cm，叶宽4.1～5.1cm，叶面积35.8～55.3cm^2，叶披针形，叶色绿，叶身内折，叶面微隆起，叶尖渐尖，叶脉9～11对，叶齿锯齿形，叶缘微波，叶背多毛，叶基楔形，叶质中。萼片无毛、绿色、5枚。花冠直径3.4～4.2cm，花瓣6～7枚、白色、质地薄，花瓣长宽均值2.1～2.9cm，子房有毛，花柱先端3裂、裂位浅，花柱长0.9～1.3cm，雌蕊低于雄蕊。果三角形，果径2.8～3.9cm，鲜果皮厚1.0～2.5mm，种球形，种径1.1～2.1cm，种皮棕褐色。水浸出物59.76%、茶多酚44.44%、氨基酸2.70%、咖啡碱4.25%、酚氨比16.47。

图 6-11-27　MH2014-047 新路大茶树
|蒋会兵，2014

（4）MH2014-047新路大茶树（普洱茶*Camellia assamica*）

位于勐海县格朗和乡南糯山村新路村民小组，海拔1530m；生育地土壤为砖红壤；栽培型；小乔木，树姿开张，树高3.62m，树幅6.86m×7.48m，基部干径0.44m，最低分枝高1.51m，分枝密。嫩枝有毛。芽叶黄绿色、多毛。特大叶，叶长13.0～18.2cm，叶宽5.4～7.2cm，叶面积52.5～76.4cm^2，叶长椭圆形，叶色绿，叶身内折，叶面微隆起，叶尖渐尖，叶脉8～11对，叶齿锯齿形，叶缘微波，叶背少毛，叶基楔形，叶质中。萼片无毛、绿色、5枚。花冠直径4.5～5.6cm，花瓣6～7枚、白色、质地薄，花瓣长宽均值2.3～2.8cm，子房有毛，花柱先端3裂、裂位浅，花柱长1.2～1.6cm，雌蕊等高于雄蕊。果三角形，果径2.1～2.9cm，鲜果皮厚0.9～3.0mm，种球形，种径1.2～1.8cm，种皮褐色。

(5) MH2014-048新路大茶树(普洱茶*Camellia assamica*)

位于勐海县格朗和乡南糯山村新路村民小组，海拔1533m；生育地土壤为砖红壤；栽培型；小乔木，树姿开张，树高4.30m，树幅6.20m×6.20m，基部干径0.33m，最低分枝高1.01m，分枝中。嫩枝有毛。芽叶黄绿色、多毛。大叶，叶长13.8~16.5cm，叶宽4.6~5.2cm，叶面积44.8~57.8cm^2，叶披针形，叶色绿，叶身平，叶面微隆起，叶尖渐尖，叶脉9~12对，叶齿锯齿形，叶缘微波，叶背少毛，叶基楔形，叶质中。萼片无毛、绿色、5枚。花冠直径3.8~4.2cm，花瓣6枚、白色、质地薄，花瓣长宽均值1.5~2.0cm，子房有毛，花柱先端3裂、裂位浅，花柱长0.9~1.2cm，雌蕊等高于雄蕊。果肾形，果径2.1~2.9cm，鲜果皮厚1.0~2.5mm，种半球形，种径1.1~1.8cm，种皮棕褐色。

图 6-11-28 MH2014-048 新路大茶树
蒋会兵，2014

(6) MH2014-049新路大茶树(普洱茶*Camellia assamica*)

位于勐海县格朗和乡南糯山村新路村民小组，海拔1537m；生育地土壤为砖红壤；栽培型；小乔木，树姿开张，树高7.80m，树幅9.90m×8.90m，基部干径0.40m，最低分枝高0.32m，分枝密。嫩枝有毛。芽叶黄绿色、多毛。大叶，叶长10.9~16.1cm，叶宽3.9~5.6cm，叶面积36.6~55.0cm^2，叶长椭圆形，叶色绿，叶身内折，叶面微隆起，叶尖渐尖，叶脉8~13对，叶齿锯齿形，叶缘微波，叶背多毛，叶基楔形，叶质柔软。萼片无毛、绿色、5枚。花冠直径3.5~4.1cm，花瓣6~7枚、白色、质地薄，花瓣长宽均值1.5~2.2cm，子房有毛，花柱先端3裂、裂位浅，花柱长1.0~1.3cm，雌蕊等高于雄蕊。果球形，果径2.3~2.9cm，鲜果皮厚1.0~2.0mm，种半球形，种径1.0~1.6cm，种皮棕褐色。水浸出物55.06%、茶多酚36.60%、氨基酸3.06%、咖啡碱2.87%、酚氨比11.97。

图 6-11-29 MH2014-049 新路大茶树
蒋会兵，2014

图 6-11-30　MH2014-050 拔玛茶

蒋会兵，2014

5. 石头二队村民小组

（1）MH2014-050拔玛茶（普洱茶*Camellia assamica*）

位于勐海县格朗和乡南糯山村石头二队村民小组，海拔1735m；生育地土壤为砖红壤；栽培型；小乔木，树姿开张，树高5.40m，树幅8.80m×8.60m，基部干径0.30m，最低分枝高0.98m，分枝密。嫩枝有毛。芽叶黄绿色、中毛。大叶，叶长13.5～17.0cm，叶宽4.1～6.0cm，叶面积45.6～58.3cm^2，叶披针形，叶色绿，叶身背卷，叶面微隆起，叶尖渐尖，叶脉9～11对，叶齿锯齿形，叶缘微波，叶背少毛，叶基楔形，叶质中。萼片无毛、绿色、5枚。花冠直径3.6～4.6cm，花瓣6～7枚、白色、质地薄，花瓣长宽均值2.0～2.7cm，子房有毛，花柱先端3裂、裂位浅，花柱长1.0～1.3cm，雌蕊等高于雄蕊。果肾形，果径2.4～3.5cm，鲜果皮厚1.0～2.0mm，种锥形，种径1.3～1.8cm，种皮褐色。水浸出物48.71%、茶多酚36.11%、氨基酸3.32%、咖啡碱3.62%、酚氨比10.87。

图 6-11-31　MH2014-051 拔玛大茶树

蒋会兵，2014

（2）MH2014-051拔玛大茶树（普洱茶*Camellia assamica*）

位于勐海县格朗和乡南糯山村石头二队村民小组，海拔1735m；生育地土壤为砖红壤；栽培型；小乔木，树姿开张，树高4.45m，树幅6.30m×6.90m，基部干径0.32m，最低分枝高0.81m，分枝密。嫩枝有毛。芽叶黄绿色、多毛。大叶，叶长12.8～17.0cm，叶宽4.8～6.2cm，叶面积46.0～69.0cm^2，叶长椭圆形，叶色绿，叶身平，叶面隆起，叶尖渐尖，叶脉8～12对，叶齿锯齿形，叶缘微波，叶背多毛，叶基楔形，叶质中。萼片无毛、绿色、5枚。花冠直径3.4～4.3cm，花瓣6～7枚、白色、质地薄，花瓣长宽均值2.1～3.3cm，子房有毛，花柱先端3裂、裂位浅，花柱长1.0～1.4cm，雌蕊高于雄蕊。果三角形，果径2.1～3.2cm，鲜果皮厚0.9～2.0mm，种半球形，种径1.4～1.9cm，种皮棕褐色。

（3）MH2014-052拔玛大茶树（普洱茶*Camellia assamica*）

位于勐海县格朗和乡南糯山村石头二队村民小组，海拔1703m；生育地土壤为砖红壤；栽培型；小乔木，树姿开张，树高3.66m，树幅7.06m×7.52m，基部干径0.31m，最低分枝高0.60m，分枝密。嫩枝有毛。芽叶黄绿色、多毛。大叶，叶长12.8～16.3cm，叶宽4.0～5.5cm，叶面积43.7～62.8cm²，叶披针形，叶色浅绿，叶身背卷，叶面隆起，叶尖渐尖，叶脉9～12对，叶齿锯齿形，叶缘微波，叶背多毛，叶基楔形，叶质中。萼片无毛、绿色、5枚。花冠直径3.1～4.3cm，花瓣6枚、白色、质地薄，花瓣长宽均值2.0～2.7cm，子房有毛，花柱先端3裂、裂位浅，花柱长1.0～1.3cm，雌蕊等高于雄蕊。果三角形，果径2.5～3.4cm，鲜果皮厚0.9～1.2mm，种球形，种径1.4～1.9cm，种皮褐色。

图 6-11-32　MH2014-052 拔玛大茶树
| 蒋会兵，2014

（4）MH2014-053拔玛大茶树（普洱茶*Camellia assamica*）

位于勐海县格朗和乡南糯山村石头二队村民小组，海拔1589m；生育地土壤为砖红壤；栽培型；乔木，树姿直立，树高16.40m，树幅4.40m×4.10m，基部干径0.38m，最低分枝高8.40m，分枝稀。嫩枝有毛。芽叶黄绿色、多毛。大叶，叶长12.9～16.3cm，叶宽4.4～5.6cm，叶面积44.4～62.8cm²，叶长椭圆形，叶色绿，叶身平，叶面微隆起，叶尖渐尖，叶脉10～13对，叶齿少锯齿形，叶缘微波，叶背多毛，叶基楔形，叶质中。萼片无毛、绿色、5枚。花冠直径3.1～4.6cm，花瓣6～7枚、白色、质地中，花瓣长宽均值1.9～2.3cm，子房有毛，花柱先端3裂、裂位浅，花柱长1.0～1.2cm，雌蕊等高于雄蕊。果三角形，果径1.9～3.1cm，鲜果皮厚1.0～2.0mm，种球形，种径1.3～1.6cm，种皮褐色。水浸出物51.62%、茶多酚37.19%、氨基酸2.84%、咖啡碱3.85%、酚氨比13.09。

图 6-11-33　MH2014-053 拔玛大茶树
| 蒋会兵，2014

图 6-11-34　MH2014-055 石头一队大茶树
|蒋会兵，2014

6. 石头一队村民小组

（1）MH2014-055石头一队大茶树（普洱茶*Camellia assamica*）

位于勐海县格朗和乡南糯山村石头一队村民小组，海拔 1563m；生育地土壤为砖红壤；栽培型；小乔木，树姿开张，树高 8.90m，树幅 6.60m × 8.20m，基部干径 0.41m，最低分枝高 0.75m，分枝中。嫩枝有毛。芽叶黄绿色、多毛。大叶，叶长 12.6 ~ 16.3cm，叶宽 4.1 ~ 5.7cm，叶面积 39.0 ~ 65.0cm^2，叶长椭圆形，叶色绿，叶身背卷，叶面隆起，叶尖渐尖，叶脉 8 ~ 11 对，叶齿锯齿形，叶缘微波，叶背多毛，叶基楔形，叶质中。萼片无毛、绿色、5 枚。花冠直径 3.4 ~ 4.9cm，花瓣 6 枚、白色、质地薄，花瓣长宽均值 1.7 ~ 2.9cm，子房有毛，花柱先端 3 裂、裂位浅，花柱长 1.2 ~ 1.3cm，雌蕊高于雄蕊。果三角形，果径 2.1 ~ 3.0cm，鲜果皮厚 0.9 ~ 2.0mm，种球形，种径 1.1 ~ 1.6cm，种皮褐色。水浸出物 50.70%、茶多酚 32.43%、氨基酸 3.11%、咖啡碱 3.05%、酚氨比 10.44。

图 6-11-35　MH2014-056 石头一队大茶树
|蒋会兵，2014

（2）MH2014-056石头一队大茶树（普洱茶*Camellia assamica*）

位于勐海县格朗和乡南糯山村石头一队村民小组，海拔1514m；生育地土壤为砖红壤；栽培型；小乔木，树姿半开张，树高4.10m，树幅3.96m × 4.76m，基部干径0.38m，最低分枝高1.31m，分枝中。嫩枝有毛。芽叶黄绿色、中毛。大叶，叶长12.5 ~ 16.3cm，叶宽3.8 ~ 5.2cm，叶面积33.3 ~ 51.3cm^2，叶披针形，叶色绿，叶身平，叶面微隆起，叶尖渐尖，叶脉9 ~ 11对，叶齿锯齿形，叶缘微波，叶背少毛，叶基楔形，叶质中。萼片无毛、绿色、5枚。花冠直径3.0 ~ 3.8cm，花瓣6枚、白色、质地薄，花瓣长宽均值1.9 ~ 2.2cm，子房有毛，花柱先端3裂、裂位浅，花柱长1.0 ~ 1.3cm，雌蕊等高于雄蕊。果球形，果径2.5 ~ 3.2cm，鲜果皮厚1.0 ~ 2.0mm，种半球形，种径1.4 ~ 1.5cm，种皮褐色。

二、帕宫村

1. 曼旦村民小组

（1）MH2014-063曼旦大茶树（普洱茶*Camellia assamica*）

位于勐海县格朗和乡帕宫村曼旦村民小组，海拔1683m；生育地土壤为砖红壤；栽培型；小乔木，树姿开张，树高5.80m，树幅6.80m×3.60m，基部干径0.42m，最低分枝高0.25m，分枝密。嫩枝有毛。芽叶黄绿色、多毛。大叶，叶长11.6～16.2cm，叶宽4.6～6.4cm，叶面积39.8～72.6cm^2，叶长椭圆形，叶色绿，叶身背卷，叶面微隆起，叶尖渐尖，叶脉9～13对，叶齿锯齿形，叶缘微波，叶背多毛，叶基楔形，叶质硬。萼片无毛、绿色、5枚。花冠直径3.2～4.8cm，花瓣6～8枚、白色、质地薄，花瓣长宽均值2.0～2.3cm，子房有毛，花柱先端3裂、裂位中，花柱长1.0cm，雌蕊低于雄蕊。果三角形，果径1.9cm，鲜果皮厚1.0mm，种球形，种径1.3cm，种皮棕褐色。

图 6-11-36　MH2014-063 曼旦大茶树
蒋会兵，2014

（2）MH2014-064曼旦大茶树（普洱茶*Camellia assamica*）

位于勐海县格朗和乡帕宫村曼旦村民小组，海拔 1688m；生育地土壤为砖红壤；栽培型；小乔木，树姿半开张，树高 3.80m，树幅 5.50m×5.30m，基部干径 0.31m，最低分枝高 1.00m，分枝密。嫩枝有毛。芽叶黄绿色、多毛。大叶，叶长 12.3 ～ 17.1cm，叶宽 4.4 ～ 5.9cm，叶面积 41.3 ～ 70.6cm^2，叶长椭圆形，叶色绿，叶身平，叶面微隆起，叶尖渐尖，叶脉 8 ～ 12 对，叶齿锯齿形，叶缘平，叶背少毛，叶基楔形，叶质中。萼片无毛、绿色、5 枚。花冠直径 3.8 ～ 4.2cm，花瓣 6 枚、白色、质地薄，花瓣长宽均值 1.7 ～ 2.0cm，子房有毛，花柱先端 3 裂、裂位浅，花柱长 1.0 ～ 1.2cm，雌蕊等高于雄蕊。

图 6-11-37　MH2014-064 曼旦大茶树
蒋会兵，2014

图 6-11-38　MH2014-065 曼旦大茶树
|蒋会兵，2014

(3) MH2014-065曼旦大茶树（普洱茶*Camellia assamica*）

位于勐海县格朗和乡帕宫村曼旦村民小组，海拔1693m；生育地土壤为砖红壤；栽培型；小乔木，树姿开张，树高6.20m，树幅5.00m×5.10m，基部干径0.35m，最低分枝高0.17m，分枝密。嫩枝有毛。芽叶黄绿色、多毛。大叶，叶长12.6~17.1cm，叶宽4.1~5.5cm，叶面积38.8~65.8cm^2，叶披针形，叶色黄绿，叶身背卷，叶面隆起，叶尖急尖，叶脉9~11对，叶齿锯齿形，叶缘微波，叶背多毛，叶基楔形，叶质中。萼片无毛、绿色、5枚。花冠直径3.1~3.6cm，花瓣6枚、白色、质地薄，花瓣长宽均值1.5~2.0cm，子房有毛，花柱先端3裂、裂位浅，花柱长1.0~1.2cm，雌蕊等高于雄蕊。

(4) MH2014-066曼旦大茶树（普洱茶*Camellia assamica*）

位于勐海县格朗和乡帕宫村曼旦村民小组，海拔1690m；生育地土壤为砖红壤；栽培型；小乔木，树姿直立，树高5.50m，树幅4.50m×4.80m，基部干径0.33m，最低分枝高0.46m，分枝密。嫩枝有毛。芽叶黄绿色、多毛。大叶，叶长14.2~17.1cm，叶宽4.4~5.3cm，叶面积45.7~63.4cm^2，叶披针形，叶色绿，叶身平，叶面微隆起，叶尖急尖，叶脉9~11对，叶齿锯齿形，叶缘微波，叶背多毛，叶基近圆形，叶质中。萼片无毛、绿色、5枚。花冠直径3.9~4.3cm，花瓣6~7枚、白色、质地薄，花瓣长宽均值1.7~1.8cm，子房有毛，花柱先端3裂、裂位浅，花柱长1.0~1.2cm，雌蕊等高于雄蕊。水浸出物53.04%、茶多酚34.82%、氨基酸2.74%、咖啡碱3.41%、酚氨比12.69。

图 6-11-39　MH2014-066 曼旦大茶树
|蒋会兵，2014

2. 南莫上寨村民小组

（1）MH2014-067南莫上寨大茶树（普洱茶 *Camellia assamica*）

位于勐海县格朗和乡帕宫村南莫上寨村民小组，海拔1612m；生育地土壤为砖红壤；栽培型；小乔木，树姿半开张，树高5.10m，树幅4.80m×4.60m，基部干径0.20m，最低分枝高0.60m，分枝中。嫩枝有毛。芽叶黄绿色、多毛。中叶，叶长13.6～16.5cm，叶宽3.6～4.4cm，叶面积34.3～47.4cm^2，叶披针形，叶色绿，叶身内折，叶面微隆起，叶尖渐尖，叶脉8～9对，叶齿锯齿形，叶缘微波，叶背多毛，叶基楔形，叶质硬。萼片无毛、绿色、5枚。花冠直径3.4～3.5cm，花瓣6枚、白色、质地薄，花瓣长宽均值1.7cm，子房有毛，花柱先端3裂、裂位浅，花柱长1.0～1.2cm，雌蕊等高于雄蕊。

图 6-11-40　MH2014-067 南莫上寨大茶树
| 蒋会兵，2014

（2）MH2014-068南莫上寨大茶树（普洱茶 *Camellia assamica*）

位于勐海县格朗和乡帕宫村南莫上寨村民小组，海拔1612m；生育地土壤为砖红壤；栽培型；小乔木，树姿直立，树高5.00m，树幅4.60m×4.40m，基部干径0.35m，最低分枝高0.38m，分枝中。嫩枝有毛。芽叶黄绿色、多毛。大叶，叶长13.8～16.3cm，叶宽4.8～5.2cm，叶面积47.7～57.1cm^2，叶长椭圆形，叶色绿，叶身平，叶面微隆起，叶尖急尖，叶脉8～10对，叶齿锯齿形，叶缘平，叶背多毛，叶基楔形，叶质中。萼片无毛、绿色、5枚。花冠直径3.8～4.0cm，花瓣6～7枚、白色、质地薄，花瓣长宽均值1.7cm，子房有毛，花柱先端3裂、裂位浅，花柱长0.9～1.1cm，雌蕊低于雄蕊。水浸出物52.45%、茶多酚34.09%、氨基酸4.47%、咖啡碱3.37%、酚氨比7.63。

图 6-11-41　MH2014-068 南莫上寨大茶树
| 蒋会兵，2014

图 6-11-42 MH2014-069 南莫上寨大茶树
|蒋会兵，2014

（3）MH2014-069南莫上寨大茶树（普洱茶*Camellia assamica*）

位于勐海县格朗和乡帕宫村南莫上寨村民小组，海拔1582m；生育地土壤为砖红壤；栽培型；小乔木，树姿直立，树高5.10m，树幅2.00m×2.00m，基部干径0.33m，最低分枝高0.20m，分枝稀。嫩枝有毛。芽叶黄绿色、多毛。大叶，叶长12.1～16.5cm，叶宽4.5～5.8cm，叶面积39.0～63.3cm^2，叶长椭圆形，叶色黄绿，叶身内折，叶面微隆起，叶尖急尖，叶脉9～10对，叶齿锯齿形，叶缘微波，叶背多毛，叶基楔形，叶质中。萼片无毛、绿色、5枚。花冠直径3.4～3.9cm，花瓣6枚、白色、质地薄，花瓣长宽均值1.8～2.0cm，子房有毛，花柱先端3裂、裂位浅，花柱长0.9～1.1cm，雌蕊等高于雄蕊。

（4）南莫上寨大茶树（普洱茶*Camellia assamica*）

位于勐海县格朗和乡帕宫村南模上寨村民小组，海拔1585m；生育地土壤为砖红壤；栽培型；乔木，树姿直立，树高11.02m，树幅5.2×4.3m，基部干径0.26cm，最低分枝高4.58m，分枝稀。嫩枝有毛。芽叶黄绿色、多毛。大叶，叶长12.1～16.5cm，叶宽4.5～5.8cm，叶面积39.0～63.3cm^2，叶长椭圆形，叶色黄绿，叶身内折，叶面微隆起，叶尖急尖，叶脉9～10对，叶齿锯齿形，叶缘微波，叶背多毛，叶基楔形，叶质中。萼片无毛、绿色、5枚。花冠直径3.7～4.1cm，花瓣6枚、白色、质地薄，花瓣长宽均值1.8～2.1cm，子房有毛，花柱先端3裂、裂位浅，花柱长0.8～1.1cm，雌蕊等高于雄蕊。

图 6-11-43 南莫上寨大茶树
|李友勇，2019

三、苏湖村

1. 大寨村民小组

MH2014-070大寨大茶树（普洱茶*Camellia assamica*）

位于勐海县格朗和乡苏湖村大寨村民小组，海拔1594m；生育地土壤为砖红壤；栽培型；小乔木，树姿开张，树高6.10m，树幅8.63m×8.95m，基部干径0.45m，最低分枝高0.54m，分枝密。嫩枝有毛。芽叶紫绿色、多毛。大叶，叶长11.0～15.5cm，叶宽4.0～5.8cm，叶面积33.6～62.9cm^2，叶长椭圆形，叶色绿，叶身平，叶面平，叶尖渐尖，叶脉8～11对，叶齿少锯齿，叶缘微波，叶背多毛，叶基楔形，叶质中。萼片无毛、紫绿色、5枚。花冠直径4.0～4.4cm，花瓣6枚、白色、质地薄，花瓣长宽均值2.0～2.3cm，子房有毛，花柱先端3裂、裂位浅，花柱长1.0～1.9cm，雌蕊等高于雄蕊。果三角形，果径2.5～3.0cm，鲜果皮厚1.0～4.0mm，种球形，种径1.6～2.0cm，种皮棕褐色。水浸出物54.01%、茶多酚38.04%、氨基酸3.49%、咖啡碱3.89%、酚氨比10.91。

图 6-11-44　MH2014-070 大寨大茶树
|蒋会兵，2014

2. 橄榄寨村民小组

MH2014-071橄榄寨大茶树（普洱茶*Camellia assamica*）

位于勐海县格朗和乡苏湖村橄榄寨村民小组，海拔1575m；生育地土壤为砖红壤；栽培型；小乔木，树姿开张，树高6.90m，树幅5.20m×5.45m，基部干径0.37m，最低分枝高0.40m，分枝密。嫩枝有毛。芽叶黄绿色、多毛。大叶，叶长14.2～19.0cm，叶宽4.8～6.7cm，叶面积48.7～89.1cm^2，叶长椭圆形，叶色绿，叶身内折，叶面微隆起，叶尖渐尖，叶脉9～13对，叶齿少齿形，叶缘平，叶背多毛，叶基楔形，叶质中。萼片无毛、绿色、5枚。花冠直径3.1～4.1cm，花瓣6～7枚、白色、质地薄，花瓣长宽均值2.0～2.1cm，子房有毛，花柱先端3裂、裂位中，花柱长0.9～1.1cm，雌蕊低于雄蕊。果三角形，果径2.5～3.3cm，鲜果皮厚1.0～3.0mm，种半球形，种径1.4～1.8cm，种皮褐色。

图 6-11-45　MH2014-071 橄榄寨大茶树
|蒋会兵，2014

图 6-11-46　MH2014-072 金竹寨大茶树
|蒋会兵，2014

3. 金竹寨村民小组

（1）MH2014-072金竹寨大茶树（普洱茶*Camellia assamica*）

位于勐海县格朗和乡苏湖村金竹寨村民小组，海拔1655m；生育地土壤为砖红壤；栽培型；小乔木，树姿开张，树高6.40m，树幅7.40m×6.50m，基部干径0.41m，最低分枝高1.10m，分枝密。嫩枝有毛。芽叶绿色、多毛。中叶，叶长9.0～14.6cm，叶宽3.5～5.6cm，叶面积22.1～54.9cm^2，叶长椭圆形，叶色绿，叶身平，叶面平，叶尖渐尖，叶脉9～13对，叶齿锯齿形，叶缘微波，叶背少毛，叶基楔形，叶质中。萼片无毛、绿色、4～5枚。花冠直径3.7～4.1cm，花瓣6～7枚、白色、质地薄，花瓣长宽均值1.8～1.9cm，子房有毛，花柱先端3裂、裂位浅，花柱长1.0～2.0cm，雌蕊低于雄蕊。果三角形，果径2.7～2.9cm，鲜果皮厚2.0mm，种球形，种径1.1～1.2cm，种皮褐色。水浸出物55.41%、茶多酚43.62%、氨基酸2.38%、咖啡碱3.98%、酚氨比18.29。

图 6-11-47　MH2014-073 金竹寨大茶树
|蒋会兵，2014

（2）MH2014-073金竹寨大茶树（普洱茶*Camellia assamica*）

位于勐海县格朗和乡苏湖村金竹寨村民小组，海拔1800m；生育地土壤为砖红壤；栽培型；小乔木，树姿开张，树高4.70m，树幅6.80m×5.80m，基部干径0.92m，最低分枝高0.40m，分枝密。嫩枝有毛。芽叶黄绿色、多毛。大叶，叶长10.0～13.5cm，叶宽4.2～6.1cm，叶面积30.9～56.7cm^2，叶椭圆形，叶色绿，叶身背卷，叶面平，叶尖渐尖，叶脉9～12对，叶齿锯齿形，叶缘平，叶背少毛，叶基楔形，叶质中。萼片有毛、绿色、5枚。花冠直径3.4～4.3cm，花瓣4～6枚、白色、质地薄，花瓣长宽均值2.0cm，子房有毛，花柱先端3裂、裂位深，花柱长1.0～1.9cm，雌蕊高于雄蕊。果三角形，果径3.1～3.2cm，鲜果皮厚3.0mm，种球形，种径1.5～1.7cm，种皮棕褐色。水浸出物54.17%、茶多酚35.10%、氨基酸3.34%、咖啡碱4.58%、酚氨比10.50。

4. 半坡寨村民小组

MH2014-074半坡寨大茶树（普洱茶*Camellia assamica*）

位于勐海县格朗和乡苏湖村半坡寨村民小组，海拔1795m；生育地土壤为砖红壤；栽培型；小乔木，树姿直立，树高5.20m，树幅6.20m×5.40m，基部干径0.34m，最低分枝高1.35m，分枝密。嫩枝有毛。芽叶黄绿色、多毛。特大叶，叶长15.7～22.0cm，叶宽5.5～7.2cm，叶面积65.1～110.9cm²，叶长椭圆形，叶色深绿，叶身平，叶面平，叶尖渐尖，叶脉8～12对，叶齿锯齿形，叶缘微波，叶背少毛，叶基楔形，叶质中。萼片有毛、绿色、6枚。花冠直径3.5～3.6cm，花瓣6枚、白色、质地薄，花瓣长宽均值1.3～1.6cm，子房有毛，花柱先端3裂、裂位浅，花柱长0.8～1.0cm，雌蕊等高于雄蕊。果球形，果径1.8～2.1cm，鲜果皮厚1.0～3.0mm，种球形，种径1.6～1.8cm，种皮棕褐色。水浸出物52.62%、茶多酚35.21%、氨基酸2.70%、咖啡碱3.84%、酚氨比13.02。

图 6-11-48　MH2014-074 半坡寨大茶树
|蒋会兵，2014

四、帕沙村

1. 帕沙新寨村民小组

（1）MH2014-075帕沙新寨大茶树（普洱茶*Camellia assamica*）

位于勐海县格朗和乡帕沙村帕沙新寨村民小组，海拔1802m；生育地土壤为砖红壤；栽培型；小乔木，树姿开张，树高7.70m，树幅7.20m×6.40m，基部干径0.45m，最低分枝高0.60m，分枝密。嫩枝有毛。芽叶绿色、多毛。中叶，叶长9.8～12.2cm，叶宽4.1～6.3cm，叶面积29.4～51.2cm²，叶椭圆形，叶色绿，叶身背卷，叶面微隆起，叶尖急尖，叶脉7～10对，叶齿锯齿形，叶缘波，叶背少毛，叶基楔形，叶质中。萼片无毛、绿色、5枚。花冠直径3.0～3.6cm，花瓣6枚、白色、质地薄，花瓣长宽均值1.4～1.9cm，子房有毛，花柱先端3裂、裂位中，花柱长0.9～1.3cm，雌蕊低于雄蕊。果球形，果径2.2～2.7cm，鲜果皮厚1.0～2.5mm，种半球形，种径1.9～2.1cm，种皮褐色。

图 6-11-49　MH2014-075 帕沙新寨大茶树
|蒋会兵，2014

图 6-11-50 MH2014-076 帕沙新寨大茶树
|蒋会兵，2014

（2）MH2014-076帕沙新寨大茶树（普洱茶*Camellia assamica*）

位于勐海县格朗和乡帕沙村帕沙新寨村民小组，海拔1814m；生育地土壤为砖红壤；栽培型；小乔木，树姿开张，树高4.10m，树幅5.37m×5.70m，基部干径0.32m，最低分枝高0.70m，分枝密。嫩枝有毛。芽叶紫绿色、多毛。中叶，叶长9.2～12.2cm，叶宽4.1～6.3cm，叶面积26.4～45.0cm^2，叶椭圆形，叶色深绿，叶身内折，叶面微隆起，叶尖急尖，叶脉8～11对，叶齿锯齿形，叶缘微波，叶背少毛，叶基近圆种，叶质中。萼片有毛、绿色、4～5枚。花冠直径3.6～4.4cm，花瓣5～6枚、白色、质地薄，花瓣长宽均值1.4～2.1cm，子房有毛，花柱先端3裂、裂位中，花柱长0.9～1.2cm，雌蕊低于雄蕊。果球形，果径2.3～2.7cm，鲜果皮厚1.0～2.5mm，种半球形，种径1.2～1.9cm，种皮棕褐色。水浸出物52.22%、茶多酚37.55%、氨基酸1.99%、咖啡碱3.56%、酚氨比18.82。

图 6-11-51 MH2014-077 帕沙新寨大茶树
|蒋会兵，2014

（3）MH2014-077帕沙新寨大茶树（普洱茶*Camellia assamica*）

位于勐海县格朗和乡帕沙村帕沙新寨村民小组，海拔1830m；生育地土壤为砖红壤；栽培型；小乔木，树姿开张，树高4.00m，树幅5.50m×4.80m，基部干径0.38m，最低分枝高0.60m，分枝密。嫩枝有毛。芽叶紫绿色、多毛。大叶，叶长9.8～13.3cm，叶宽4.4～6.3cm，叶面积34.5～55.1cm^2，叶椭圆形，叶色深绿，叶身内折，叶面平，叶尖渐尖，叶脉8～11对，叶齿锯齿形，叶缘平，叶背少毛，叶基近圆种，叶质硬。萼片有毛、紫绿色、4～5枚。花冠直径3.9～4.6cm，花瓣5～6枚、白色、质地薄，花瓣长宽均值1.5～2.4cm，子房有毛，花柱先端3裂、裂位浅，花柱长1.2～1.3cm，雌蕊等高于雄蕊。果球形，果径2.4～3.1cm，鲜果皮厚1.0～3.0mm，种半球形，种径1.6～1.9cm，种皮褐色。水浸出物47.36%、茶多酚34.76%、氨基酸3.18%、咖啡碱3.90%、酚氨比10.93。

(4) MH2014-078帕沙新寨大茶树（普洱茶*Camellia assamica*）

位于勐海县格朗和乡帕沙村帕沙新寨村民小组，海拔1803m；生育地土壤为砖红壤；栽培型；小乔木，树姿半开张，树高8.40m，树幅5.30m×4.80m，基部干径0.46m，最低分枝高1.45m，分枝密。嫩枝有毛。芽叶黄绿色、多毛。大叶，叶长10.5～13.8cm，叶宽4.5～6.3cm，叶面积36.2～54.2cm^2，叶椭圆形，叶色绿，叶身背卷，叶面微隆起，叶尖渐尖，叶脉8～11对，叶齿锯齿形，叶缘微波，叶背少毛，叶基楔形，叶质中。萼片无毛、绿色、4～5枚。花冠直径3.9～4.6cm，花瓣5～6枚、白色、质地薄，花瓣长宽均值1.5～1.9cm，子房有毛，花柱先端3裂、裂位浅，花柱长1.1～1.3cm，雌蕊等高于雄蕊。果球形，果径2.8～3.4cm，鲜果皮厚1.8～3.0mm，种半球形，种径1.5～1.9cm，种皮棕色。水浸出物49.79%、茶多酚29.11%、氨基酸1.64%、咖啡碱2.89%、酚氨比17.75。

图6-11-52　MH2014-078帕沙新寨大茶树
|蒋会兵，2014

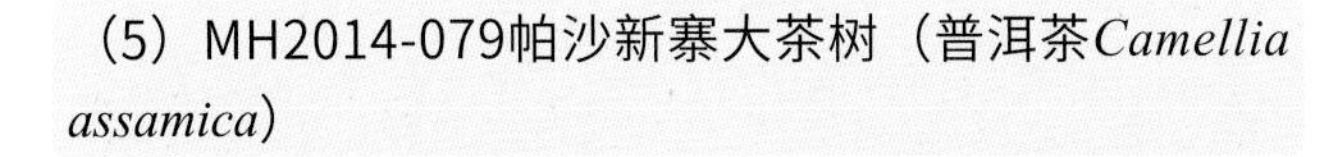

(5) MH2014-079帕沙新寨大茶树（普洱茶*Camellia assamica*）

位于勐海县格朗和乡帕沙村帕沙新寨村民小组，海拔1795m；生育地土壤为砖红壤；栽培型；小乔木，树姿半开张，树高9.95m，树幅6.20m×5.70m，基部干径0.47m，最低分枝高1.45m，分枝密。嫩枝有毛。芽叶黄绿色、多毛。大叶，叶长11.5～13.8cm，叶宽4.5～6.3cm，叶面积36.2～54.6cm^2，叶椭圆形，叶色绿，叶身平，叶面微隆起，叶尖渐尖，叶脉8～11对，叶齿锯齿形，叶缘微波，叶背少毛，叶基楔形，叶质中。萼片无毛、绿色、4～5枚。花冠直径3.9～4.6cm，花瓣5～6枚、白色、质地薄，花瓣长宽均值1.5～1.9cm，子房有毛，花柱先端3裂、裂位浅，花柱长1.1～1.3cm，雌蕊等高于雄蕊。果球形，果径2.8～3.4cm，鲜果皮厚1.8～3.0mm，种半球形，种径1.5～1.9cm，种皮棕色。水浸出物53.19%、茶多酚34.83%、氨基酸1.94%、咖啡碱3.21%、酚氨比17.94。

图6-11-53　MH2014-079帕沙新寨大茶树
|蒋会兵，2014

图 6-11-54　MH2014-080 帕沙新寨大茶树
| 蒋会兵，2014

(6) MH2014-080帕沙新寨大茶树（普洱茶 *Camellia assamica*）

位于勐海县格朗和乡帕沙村帕沙新寨村民小组，海拔1882m；生育地土壤为砖红壤；栽培型；小乔木，树姿开张，树高9.95m，树幅6.20m×5.70m，基部干径0.47m，最低分枝高1.45m，分枝密。嫩枝有毛。芽叶黄绿色、多毛。大叶，叶长11.5~13.8cm，叶宽4.5~6.3cm，叶面积36.2~54.6cm^2，叶椭圆形，叶色绿，叶身平，叶面微隆起，叶尖渐尖，叶脉8~11对，叶齿锯齿形，叶缘微波，叶背少毛，叶基楔形，叶质中。萼片无毛、绿色、4~5枚。花冠直径3.9~4.6cm，花瓣5~6枚、白色、质地薄，花瓣长宽均值1.3~1.6cm，子房有毛，花柱先端3裂、裂位浅，花柱长1.1~1.3cm，雌蕊等高于雄蕊。果球形，果径2.8~3.4cm，鲜果皮厚1.8~3.0mm，种半球形，种径1.5~1.9cm，种皮棕色。

2. 帕沙中寨一队村民小组

(1) MH2014-081帕沙中寨大茶树（普洱茶 *Camellia assamica*）

位于勐海县格朗和乡帕沙村帕沙中寨一队村民小组，海拔1888m；生育地土壤为砖红壤；栽培型；小乔木，树姿开张，树高4.90m，树幅5.40m×5.70m，基部干径0.41m，最低分枝高0.20m，分枝密。嫩枝有毛。芽叶黄绿色、多毛。大叶，叶长12.5~16.3cm，叶宽4.0~6.3cm，叶面积38.4~71.9cm^2，叶椭圆形，叶色绿，叶身平，叶面隆起，叶尖渐尖，叶脉8~11对，叶齿锯齿形，叶缘微波，叶背少毛，叶基楔形，叶质中。萼片有毛、绿色、5枚。花冠直径4.0~4.3cm，花瓣6~7枚、白色、质地薄，花瓣长宽均值1.5~2.1cm，子房有毛，花柱先端3裂、裂位浅，花柱长0.9~1.2cm，雌蕊等高于雄蕊。果三角形，果径2.9~3.4cm，鲜果皮厚1.8~3.0mm，种球形，种径1.5~1.9cm，种皮棕色。

图 6-11-55　MH2014-081 帕沙中寨大茶树
| 蒋会兵，2014

（2）MH2014-082帕沙中寨大茶树（普洱茶*Camellia assamica*）

位于勐海县格朗和乡帕沙村帕沙中寨一队村民小组，海拔1873m；生育地土壤为砖红壤；栽培型；小乔木，树姿开张，树高5.20m，树幅5.40m×5.70m，基部干径0.37m，最低分枝高0.65m，分枝密。嫩枝有毛。芽叶黄绿色、多毛。大叶，叶长10.3～14.5cm，叶宽4.0～5.3cm，叶面积36.2～51.8cm^2，叶椭圆形，叶色绿，叶身平，叶面隆起，叶尖渐尖，叶脉8～11对，叶齿锯齿形，叶缘微波，叶背少毛，叶基楔形，叶质中。萼片有毛、绿色、5枚。花冠直径4.0～4.5cm，花瓣6～7枚、白色、质地薄，花瓣长宽均值1.5～2.1cm，子房有毛，花柱先端3裂、裂位浅，花柱长0.9～1.2cm，雌蕊等高于雄蕊。果三角形，果径2.9～3.4cm，鲜果皮厚1.8～3.0mm，种球形，种径1.5～1.9cm，种皮棕色。水浸出物54.12%、茶多酚40.04%、氨基酸2.31%、咖啡碱3.63%、酚氨比17.35。

图 6-11-56　MH2014-082 帕沙中寨大茶树
|蒋会兵，2014

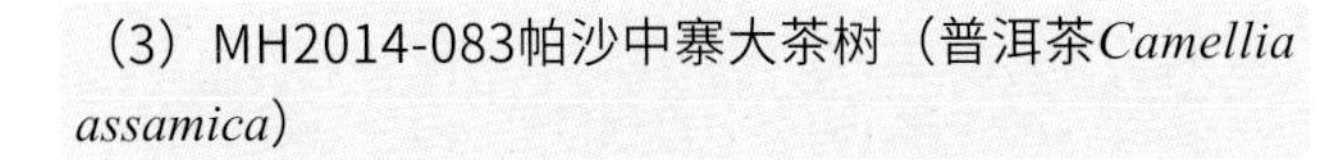

（3）MH2014-083帕沙中寨大茶树（普洱茶*Camellia assamica*）

位于勐海县格朗和乡帕沙村帕沙中寨一队村民小组，海拔1885m；生育地土壤为砖红壤；栽培型；小乔木，树姿开张，树高5.20m，树幅5.40m×5.70m，基部干径0.44m，最低分枝高0.50m，分枝密。嫩枝有毛。芽叶黄绿色、多毛。大叶，叶长10.3～14.5cm，叶宽4.0～5.3cm，叶面积36.2～51.8cm^2，叶椭圆形，叶色绿，叶身平，叶面隆起，叶尖渐尖，叶脉8～11对，叶齿锯齿形，叶缘微波，叶背少毛，叶基楔形，叶质中。萼片有毛、绿色、5枚。花冠直径4.0～4.5cm，花瓣6～7枚、白色、质地薄，花瓣长宽均值1.5～2.1cm，子房有毛，花柱先端3裂、裂位浅，花柱长0.9～1.2cm，雌蕊等高于雄蕊。果三角形，果径2.9～3.4cm，鲜果皮厚1.8～3.0mm，种球形，种径1.5～1.9cm，种皮棕色。水浸出物54.36%、茶多酚41.24%、氨基酸3.07%、咖啡碱4.22%、酚氨比13.43。

图 6-11-57　MH2014-083 帕沙中寨大茶树
|蒋会兵，2014

五、帕真村

帕真老寨村民小组

图 6-11-58　MH2014-253 帕真老寨大茶树
|蒋会兵，2014

MH2014-253帕真老寨大茶树（普洱茶*Camellia assamica*）

位于勐海县格朗和乡帕真村帕真老寨村民小组，海拔1391m；生育地土壤为砖红壤；栽培型；小乔木，树姿半开张，树高5.90m，树幅5.80m×4.30m，基部干径0.43m，最低分枝高1.25m，分枝中。嫩枝有毛。芽叶紫绿色、多毛。大叶，叶长11.2~13.5cm，叶宽4.4~5.9cm，叶面积40.0~50.0cm^2，叶椭圆形叶色浅绿，叶身平，叶面隆起，叶尖渐尖，叶脉8~12对，叶齿锯齿形，叶缘波，叶背多毛，叶基楔形，叶质中。萼片无毛、绿色、5枚。花冠直径3.1~4.4cm，花瓣6~7枚、微绿色、质地中，花瓣长宽均值1.2~1.6cm，子房有毛，花柱先端3裂、裂位浅，花柱长0.8~1.0cm，雌蕊等高于雄蕊。果球形，果径2.4~3.0cm，鲜果皮厚0.9~2.0mm，种半球形，种径1.2~1.7cm，种皮褐色。水浸出物51.36%、茶多酚35.27%、氨基酸3.14%、咖啡碱4.04%、酚氨比11.24。

第七章

勐海县古茶树有效保护和可持续利用的对策

第一节　古茶树资源保护利用情况

一、古茶树资源保护情况

1992年10月中华人民共和国林业部在《中华人民共和国关于保护珍贵树种的通知》中就已将“野茶树”列为了国家二级保护树种。云南省各级政府把古茶树资源保护工作列入重要议事日程，已将勐海县巴达野生型茶树居群列入“国家自然保护区”范围，形成了“野生型茶树自然保护区”；2008年，中华人民共和国农业部通过全球环境基金（GEF）资助，在勐海县建立了面积约180.00hm^{2}的帕真野生古茶树原生境保护试点，通过隔离方式对野生型茶树原生境进行保护；2005年，云南省政府办公厅发布的《关于加强古茶树资源保护规定的通知》中也要求各州市、县政府根据各自的实际情况制定具体的古茶树保护条例；2007年，西双版纳州政府颁布了《关于加强古茶树资源保护的意见》；2011年，《云南省西双版纳傣族自治州古茶树保护条例》经云南省第十一届人民代表大会常务委员会第二十三次会议批准施行；2012年，西双版纳州人民政府发布了与《云南省西双版纳傣族自治州古茶树保护条例》相配套的《云南省西双版纳傣族自治州古茶树保护条例实施办法》。这些古茶树保护条例的规定，为古茶树资源保护与合理利用提供了法律依据。

实行单株古茶树挂牌、古茶园设立标识牌及分类分级保护措施。现已完成勐海县野生型、栽培型古茶树资源普查，摸清古茶树资源底数现状。划定古茶树管理保护区域，采取系列养护管理措施保持古茶树的自然生长和原有生境状态，遵循合理开发利用的原则，签订了《关于〈勐海古茶园、原始林申遗可行性研究（一期）自然遗产价值论证业务委托协议〉补充协议》，后续工作正在相继开展中。

二、古茶树经营管理情况

创新利益联结机制，发展茶农专业合作组织，培育壮大新种经营主体，建立“企业+合作社+农户”运营模式，引导支持企业发展品牌茶、名优特茶、深加工产品等高附加值产品。从事古茶树产品生产、加工、销售的单位和个人，应当诚信经营，杜绝掺杂售假、以假充真、以次充好，伪造产地，冒用商标、厂名等行为。

租赁、承包古茶树、古茶园的企业和个人，必须向当地乡（镇）人民政府、县茶叶管理机构登记备案，并作出科学管护、采摘的承诺，同时不得以企业和个人名义挂（立）牌，古茶树所有者有责任有义务进行监督。

三、古茶树茶叶产量与产值

勐海县栽培型古茶树种植面积达 5373.33hm^2，干毛茶产量 1200000kg，产值 12 亿元。

四、古茶树“三品一标”及中国驰名商标

按照古茶树管理模式，符合绿色生态茶园的管理技术，辖区内的古茶树（园）建议不进行无公害农产品、绿色食品、有机农产品和农产品地理标志的“三品一标”认证；中国驰名商标有“大益”“陈升号”“七彩云南”。

五、古茶树茶叶经营主体

全县涉茶企业1579户，个体5566户，合作社940户，初制所2753户，精制厂474户。其中，规模以上农业产业化龙头企业17户，国家级龙头企业2户， 省级龙头企业6户，销售额超亿元的5户。

六、古茶树生态旅游七子饼茶旅游环线

勐海县建成勐海镇到格朗和乡、勐混镇和布朗山乡且回到勐海镇的经南糯山古茶园、帕沙古茶园、贺开古茶园、邦盆古茶园、老班章古茶园、新班章古茶园和老曼峨古茶园等 7 个典型古茶园的古茶树生态旅游七子饼茶旅游环线。

七、古茶树科技支撑

驻有1个省属茶叶科学研究所，充分挖掘展示茶故事、茶食品、古茶树等与茶

有关的精神文化和物质文化，还批准成立茶业管理局，局属茶叶技术服务中心。

八、古茶树历史文化

勐海县种茶、制茶、用茶和贸茶的历史悠久，拥有世界最具代表性的树龄达1700余年的巴达野生茶王树和800余年的南糯山人工栽培型茶树王，有世界上面积最大且百年以上人工栽培型古茶树群落和世界上连片最大的人工栽培型古茶园，古茶树群落主要分布在西定乡、格朗和乡、勐宋乡、勐混镇和打洛镇等乡（镇）的茶山中。

九、古茶树相关村庄情况

勐海县古茶树资源分布在南糯、南峤、勐宋、巴达和布朗等茶山中， 主要涉及的村如下：格朗和乡南糯山村、帕沙村、帕真村和苏湖村；勐混镇贺开村和曼蚌村；布朗山乡班章村、勐昂村、新竜村、曼囡村、结良村和曼果村；勐宋乡大安村、曼吕村、蚌冈村、三迈村、蚌龙村、曼金村和糯有村；勐阿镇嘎赛村和贺建村；勐往乡勐往村和南果河村；西定乡曼迈村、章朗村和西定村；勐海镇勐翁村；勐遮镇南楞村；勐满镇关双村、南达村和帕迫村；打洛镇曼夕村。

第二节　古茶树资源保护管理存在的问题

随着乡村经济开发规模不断扩大，改变了乡村原有的农业生态环境，产生了大量的原生植被残块，导致古茶树适生环境的严重破坏，给古茶树资源保护管理工作带来了很大困难。古茶树资源保护管理工作存在主要问题如下：

一、保护意识不强

由于古茶树（园）资源保护与合理利用难以把控，加之对古茶树（园）资源的潜在价值认识不足，保护意识普遍淡薄。由于缺少国家统一的法律依据，造成各地在依法管养与打击破坏古茶树（园）资源中难以做到有法可依，只能依靠地方法规，造成的结果往往是执行力度不够，难以起到震慑和保护作用。加之缺乏保护管理机构和具体措施，古茶树保护条例贯彻落实不到位，导致古茶树（园）受人为破坏严重。调查发现，部分古茶树（园）分布点存在砍伐采摘、挖掘移栽的现象，造成野生茶树居群内高大野生型茶树出现枝干腐烂、干枯，逐渐衰退死亡。

二、缺乏管理人员和管理措施

目前古茶树（园）的养护管理措施存在不系统、不科学、不规范等问题。不同的立地条件、不同的生长状况、不同的地区采取的方式应有所侧重。古茶树（园）的管理多是由当地村民负责，应采取什么样的管护技术措施，何时应采取以及是否都需采取人为措施加以养护等问题，一线管理人员往往很难决定。

三、缺乏资金保障，管护政策未得到落实

国家对古茶树保护的资金投入过少，地方财政缺乏资金，管护政策未得到有效落实。

第三节　古茶树资源保护和合理利用的对策、措施建议

一、加强宣传教育，强化保护意识

调查发现，由于古茶树（园）资源分布广、数量多、生长条件复杂等原因，对古茶树（园）资源保护利用的合理性、有效性程度较低。因此，政府及相关部门应开展宣传教育工作，加大执法力度，制止人为砍伐和移栽等毁灭性的破坏行为；普及保护古茶树（园）资源的重要性和管护常识，提高广大村民对古茶树（园）资源的知情权、监督权和保护权， 增强对古茶树（园）资源的保护意识，让全社会参与到古茶树（园）资源保护行动中。

二、增强管护措施，加强管理队伍建设

在制定实施古茶树（园）资源管理和保护的政策法规的同时，还要研究出具体可行的古茶树（园）保护措施，通过全面系统调查，对古茶树（园）资源进行整理编目、造册建档，建立了古茶树（园）资源档案，掌握古茶树长势、保护级别和保护区域，实时动态监控管理。落实具体养护责任人，组建古茶树（园）保护管理专业队伍，对古茶树的病虫害防治、修补、复壮等管护工作进行专门的技术研究等。例如：对主干中空、树体倾斜的古茶树应用支架或棚架支撑；对根系裸露、易倒伏的古茶树应进行培土护根；对树势衰弱，容易受病虫害尤其易受钻木虫害侵袭的，采取向树体注射药物、封洞等措施进行防治；对已濒危古茶树植株采集枝条、种子异地繁殖保存，以防止种质灭绝。

三、加强和完善保护区建设，合理开发利用

按照勐海古茶树（园）资源分布特点，建立多个适合的保护点和保护区，扩大保护范围，以保护为基础，以开发促保护。针对勐海县古茶树资源保护利用中存在的问题，建议由政府、科研机构和农户共同参与，传承并发展当地居民对古茶树的管理经验，挖掘传统知识，强化科学技术培训，引导农民评估筛选改良野生茶树品种。对优异野生茶树资源进行发掘、利用、研究，将特异野生茶树资源实行人工栽培驯化，加强优良野生茶树品种资源的推广应用，提高野生茶树资源利用率。

附录 1

云南省古茶树资源开发与利用

一、古茶树资源的种类情况

云南省地处中国西南部，是世界茶树的起源中心和原产地，悠久的种茶历史和得天独厚的自然条件，孕育了丰富的茶树资源，是世界茶组植物分类研究中所占比例最大、分布最广的地区。目前，世界上已发现的茶组植物绝大部分分布在云南省。如此众多的茶树资源为茶叶科学的研究利用提供了一个广阔的物质基础和利用空间。其中一些珍稀资源具有重要的学术研究价值和利用潜力，在茶树育种和品种改良中具有重要作用。

1. 云南茶树资源在国际上的地位

全世界茶组植物共 4个系31个种4个变种，中国共4个系30个种和4个变种，云南除分布于越南毛肋茶（*Camellia pubicosta*）、香港香花茶（*Camellia sinensis* var. *waldensae*）、广东毛叶茶（*Camellia ptilophyla*）、湖南汝城毛叶茶（*Camellia pubescens*）、重庆2个种［（南川茶（*Camellia nanchuanica*）和缙云山茶（*Camellia jingyunshanica*）］和广西3个种［（膜叶茶（*Camellia leptophylla*）、防城茶（*Camellia fengchengensis*）和狭叶茶（*Camellia angustifolia*）］等8个种1个变种外的疏齿茶（*Camellia remotiserrata*）、广西茶（*Camellia kwangsiensis*）、大苞茶（*Camellia grandibracteata*）、广南茶（*Camellia kwangnanica*）、大厂茶（*Camellia tachangensis*）、厚轴茶（*Camellia crassicolumna*）、圆基茶（*Camellia rotundata*）、皱叶茶（*Camellia crispula*）、老黑茶（*Camellia atrothea*）、马关茶（*Camellia makuanica*）、五柱茶（*Camellia pentastyla*）、大理茶（*Camellia taliensis*）、德宏茶（*Camellia dehungensis*）、秃房茶（*Camellia gymnogyna*）、突肋茶（*Camellia costata*）、拟细萼茶（*Camellia parvisepaloides*）、榕江茶（*Camellia yungkiangensis*）、大树茶（*Camellia arborescens*）、紫果茶（*Camellia purpurea*）、多脉普洱茶（*Camellia assamica* var. *polyneura*）、茶（*Camellia sinensis*）、苦茶（*Camellia assamica* var. *kucha*）、普洱茶（*Camellia assamica*）、白毛茶（*Camellia sinensis* var. *pubilimba*）、多萼茶（*Camellia multisepala*）、细萼茶（*Camellia parvisepala*）等23个种3个变种均有分布，占全世界的74.3%，全国的76.5%。35个种中，以云南茶树作模式标本定名的16个种2个变种（16个种1

个变种为云南独有），占茶组植物的51.4%。此外，以广西茶树作模式标本定名的8个，重庆2个，贵州、广东、湖南、香港和越南各1个，早期定名的有2个［茶（*Camellia sinensis*）和普洱茶（*Camellia assamica*）］（《中国植物志》第49卷第三分册，1998）。

2. 云南各地茶树资源分布现状

茶树起源于中国云南地区，在从起源中心向其他地域的自然传播和从中国向世界的人为传播过程中，发生了从形态水平到细胞水平再到分子水平的一系列演化，从而形成了今天丰富多彩的种质资源。云南茶树资源的特点是种类多，大、中、小叶种类型俱全，热带、亚热带、温带都有分布，其范围为21°08′~28°41′N。依据地理位置、生态环境、茶树自然生长条件、茶叶生产现状，以及行政区域为单位，求大同略小异，可将云南划分为5个茶区（滇东南和滇南、滇东北和滇东、滇中、滇西、滇西北），23个种3个变种在云南各个茶区分布不一。

滇东南和滇南茶区：位于21°08′~24°28′N，包括文山州、红河州、西双版纳州和普洱市，共分布茶组植物4个茶系17个种4个变种，即：茶、广西茶、广南茶、厚轴茶、大厂茶、圆基茶、老黑茶、皱叶茶、马关茶、大理茶、五柱茶、秃房茶、突肋茶、榕江茶、普洱茶、多脉普洱茶、苦茶、细萼茶、白毛茶、多萼茶、紫果茶。

滇东和滇东北茶区：位于24°21′~28°41′N，包括曲靖市和昭通市，共分布茶组植物2个茶系4个种，即：茶、大厂茶、疏齿茶、大树茶。

滇中茶区：位于23°06′~25°22′N，包括玉溪市、大理州、楚雄州和昆明市，共分布茶组植物2个茶系4个种，即：茶、老黑茶、大理茶、普洱茶。

滇西茶区：位于23°28′~25°07′N，包括德宏州、临沧市和保山市，共分布茶组植物4个茶系8个种，即：茶、大苞茶、厚轴茶、五柱茶、大理茶、德宏茶、拟细萼茶、普洱茶。

滇西北茶区：位于25°21′~28°23′N，包括怒江州和丽江市，共分布茶组植物1个茶系2个种，即：茶、普洱茶。

云南茶组植物绝大多数在地理上有自己特定的分布区，沿山脉、河流走向呈带状分布的有老黑茶、大厂茶等；呈块状分布的有广南茶、厚轴茶、马关茶、德宏茶等；呈跳跃式分布的有白毛茶等；隔离分布的有大树茶、疏齿茶等；呈局部或零星分布的有圆基茶、多脉普洱茶、大苞茶、多萼茶、紫果茶、拟细萼茶、苦茶等；分布最广并与其他茶种多层次交错的有普洱茶、茶、大理茶等。五室茶系的茶种多分布在哀牢山以东的滇东和滇东南高原；哀牢山以西的澜沧江、怒江流域及横断山脉中部，则以五柱茶系的茶种占优势。云南茶组植物的分布重点是在滇南、滇西茶区，其他茶区有少量分布。多数茶种以局部分布为主，大理茶、茶、普洱茶在全省分布广泛。资源考察发现，云南茶种的垂直分布最低点在红河州，海拔100m，系榕江茶。最高点在保山市高黎贡山，海拔2900m以上，系大理茶，两地超过2800m；而1600～2200m是云南茶组植物主要垂直分布地带，并且呈连续状态分布，即在这一范围内的任一高度都有茶种分布。云南茶组植物在水平或垂直分布上出现的连贯状态，超过了世界上任何产茶地区，这是原产地物种植物的重要特点之一。

3. 茶树资源的保护

（1）种质圃的规划

a. 种质圃的建设

云南省农业科学院茶叶研究所在云南省科委的支持下，于1983年在其科研实验基地建立了占地2.00hm^{2}的国家大叶茶树种质资源圃（勐海），即原国家种质勐海茶树分圃，建有工具房68m^2、泵房30m^2、蓄水池95m^3、喷灌设备1套和围墙600m；2014年，在农业部的支持下，农业种子工程项目“国家种质资源勐海大叶茶树圃改扩建项目”实施完成后，种质圃由原来的2.00hm^{2}增加到4.58hm^2，同时新增田间实验和仓储用房共108.92m^2、泵房23.35m^2、钢架结构温室460.8m^2、蓄水池500m^3、道路786.9m、排水沟1265.0m、排水涵管68m、引水管195m、灌溉主管支管1361m、灌溉毛管28909m、动力电缆280m、耐热塑料绝缘铜芯导线575m和围墙530.3m；另外，种质圃主干道和围墙周边种植樱桃、樟脑和银桦树等行道树和防护林。资源保存能力共达3200余份。

b. 种质圃种植区域的规划

为适应资源研究工作需要，原国家种质勐海茶树分圃分为2个功能区：一是自然生长区：茶树不修剪采摘，任其自然生长，行株距均为2.0m×2.0m，主要供茶树的树型、树姿和叶片着生状态等形态特征和生物学特性指标鉴定用；二是修剪采摘区：按大叶种茶树茶园的修剪高度和采养方式管理，行株距1.5m×0.33m，主要供产量、品质及有关经济性状鉴定用。

2个功能区根据田间道路分布情况，每个功能区又分为不同小区（T1～T9）。自然生长区共1.52hm^2，含T2（0.75hm^2）和T7（0.78hm^2）；修剪采摘区共2.45hm^2，含T7（0.78hm^2）、T3（0.40hm^2）、T4（0.43hm^2）、T5（0.53hm^2）、T6（0.33hm^2）、T8（0.32hm^2）和T9（0.43hm^2）。

（2）资源考察与征集

a. 1950年前

我国科学家蔡希陶、王启无和俞德浚等开始在云南考察采集茶树标本。

b. 1950～1980年

中国著名植物学家蔡希陶和云南省农业科学院茶叶研究所苏正、周鹏举、蒋铨、金鸿祥、张顺高、刘献荣、白庚云、刘祖辉、肖时英、张木兰和丁渭然等科技工作者先后到云南省勐海、澜沧、景谷、景东、墨江、凤庆、镇康、双江、昌宁、大关、富源、新平和宜良等地开展古茶树分布、茶园分布情况和茶树栽培等方面的科学考察工作，发现一批代表性的大茶树，如勐海县格朗和乡南糯山密林中高5.5m、基部干径1.38m、树幅10.0m×10.0mm、树龄800余年的栽培型“古茶树王”（普洱茶*Camellia assamica*），勐海县西定乡曼佤村贺松村民小组巴达大黑山原始森林中树高32.12m、基部干径1.07m、树幅10m×10.0m、树龄达1700余年的野生型大茶树（大理茶*Camellia taliensis*），还有景谷镇太大茶树、镇康大茶树和威信高树茶等。在野外考察的同时，还开展茶树资源的植物学特征和生物学特性的调查和整理工作，先后共征集到云南省勐海、凤庆、元江、双江、景谷、景东、腾冲、云县、昌宁、宜良、澜沧、墨江、昭阳和大理等县（市/区）茶树资源94份。

c. 1981～2000年

根据农业部、国家科委（1979）农业（科）字第13号文件，农作物品种资源“广泛征集、妥善保存、深入研究、积极创新、充分利用”二十字方针，以中国农业科学院茶叶研究所陈炳环、虞富莲、马生产、谭永济和杨亚军与云南省农业科学院茶叶研究所王海思、王平盛、许卫国、矣兵和马光亮为主，协同云南省除迪庆州外的15州（市）有关业务部门组成专业考察组，开展了云南茶树资源最全面、最系统的考察征集，共征集到各类茶树资源701份，其中地方品种513份、野生资源168份、近缘植物20份、压制标本4570份次、所有标本均送到中山大学著名植物分类学家张宏达教授处进行分类，发掘出26个优良地方种和110个优良单株。

d. 2001～2021年

在国家科技基础条件平台建设专项“作物种质资源标准化整理、整合及共享试点”项目（2005DKA21001）、国家科技基础性工作重大专项“云南及周边地区生物资源调查”项目（2006FY1 10700）、农业部“物种品种资源（农作物）保护项目”农业部“物种品种资源保护费项目”、农业部948“越南茶树资源引进”项目（2014-Z56）、云南省财政厅财政专项“云南省古茶树普查和建档”、云南省财政厅和农业厅农业产业化专项“古茶树资源实物样档案库建设项目”等项目的支持下，完成了文山、红河和西双版纳等16个州（市）75个县（市、区）开展古茶树的野外调查、资源征集和样品采制工作，共征集到各种茶树资源1064份，其中引进品种21份、省外资源47份、地方品种794份、野生资源162份、近缘植物13份、育成品种或株系27份，压制标本6872份次。

（3）资源保存

a. 1980年以前

保存茶树资源共360份。其中从苏联引进有性系品种3份、日本无性系品种1份；浙江、福建和河南等13个省（市、区）有性系品种24份、无性系品种31份；云南本省群体种14份、地方品种86份、新选育的有性系品种46份、新选出的无性品系153份、人工杂交后代2份。

b. 1981 ~ 2000年

保存茶树资源共852份。其中，越南和缅甸引进品种8份；海南、广东和台湾等省19份；云南15个州（市）68个县（市、区）共825份，含野生资源202份、地方品种497份、育成品种或株系122份、近缘植物22份。

c. 2001 ~ 2021年

保存茶树资源共1064份。其中，肯尼亚、老挝、越南和缅甸等4个国家引进品种21份；省外贵州、河南和福建等省47份；云南16个州（市）共996份，含野生资源162份、地方品种794份、育成品种或株系27份、近缘植物13份。

截至2021年12月，保存山茶科山茶属茶组植物毛肋茶、大苞茶、广南茶、大厂茶、厚轴茶、园基茶、皱叶茶、老黑茶、马关茶、大理茶、德宏茶、秃房茶、突肋茶、拟细萼茶、大树茶、多脉普洱茶、茶、苦茶、普洱茶和白毛茶等18个种3个变种及近缘植物小花金花茶（*Camellia micrantha*）、显脉金花茶（*Camellia euphlebia*）、厚短蕊茶（*Camellia pachyandra*）、滇山茶（*Camellia reticulata* Lindl）、高州油茶（*Camellia gauchowensis*）、越南油茶（*Camellia vietnamensis*）、油茶（*Camellia oleifera*）、阿丁枫（*Altingia takhtajanensis Tai* var *Turng*）、柃木（*Eurya japonica Thunb*）、云南核果茶（*Pyrenaria yunnanensis*）、肋果茶（*Sladenia celastrifolia*）和四川大头茶（*Gordonia acuminata*）等资源12个种共1916份（不含创制新种质1537份）。其中，苏联、日本、肯尼亚、缅甸、老挝和越南等6个国家引进品种36份；浙江、福建和河南等13个省（市、区）64份；云南16个州（市）73个县（市、区）共1816份，含野生资源329份、地方品种1299份、育成品种或株系153份、近缘植物35份。

4. 茶树资源的开发利用

（1）优异茶树资源的发掘

自“六五”以来，已完成形态特征和生物学特性观测930份、适制性研究688份、品质化学成分分析870份、抗寒性研究73份、抗病虫性研究250份、染色体数目和核种的研究19个种（变种）。筛选出形态器官特异资源26份、抗寒性较强资源6份、抗茶云纹叶枯病资源12份、抗茶小绿叶蝉资源16份、抗咖啡小爪螨资源2份、抗根结线虫资源2份、红茶优质资源30份、红绿茶兼优资源13份、绿茶优质资源4份、高茶多酚资源38份（≥25.00%）、高氨基酸资源3份（≥5.5%）、高咖啡碱资源19份（≥5.5%）、低咖啡碱资源12份（≤1.5%）、高EGC资源10份（≥25mg/kg）、高茶黄素资源10份（≥1.6%）。

（2）茶树新品种培育

云南省各茶叶研究机构通过对考察征集保存的茶树资源开展系统的研究工作，已选育出茶树良种37个。其中，国家级茶树良种5个，即“云抗10号”“云抗14号”“勐海大叶茶”“勐库大叶茶”“凤庆大叶茶”；省级茶树良种28个，即“云抗47号”“云抗15号”“云抗12号”“云抗37号”“云抗27号”“云抗43号”“云抗48号”“云抗50号”“紫娟”“云茶1号”“云选九号”“长叶白毫”“云茶红3号”“云茶红2号”“云茶红1号”“佛香5号”“佛香4号”“佛香3号”“佛香2号”“佛香1号”“云茶春毫”“云茶春韵”“76-38号”“73-11号”“73-8号”“云梅”“云瑰”“矮丰”；州（市）茶树良种4个，即“73-6”“雪芽100号”“短节白毫”“中叶1号”。获植物新品种权6个，即“紫娟”“云茶1号”“云茶奇蕊”“云茶银剑”“云茶香1号”“云茶普蕊”。

（3）茶树品种推广

云南省目前已培育出云抗10号、云抗14号和紫娟等茶树良种共37个，其中最具代表性的是云抗10号和紫娟，特别是云抗10号。云抗10号因其抗寒能力强、扦插成活率高、分枝多、萌发早、产量高、品质优良和市场价格波动小、经济效益显著、加之一年生幼苗移栽成活率高。所以，云抗10号自1987年通过全国农作物品种审定委员会审定以来，受云南广大茶农和茶企的青睐。目前，云南推广面积超过120000hm^2，已成为国家级无性系良种中在单一省份推广面积最大、效益最显著的品种。云抗10号在预防云南山区泥土被洪水冲刷、生态修复和保护环境等方面社会效益显著。另外，云抗10号在实施国际禁毒罂粟替代作物项目发挥积极作用，经联合国国际禁毒署推荐，茶树作为替代罂粟种植的最适宜经济作物之一，云抗10号已推广到缅甸、老挝、越南等国家北部边境地区。

（4）典种案例

a. 率先在国际上获得高质量的茶树基因组序列

云抗10号作为国家级茶树良种，具有良好的优异性能，不仅在生产上广泛推广而且基础研究也取得重大突破。2017年，中国科学院昆明植物研究所高立志研究员及团队联合华南农业大学、云南农业大学、云南省农业科学院茶叶研究所等单位的相关研究团队经过7年研究，率先在国际上获得了高质量的基因组序列，对揭示决定茶叶风味与品质以及茶树全球生态适应性的遗传基础研究具有重要意义。该成果以“The tea tree genome provides insights into tea flavor and independent evolution of caffeine biosynthesis”为题于2017年5月1日在线发表在Molecular Plant杂志上。

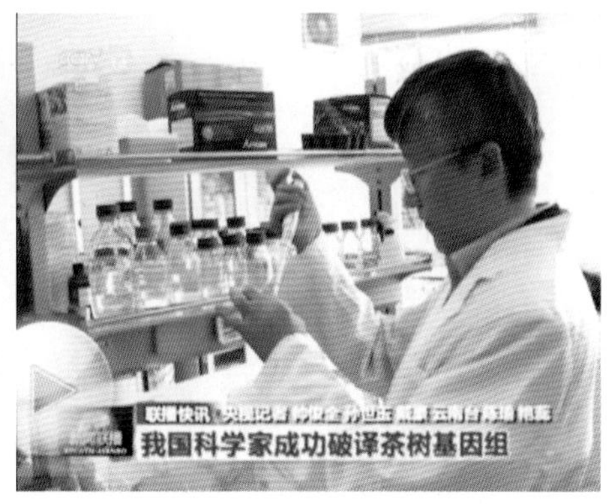

CellPress PARTNER JOURNAL

Molecular Plant
Research Article

The Tea Tree Genome Provides Insights into Tea Flavor and Independent Evolution of Caffeine Biosynthesis

En-Hua Xia[1,2,3,12], Hai-Bin Zhang[1,2,12], Jun Sheng[4,12], Kui Li[1,2,12], Qun-Jie Zhang[1,5,12], Changhoon Kim[6], Yun Zhang[1], Yuan Liu[1,2], Ting Zhu[1,7], Wei Li[1,2], Hui Huang[1,2], Yan Tong[1], Hong Nan[1,3], Cong Shi[1,3], Chao Shi[1,2], Jian-Jun Jiang[1,2], Shu-Yan Mao[1], Jun-Ying Jiao[1], Dan Zhang[1,2], Yuan Zhao[4], You-Jie Zhao[1], Li-Ping Zhang[1], Yun-Long Liu[1], Ben-Ying Liu[8], Yue Yu[6], Sheng-Fu Shao[9], De-Jiang Ni[10], Evan E. Eichler[11] and Li-Zhi Gao[1,2,*]

[1]Plant Germplasm and Genomics Center, Germplasm Bank of Wild Species in Southwestern China, Kunming Institute of Botany, Chinese Academy of Sciences, Kunming 650201, China
[2]Institution of Genomics and Bioinformatics, South China Agricultural University, Guangzhou 510642, China
[3]University of the Chinese Academy of Sciences, Beijing 100039, China
[4]Yunnan Agricultural University, Kunming 650204, China
[5]Agrobiological Gene Research Center, Guangdong Academy of Agricultural Sciences, Guangzhou 510640, China
[6]Macrogene Inc., Seoul 08511, South Korea
[7]College of Life Science, Liaoning Normal University, Dalian 116081, China
[8]National Tea Tree Germplasm Bank, Tea Research Institute, Yunnan Academy of Agricultural Sciences, Menghai 666201, China
[9]Jinhua International Camellia Germplasm Bank, Jinhua 321000, China
[10]Department of Tea Science, Key Lab for Horticultural Plant Biology, Huazhong Agricultural University, Wuhan 430070 China
[11]Howard Hughes Medical Institute, University of Washington, Seattle, WA 98195, USA
[12]These authors contributed equally to this article.
*Correspondence: Li-Zhi Gao

ABSTRACT

Tea is the world's oldest and most popular caffeine-containing beverage with immense economic, medicinal, and cultural importance. Here, we present the first high-quality nucleotide sequence of the repeat-rich (80.9%), 3.02-Gb genome of the cultivated tea tree *Camellia sinensis*. We show that an extraordinarily large genome size

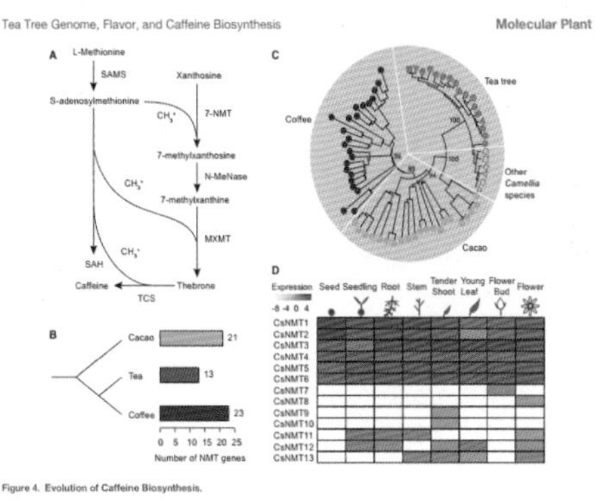

图附录 2-1　我国首次成功破译茶树基因组

b. 首次系统揭示紫娟茶树茶叶颜色影响风味的分子机理

紫娟是云南省农业科学院茶叶研究所采用单株选种法经多代培育而成的新品种，是我国获植物新品种权的第一批茶树资源，于2014年获云南省非主要农作物品种登记委员会登记。该品种由于新梢的芽、叶、茎均为紫色，花青素含量约为一般红芽茶的3倍；加工而成的紫娟绿茶色泽紫黑色，茶汤紫红色，味醇厚，香气特殊，加之经动物试验表明其降压效果优于云南大叶群体种茶。因此，该品种自报道以来广受市场欢迎和科技工作者的青睐。目前，全省种植面积超过6666.67hm^2，并获批国家自然科学基金共4项，涉及“普洱茶茶褐素”“花色苷的分离纯化及其分子结构”“环境因子对‘紫娟’茶树叶片呈色与花青素积累效应”和“转录组”等4方面，特别是云南农业大学王学文研究员及团队联合云南省茶学重点实验室、美国乔治亚大学等单位，通过对紫娟进行了全基因组、转录组、茶叶发育和茶叶风味物质等多角度的大数据比较分析，首次系统地揭示了紫娟茶树的茶叶颜色影响风味的分子机理。该成果以“Genomic variance and transcriptional comparisons reveal the mechanisms of leaf color affecting palatability and stress defense in tea plant ”为题发表在Genes杂志上。

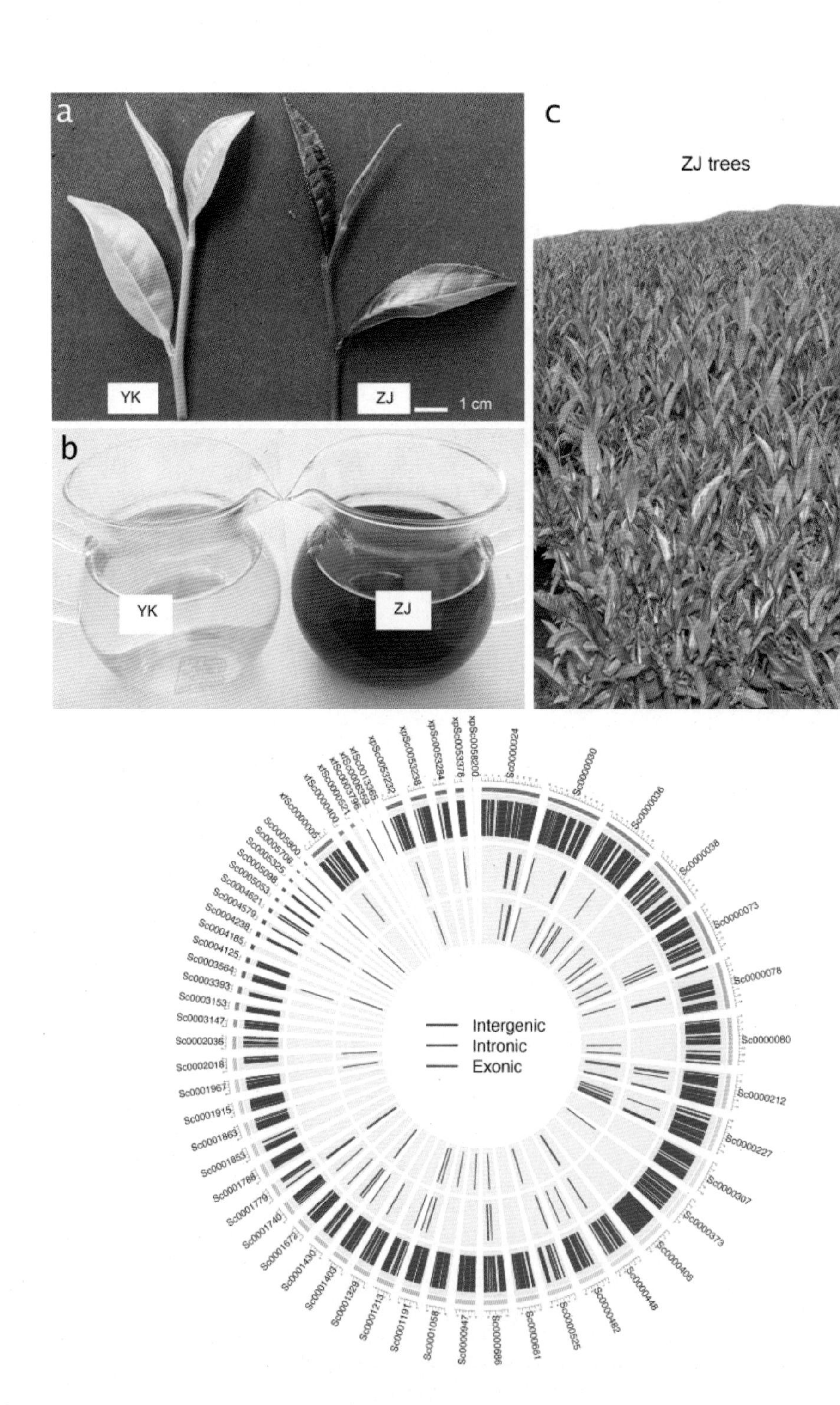

图附录 2-2　首次系统揭示紫娟茶树茶叶颜色影响风味的分子机理

c. 助力精准扶贫和乡村振兴

云龙县宝丰乡大栗树茶厂自1998年引入云南省农业科学院茶叶研究所选育的茶树良种佛香3号，到云南省大理州海拔2500m左右的云龙县宝丰乡大栗树茶厂种植，解决当地因冬季气温低，很多茶树难以适应的问题。至2019年，云龙县宝丰乡大栗树茶厂建成核心示范良种茶园1333.33hm^2，辐射带动发展云龙县和永平县茶园3333.33hm^2，培训茶叶生产实用技术10000人次，社会经济效益显著，促进当地经济发展，特别是加快农民脱贫致富的步伐。云龙县宝丰乡大栗树村和周边的永平县龙门乡石家村农民得益于茶业，两个村茶农获净利润15000元/hm^{2}以上，两个村均没有贫困户。同时，云龙县宝丰乡大栗树茶厂由于在脱贫攻坚战中表现突出，多次受到大理州和云龙县等各级政府的表彰和有关媒体的报道。

图附录 2-3　佛香 3 号茶树品种助力精准扶贫和乡村振兴

d. 支撑重要科技成果

云南茶树资源征集、保存、鉴定评价和有效利用支撑获国家科技进步二等奖1项，获省部级科技进步一等奖2项、二等奖6项、三等奖10项。特别是以中国农业科学院茶叶研究所牵头单位，云南省农业科学院茶叶研究所、广西桂林茶叶研究所和四川省农业科学院茶叶研究所等3家单位联合申报的1996年国家科技进步奖二等奖“茶树优质资源的系统鉴定与综合评价”项目，经专家的系列评审最终获国家科技进步二等奖。

该项研究是在1981年～1985年大量调查征集的基础上，首次对分布在14个省、自治区的200份资源，从农艺性状、加工品质、生物化学、解剖学、孢粉学、酶学、抗性等104项的测试指标，采用多学科重复交叉鉴定方法进行综合评价，获得18230项鉴定数据，提供并输入国家种质资源数据库。通过鉴定评价，筛选出优质资源28份。其中有红、绿茶兼优的11份，绿茶优质的2份，红茶优质的15份，这批优质资源具有较高的品质水平。4项常规生化成分中，茶多酚超常含量（>34％）的有9份，高氨基酸（>3.7％）的4份，高咖啡碱（>5％）的7份，高水浸出物（>48％）的11份。生产力指数（>8000）的有蓝山苦茶、茴香茶。抗病虫性强的有九龙茶、易武绿芽茶等9份：抗寒性强的有杨树林茶、茗洲茶，大方贡茶等8份。在优质红茶资源中，品质有半数达到或超过印度、斯里兰卡等国的现有品种；如水浸出物达到53.81％的文家塘大叶茶和达到50.04％的漭水大叶茶等，这对提高我国出口茶竞争力有着重要意义；新平县峨山白毛茶氨基酸总量高达6.5％，在茶组植物中极为罕见，可为选育高氨基酸种绿茶品种（滋味鲜爽型）提供种质。茶多酚含量高达38％以上的兴安六洞大叶茶、龙胜龙脊茶和咖啡碱含量超过5.2％的江东大叶茶、忙回大叶茶、易武绿芽茶、云龙山大叶茶等，为我国茶叶深加工提取药用有效成分提供了专用资源。在分析鉴定出高咖啡碱含量种质材料的同时，也发掘出低咖啡碱含量（<0.5％）的种质，如乳源苦茶、兴义苦茶等，这对加工天然无咖啡因茶提供了宝贵的种质。解剖学、孢粉学和同工酶以及萜烯指数的研究，进一步论证了茶的原产地在云南，茶树在我国是以云南为中心，沿着川、鄂、皖、浙和黔、桂、粤、闽由西向东呈扇形向外传播。在本项目研究中，还首次提出香气指数和生化成分组成比值作为优质资源综合评价的重要理论依据。本项目与国内外同类研究相比，均处于国际先进水平。本成果自1991年鉴定以来，我们重视和抓了成果转化工作：①建立了一批优质茶基地，截止到1994年已达14万亩；②为茶多酚提取提供优良品种原料；③为科研、教学等单位提供了材料。已创经济效益近3000万元，社会效益显著。

附录 2

国家大叶茶树种质资源圃（勐海）

国家大叶茶树种质资源圃（勐海），位于云南省西双版纳州勐海县勐海镇曼真村曼喷龙村民小组云南省农业科学院茶叶研究所科研基地内。1981～1984年，由中国农业科学院茶叶研究所和云南省农业科学院茶叶研究所牵头，会同全省16个州（市）各级业务部门共同组成的专业考察组，考察了全省除迪庆州外的15个州（市）61个县（市、区）486个点，行程51900km，共征集到各种茶树资源410份、种子355份和标本4570份，发掘了26个较好的地方群体品种和110多个优良单株。1983年在云南省科委的支持下，建立占地2hm^2的云南茶树资源圃。1990年5月，“云南省茶树品种资源及国家圃的建立”课题已进行了多年研究，通过验收为“国家种质勐海茶树分圃”，共入圃保存资源607份，其中野生种186份，栽培种401份，近缘植物20份。2014年6月，“国家种质资源勐海大叶茶树圃改扩建项目”获农业部批复立项，改扩建后的资源圃面积共达4.58hm^2，其资源保存能力共达3200余份。2022年8月，“国家大叶茶树种质资源圃（勐海）”经中华人民共和国农业农村部审核评估，入选第一批国家农作物种质资源库（圃）。

截至2021年12月，已保存中国、越南、老挝、缅甸、日本、肯尼亚和格鲁吉亚等7国共3科6属28个种4个变种1916份种质资源（不含创制新种质1537份），其中，茶组植物18个种3个变种（全世界茶组茶树共4个系31个种4个变种，中国共4个系30个种4个变种，云南共23个种3变种，占全世界比重的74.3%，全国的76.5%），含地方品种1434份、育成品种38份、品系115份、野生资源329份。格鲁吉亚、肯尼亚和日本等6国引进保存资源36份；海南、江苏和台湾等10省引进保存资源64份；16州（市）75县（市、区）收集保存资源1816份，滇东地区文山、红河和昭通等6州（市）共27县（市、区）收集保存资源348份，而滇西地区西双版纳、普洱和大理等10州（市）44县（市、区）收集保存资源1468份。

自“六五”计划以来，已完成形态特征和生物学特性观测930份、适制性研究688份、品质化学成分分析870份、抗寒性研究73份、抗病虫性研究250份、染色体数目和核型研究19个种（变种）、指纹图谱和重要性状分子标记类种研究450份；筛选出形态器官特异资源26份、抗寒性较强资源6份、抗茶云纹叶枯病资源12份、抗茶小绿叶蝉资源16份、抗咖啡小爪螨资源2份、抗根结线虫资源2份、优质红茶资源资源30份、红绿茶兼优资源13份、绿茶优质资源4份、高茶多酚资源38份（≥25.00%）、高氨基酸资源3份（≥5.5%）、高咖啡碱资源19份（≥5.5%）、低咖啡碱资源12份（≤1.5%）、高EGC资源10份（≥25mg/kg）、高茶黄素资源10份（≥1.6%）。在分子生物学研究方面，主要开展RFLP、RAPD、ISSR和EST-SSR等4种标记在茶树种质资源遗传多样性、品种鉴定和亲缘关系等方面的研究工作以及茶树花、叶片、花青素和茶饼病的转录组分析。获植物新品种权2项（云茶奇蕊、云茶银剑）。

图附录 2-1　国家大叶茶树种质资源圃（勐海）/ 云南省省级大叶茶树勐海种质资源圃

李友勇，2021

图附录 2-2　栽培鉴定区茶树种质资源

李友勇，2021

图附录 2-3　自然生长区茶树种质资源

李友勇，2021

图附录 2–4 特异茶树种质资源

大叶黄芽茶

水浸出物 53.08%、咖啡碱 3.99%、茶多酚 25.40%、氨基酸 3.05%、酚氨比 8.30%、儿茶素总量 14.79%。

大坝大树茶

发芽密度稀，芽叶黄绿色，茸毛特多；咖啡碱 0.07%。

黄芽青茶

水浸出物 48.7%、茶多酚 15.7%、咖啡碱 3.8%、游离氨基酸 6.9%、儿茶素总量 9.65%、茶氨酸 3.836%。

坝子绿梗黄叶茶

茶多酚 17.4%，咖啡碱 3.80 %，水浸出物 46.80 %，氨基酸 6.10 %，儿茶素总量 6.92 %，花青素 0.08 %。

紫梗红叶茶

茶茶多酚 25.30 %，咖啡碱 4.40 %，水浸出物 53.90 %，氨基酸 2.60 %，儿茶素总量 13.28 %，花青素 0.02 %。

红梗红叶茶

水浸出物54.30 %,茶多酚27.50 %,咖啡碱4.90 %,氨基酸1.70 %,儿茶素总量10.97 %,花青素1.09 %。

紫娟

水浸出物48.70 %，茶多酚23.8%，咖啡碱3.50 %，氨基酸2.40 %，儿茶素总量10.22 %，花青素2.49 %。

直立红芽茶

水浸出物54.70%、茶多酚25.80%、咖啡碱4.40%、氨基酸2.40%、儿茶素总量12.08%、花青素2.64%。

李友勇，2021

附录 2-1　茶组植物

编号	种名	学名	分布地	编号	种名	学名	分布地
1	疏齿茶	*Camellia remotiserrata*	云南	19	大树茶	*Camellia arborescens*	云南
2	广西茶	*Camellia kwangsiensis*	云南	20	紫果茶	*Camellia purpurea*	云南
3	大苞茶	*Camellia grandibracteata*	云南	21	多脉普洱茶	*Camellia assamica* var. *polyneura*	云南
4	广南茶	*Camellia kwangnanica*	云南	22	茶	*Camellia sinensis*	云南
5	大厂茶	*Camellia tachangensis*	云南	23	苦茶	*Camellia assamica* var. *kucha*	云南
6	厚轴茶	*Camellia crassicolumna*	云南	24	普洱茶	*Camellia assamica*	云南
7	圆基茶	*Camellia rotundata*	云南	25	白毛茶	*Camellia sinensis* var. *pubilimba*	云南
8	皱叶茶	*Camellia crispula*	云南	26	多萼茶	*Camellia multisepala*	云南
9	老黑茶	*Camellia atrothea*	云南	27	细萼茶	*Camellia parvisepala*	云南
10	马关茶	*Camellia makuanica*	云南	28	毛肋茶	*Camellia pubicosta*	越南
11	五柱茶	*Camellia pentastyla*	云南	29	防城茶	*Camellia fengchengensis*	广西
12	大理茶	*Camellia taliensis*	云南	30	毛叶茶	*Camellia ptilophyla*	广东
13	德宏茶	*Camellia dehungensis*	云南	31	膜叶茶	*Camellia leptophylla*	广西
14	秃房茶	*Camellia gymnogyna*	云南	32	南川茶	*Camellia nanchuanica*	重庆
15	突肋茶	*Camellia costata*	云南	33	汝城毛叶茶	*Camellia pubescens*	湖南
16	缙云山茶	*Camellia jingyunshanica*	云南	34	狭叶茶	*Camellia angustifolia*	广西
17	拟细萼茶	*Camellia parvisepaloides*	云南	35	香花茶	*Camellia sinensis* var. *waldensae*	香港
18	榕江茶	*Camellia yungkiangensis*	云南